国家示范(骨干)院校重点建设专业规划教材

电气控制与 PLC

主　编　张永革

副主编　文晓娟　陈光伟　苏会林

主　审　戴明宏　张君霞

天津大学出版社
TIANJIN UNIVERSITY PRESS

内 容 简 介

本书分 3 篇,共 11 章。第 1 篇为电气控制技术,主要内容有:常用低压电器、电气基本控制电路、典型机电设备电气控制电路分析、电气控制电路设计基础。第 2 篇为 PLC 控制技术,主要介绍松下 FP0 和西门子 S7－200 两种系列的 PLC,包括 PLC 的硬件组成、工作原理、基本指令和功能指令以及 PLC 的常用设计方法和工程应用实例分析等;第 3 篇为实践技能训练,主要内容有:电气基本控制电路的安装与调试、典型机电设备电气控制电路的检修、松下 FP0 PLC 应用、西门子 S7－200 PLC 应用。

本书可作为高职高专院校机电一体化、数控技术、电气自动化等专业的教材,也可供相关专业工程技术人员参考。

图书在版编目(CIP)数据

电气控制与 PLC/张永革主编.—天津:天津大学出版社,2013.3
国家示范(骨干)院校重点建设专业规划教材
ISBN 978-7-5618-4625-4

Ⅰ.①电…　Ⅱ.①张…　Ⅲ.①电气控制－高等学校－教材　②plc 技术－高等学校－教材　Ⅳ.①TM571.2 ②TM571.6

中国版本图书馆 CIP 数据核字(2013)第 039237 号

出版发行	天津大学出版社
出 版 人	杨欢
地　　址	天津市卫津路 92 号天津大学内(邮编:300072)
电　　话	发行部:022-27403647
网　　址	publish. tju. edu. cn
印　　刷	昌黎太阳红彩色印刷有限责任公司
经　　销	全国各地新华书店
开　　本	185mm×260mm
印　　张	17.25
字　　数	431 千
版　　次	2013 年 3 月第 1 版
印　　次	2013 年 3 月第 1 次
定　　价	36.00 元

前　言

电气控制技术是以生产机械的驱动装置——电动机为主要控制对象,利用继电器、接触器、按钮、行程开关等组成的电气控制系统对生产机械进行控制的技术,这个系统通常称为继电器－接触器控制系统。继电器－接触器控制系统按照既定的控制规律调节电动机的转速,使之满足生产工艺的最佳要求,同时又达到提高效率、降低能耗、提高产品质量、降低劳动强度的最佳效果。在传统的机电设备电气控制系统中,继电器－接触器逻辑控制是主要的控制方式,并得到了广泛的应用。可编程控制器(PLC)技术是20世纪60年代初期在电气控制技术基础上发展起来的控制技术,是综合了计算机技术、自动控制技术和通信技术的一门新兴技术,是当今实现工业生产、科学研究以及其他各个领域大型、复杂自动化控制的重要手段之一,应用也越来越广泛。由于PLC控制技术是在继电器－接触器控制技术的基础上发展起来的,学习继电器－接触器逻辑控制技术对学习PLC控制技术具有支撑与促进作用。因此,本书首先介绍继电器－接触器控制技术,在此基础上再介绍控制PLC控制技术。

本书在内容的选择和问题的阐述方面兼顾了当前科学技术的发展和高职学生的实际水平,既考虑了教学内容的完整性和连续性,又大大降低了学习难度,在问题的阐述方面则力求做到叙理简明、概念清晰、突出重点;同时也考虑了后续课程对本课程的要求,以更好地为专业培养目标服务。本书着重强调理论联系实际,注重学生动手能力、分析和解决实际问题能力的培养,紧紧围绕培养学生的职业能力这条主线,合理安排基础知识和实践知识的比例,力求结合工程实际、突出技术应用。在内容编排上兼顾传统电气控制技术与可编程控制技术的知识连贯性,使两者有机地结合在一起,其中可编程控制器主要介绍当今比较流行的松下FP0和西门子S7－200两种系列。另外,书中内容紧密结合生产实际、实验实训和维修电工考证的需要,文字叙述力求通俗易懂,以适应高职高专学生的实际水平。

本书内容包括电气控制技术、PLC控制技术、实践技能训练三大部分,共11章。第1部分电气控制技术,主要内容有常用低压电器、电气基本控制电路、典型机电设备电气控制电路分析、电气控制电路设计基础;第2部分PLC控制技术,主要介绍松下FP0和西门子S7－200两种系列的PLC,包括PLC的硬件组成、工作原理、基本指令和功能指令以及 PLC 的常用设计方法和工程应用实例分析等；第 3 部分实践技能训练，主要内容有电气基本控制电路的安装与调试、典型机电设备电气控制电路的检修、松下 FP0 PLC 应用、西门子 S7 - 200 PLC 应用。

本书由郑州铁路职业技术学院的张永革担任主编并负责全书统稿，郑州铁路职业技术学院的文晓娟、陈光伟、苏会林担任副主编。其中第 1 章由包头铁路职业技术学院陈海轮编写，第 2 章由包头铁路职业技术学院燕琴、张倩编写，第 3 章、第 4 章、第 8 章由张永革编写，第 5 章、第 6 章、第 10 章由文晓娟编写，第 7 章 7.1 节、7.2 节、7.4 节和第 11 章由陈光伟编写，第 7 章 7.3 节由苏会林编写，第 9 张由郑州铁路职业技术学院张勇、王宏编写。郑州铁路职业技术学院戴明宏、张君霞担任主审。

由于时间仓促，水平有限，书中难免存在不妥或疏漏之处，恳请广大读者批评指正。

编者

2012 年 10 月

目 录

第 1 篇　电气控制技术

第 2 篇　PLC 控制技术

第 3 篇　实践技能训练

第 1 篇　电气控制技术

第 1 章　常用低压电器

电器就是接通、断开电路或调节、控制和保护电路与设备的电工器具和装置。

电器的用途广泛,功能多样,构造各异,种类繁多。

1. 按工作电压等级分类

按工作电压等级,电器可分为低压电器和高压电器。低压电器是指工作于交流 50 Hz 或 60 Hz、额定电压 1 200 V 以下或直流额定电压 1 500 V 以下电路中的电器,高压电器是指工作于交流额定电压 1 200 V 以上或直流额定电压 1 500 V 以上电路中的电器。

2. 按动作方式分类

按动作方式,电器可分为手动电器和自动电器。手动电器是指需要人工直接操作才能完成指令任务的电器;自动电器是指不需要人工操作,而是按照电的或非电的信号自动完成指令任务的电器。

3. 按用途分类

按用途,电器可分为控制电器、主令电器、保护电器、配电电器和执行电器。控制电器是用于各种控制电路和控制系统的电器,主令电器是用于自动控制系统中发送控制指令的电器,保护电器是用于保护电路及用电设备的电器,配电电器是用于电能的输送和分配的电器,执行电器是用于完成某种动作或传动功能的电器。

4. 按工作原理分类

按工作原理,电器可分为电磁式电器和非电量控制电器。电磁式电器是依据电磁感应原理来工作的电器,非电量控制电器是靠外力或某种非电物理量的变化而动作的电器。

5. 按有无触点分类

按有无触点,电器可分为有触点电器和无触点电器。有触点电器是指用机械方式去控制的电器;无触点电器是指用电子方式(用晶体管或晶闸管)去控制的电器,电子方式无机械触点,故不会出现接触不良的故障。

本章主要介绍几种常用低压电器,并通过对它们的结构、工作原理、型号、有关技术数据、图形符号和文字符号、选用原则及使用注意事项等内容的介绍,为以后正确选择、合理使用电器打下基础。

1.1　开关电器

开关电器常用来不频繁地接通或分断控制电路或直接控制小容量电动机,这类电器也可以用来隔离电源或自动切断电源而起到保护作用。这类电器包括刀开关、转换开关、低压断路器等。

1.1.1　刀开关

刀开关俗称闸刀开关,可分为不带熔断器式和带熔断器式两大类。它们用于隔离电源和无负载情况下的电路转换,其中后者还具有短路保护功能。常用的有以下两种。

1. 开启式负荷开关

开启式负荷开关又称瓷底胶盖闸刀开关,简称刀开关,常用的有 HK1、HK2 系列。它由刀开关和熔断器组合而成。瓷底板上装有进线座、静触点、熔丝、出线座和带瓷质手柄的闸刀。其结构及图形符号和文字符号如图 1-1 所示。

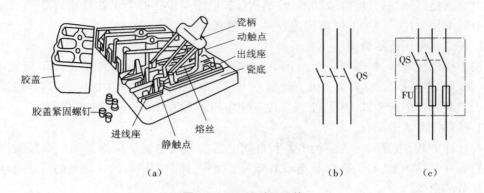

图 1-1　HK 系列刀开关

(a)结构;(b)不带熔断器的刀开关符号;(c)带熔断器的刀开关符号

HK 系列的刀开关因其内部设有熔丝,故可对电路进行短路保护,常用作照明电路的电源开关或用于 5.5 kW 以下三相异步电动机不频繁启动和停止的控制开关。

在选用时,额定电压应大于或等于负载额定电压,对于一般的电路,如照明电路,其额定电流应大于或等于最大工作电流;而对于电动机电路,其额定电流应大于或等于电动机额定电流的 3 倍。

开启式负荷开关在安装时应注意以下两点。

(1)闸刀在合闸状态时,手柄应朝上,不准倒装或平装,以防误操作。

(2)电源进线应接在静触点一边的进线端(进线座在上方),而用电设备应接在动触点一边的出线端(出线座在下方),即"上进下出",不准颠倒,以方便更换熔丝及确保用电安全。

2. 封闭式负荷开关

封闭式负荷开关又称铁壳开关,图 1-2 所示为常用的 HH 系列封闭式负荷开关的外形与结构。这种负荷开关由刀开关、熔断器、灭弧装置、操作手柄、操作机构和外壳构成。三把闸刀固定在一根绝缘方轴上,由操作手柄操纵;操作机构设有机械联锁,当盖子打开时,手柄不能合闸,手柄合闸时,盖子不能打开,保证了操作安全。在手柄转轴与底座间还装有速动弹簧,使刀开关的接通与断开速度与手柄动作速度无关,抑制了电弧。

封闭式负荷开关用来控制照明电路时,其额定电流可按电路的额定电流来选择,而用来控制不频繁操作的小功率电动机时,其额定电流可按大于电动机额定电流的 1.5 倍来选择。但不宜用于电流为 60 A 以上负载的控制,以保证可靠灭弧及用电安全。

封闭式负荷开关在安装时,应保证外壳可靠接地,以防漏电而发生意外。接线时,电源线接在接线端上,负载则接在熔断器一端,不得接反,以确保操作安全。

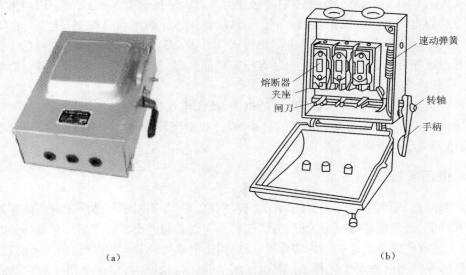

图 1-2　HH 系列封闭式负荷开关

(a)外形;(b)结构

1.1.2　转换开关

转换开关又称为组合开关,是一种变形刀开关,在结构上是用动触片代替了闸刀,以左右旋转代替了刀开关的上下分合动作,有单极、双极和多极之分,常用的有 HZ 系列等。图 1-3(a)、(b)所示的是 HZ – 10/3 型转换开关的外形与结构,其图形符号和文字符号如图 1-3(c)所示。

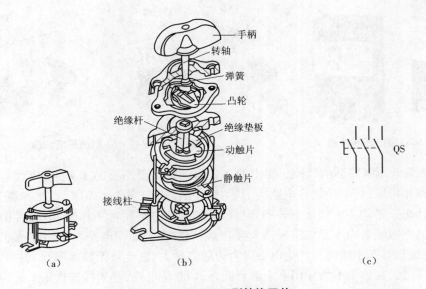

图 1-3　HZ – 10/3 型转换开关

(a)外形;(b)结构;(c)图形符号和文字符号

转换开关共有 3 副静触片,每一副静触片的一边固定在绝缘垫板上,另一边伸出盒外并附有接线柱供电源和用电设备接线。3 个动触片装在另外的绝缘垫板上,垫板套在附有手柄的绝缘杆上。手柄每次能沿任一方向旋转 90°,并带动 3 个动触片分别与对应的 3 副静触片保持接通或断开。在开关转轴上也装有扭簧储能装置,使开关的分合速度与手柄动作速度无关,有效地抑制了电弧过大。

转换开关多用于不频繁接通和断开的电路,或无电切换电路。如用作机床照明电路的控制开关或 5 kW 以下小容量电动机的启动、停止和正反转控制。在选用时,可根据电压等级、额定电流大小和所需触点数选定。

1.1.3 低压断路器

低压断路器,原名空气开关、自动开关,现与 IEC 等同,国家统一命名为低压断路器。按其结构和性能,低压断路器可分为框架式、塑料外壳式和漏电保护式三类。它是一种既能作开关用,又具有电路自动保护功能的低压电器,用于电动机或其他用电设备作不频繁通断操作的电路转换。当电路发生过载、短路、欠电压等非正常情况时,能自动切断与它串联的电路,有效地保护故障电路中的用电设备。漏电保护断路器除具备一般断路器的功能外,还可以在电路出现漏电(如人触电)时自动切断电路进行保护。低压断路器由于具有操作安全、动作电流可调整、分断能力较强等优点,因而在各种电气控制系统中得到了广泛的应用。

1. 低压断路器的结构和工作原理

低压断路器主要由触点系统、灭弧装置、操作机构、保护装置(各种脱扣器)及外壳等几部分组成。图 1-4 为常用的塑壳式 DZ20 型低压断路器。图 1-5、图 1-6 分别为常用的塑壳式 DZ47 型低压断路器的外形及图形符号和文字符号。

图 1-4 DZ20 型低压断路器   图 1-5 DZ47 – 63 型低压断路器

图 1-7 为低压断路器的结构。图中的 2 是自动空气断路器的 3 对主触点,与被保护的三相主电路相串联,当手动闭合电路后,其主触点由锁链 3 钩住搭钩 4,克服弹簧 1 的拉力,保持闭合状态。搭钩 4 可绕轴 5 转动。当被保护的主电路正常工作时,电磁脱扣器 6 中线圈所产生的电磁吸合力不足以将衔铁 8 吸合;而当被保护的主电路发生短路或产生较大电流时,电磁脱扣器 6 中线圈所产生电磁吸合力随之增大,直至将衔铁 8 吸合,并推动杠杆 7,把搭钩 4 顶离。在弹簧 1 的作用下主触点断开,切断主电路,起到保护作用。又当电路电压严重下降或消失时,欠电压脱扣器 11 中的吸力减少或失去吸力,衔铁 10 被弹簧 9 拉开,推动杠杆 7,将搭钩 4 顶开,断开了主触点。当电路发生过载时,过载电流流过发热元件 13,使双金属片 12 向上弯曲,将杠杆 7 推动,断开主触点,从而起到保护作用。

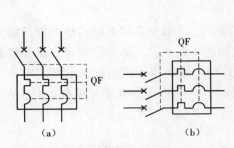

图 1-6　低压断路器图形符号和文字符号

（a）垂直画法；（b）水平画法

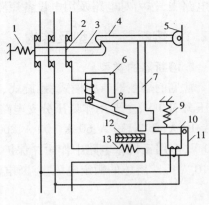

图 1-7　低压断路器

2. 低压断路器的类型及其主要参数

从 20 世纪 50 年代以来经过全面仿苏、自行设计、更新换代和技术引进以及合资生产等几个阶段，国产低压断路器的额定电流可以生产到 4 000 A，引进产品额定电流可到 6 300 A，极限分断能力为 120～150 kA。国内已形成生产低压断路器的行业。

低压断路器的品种繁多，生产厂家较多，有国产的，有进口的，也有合资生产的。典型产品有 DZ15 系列、DZ20 系列、3VE 系列、3VT 系列、S060 系列、DZ47－63 系列等。在中国市场销售的进口产品有三菱（MITSUBISHI）AE 系列框架式低压断路器，NF 系列塑壳式低压断路器；西门子的 3WN1（630～6 300 A）、3WN6 系列框架式低压断路器，3VF3～3VF8 系列限流塑壳式低压断路器等。选用时一定要参照生产厂家产品样本介绍的技术参数进行。

低压断路器的型号含义如图 1-8 所示。

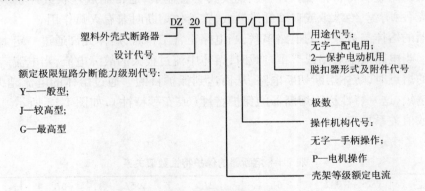

图 1-8　低压断路器的型号含义

低压断路器的主要参数有额定电压、额定电流、极数、脱扣类型及其额定电流、整定范围、电磁脱扣器整定范围、主触点的分断能力等。

1.2　熔断器

熔断器俗称保险丝，它是一种最简单有效的保护电器。在使用时，熔断器串接在被保护的电路中,作为对电路及用电设备短路和严重过载的保护,其主要作用是短路保护。

1.2.1 熔断器的类型及结构

1. 熔断器的类型

常见的熔断器有瓷插式、螺旋式、有填料密封管式等。RC1A 系列瓷插式熔断器的额定电压为 380 V,主要用作低压分支电路的短路保护,如图 1-9 所示。熔壳的额定电流等级有 5 A、10 A、15 A、30 A、60 A、100 A、200 A 7 个等级。RL1 系列螺旋式熔断器的额定电压为 500 V,多用于机床电路中作短路保护,如图 1-10 所示。熔体的额定电流等级有 2 A、4 A、6 A、10 A 等。熔体的额定电流、熔断电流与其线径大小有关。

图 1-9 RC1 系列熔断器

图 1-10 RL1、RT18 系列熔断器

2. 熔断器的结构

熔断器主要由熔体和安装熔体的熔壳两部分组成。其外形、结构和符号如图 1-11 所示。其中图 1-11(a)为瓷插式熔断器,图 1-11(b)为螺旋式熔断器,图 1-11(c)为熔断器的图形符号和文字符号。

熔体由易熔金属材料铅、锡、锌、银、铜及其合金制成,通常制成丝状或片状。熔壳是装熔体的外壳,由陶瓷、绝缘纸或玻璃纤维制成,在熔体熔断时兼有灭弧作用。

熔断器的熔体与被保护的电路串联,当电路正常工作时,熔体允许通过一定大小的电流而不熔断。当电路发生短路或严重过载时,熔体中流过很大的故障电流,当电流产生的热量达到熔体的熔点时,熔体熔断切断电路,从而达到保护目的。通过熔体的电流越大,熔体熔断的时间越短,这一特性称为熔断器的保护特性(或安秒特性),如图 1-12 所示。熔断器的保护特性数值关系见表 1-1。

表 1-1 熔断器的保护特性数值关系

熔断电流	$(1.25 \sim 1.3)I_N$	$1.6I_N$	$2I_N$	$2.5I_N$	$3I_N$	$4I_N$
熔断时间	∞	1 h	40 s	8 s	4.5 s	2.5 s

注:表中 I_N 为电路中的额定电流。

1.2.2 熔断器的技术参数

在选配熔断器时,经常需要考虑下述主要技术参数。

(1)额定电压:指熔断器(熔壳)长期工作时以及分断后能够承受的电压值,其值一般大

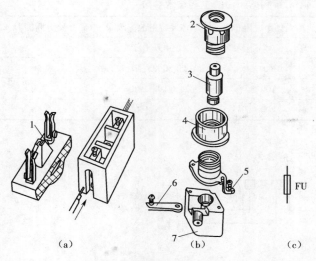

图 1-11　熔断器　　　　　　　　　图 1-12　熔断器的保护特性

（a）瓷插式熔断器；（b）螺旋式熔断器；（c）图形符号和文字符号

1—熔体；2—瓷帽；3—熔断管；4—瓷套；5—上接线端；6—下接线端；7—底座

于或等于电气设备的额定电压。

（2）额定电流：指熔断器（熔壳）长期通过的不超过允许温升的最大工作电流值。

（3）熔体的额定电流：指长期通过熔体而不使其熔断的最大电流值。

（4）熔体的熔断电流：指通过熔体并使其熔化的最小电流值。

（5）极限分断能力：指熔断器在故障条件下，能够可靠地分断电路的最大短路电流值。

RC1A 系列和 RL1 系列熔断器的主要技术参数见表 1-2 和表 1-3。

表 1-2　RC1A 系列熔断器的主要技术参数

型号	熔壳额定电压（交流）/V	熔壳额定电流/A	熔体额定电流等级/A	短路分断能力/kA
RC1A – 5		5	2、5	0.25
RC1A – 10		10	2、4、6、10	0.5
RC1A – 15		15	6、10、15	0.5
RC1A – 30	380 220	30	20、25、30	1.5
RC1A – 60		60	40、50、60	3
RC1A – 100		100	80、100	3
RC1A – 200		200	120、150、200	3

表 1-3　RL1 系列熔断器的主要技术参数

型号	熔壳额定电压(交流)/V	熔壳额定电流/A	熔体额定电流等级/A	短路分断能力/kA
RL1 – 15		15	2、4、6、10、15	2
RL1 – 60	500 380 220	60	20、25、30、35、40、50、60	3.5 ~ 5
RL1 – 100		100	60、80、100	20
RL1 – 200		200	100、125、150、200	50

熔断器的型号含义如图 1-13 所示。

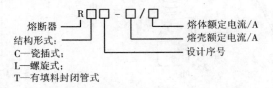

图 1-13　熔断器的型号含义

1.2.3　熔断器的选择

熔断器的选择主要是根据熔断器的种类、额定电压、额定电流、熔体额定电流以及电路负载性质而定。具体可按如下原则选择。

(1)熔断器的额定电压应大于或等于电路工作电压。

(2)电路上、下两级都设熔断器保护时,其上、下两级熔体电流大小的比值不小于 1.6:1。

(3)对于电阻性负载(如电炉、照明电路),熔断器可作过载和短路保护,熔体的额定电流应大于或等于负载的额定电流。

(4)对于电感性负载的电动机电路,只作短路保护而不宜作过载保护。

(5)对于单台电动机的保护,熔体的额定电流 I_{RN} 应不小于电动机额定电流的 1.5 ~ 2.5 倍,即 $I_{RN} \geq (1.5 \sim 2.5)I_N$。轻载启动或启动时间较短时,系数可取为 1.5 左右;带负载启动、启动时间较长或启动较频繁时,系数可取 2.5。

(6)对于多台电动机的保护,熔体的额定电流 I_{RN} 应不小于最大一台电动机额定电流 I_{Nmax} 的 1.5 ~ 2.5 倍,再加上其余同时使用电动机的额定电流之和($\sum I_N$),即

$$I_{RN} \geq (1.5 \sim 2.5)I_{Nmax} + \sum I_N$$

1.3　主令电器

主令电器是用来发布命令、改变控制系统工作状态的电器,它可以直接作用于控制电路,也可以通过电磁式电器的转换对电路实现控制,其主要类型有控制按钮、行程开关、接近开关、万能转换开关和凸轮控制器等。

1.3.1　控制按钮

控制按钮是一种典型的主令电器,其作用通常是用来短时间地接通或断开小电流的控

制电路,从而控制电动机或其他电器设备的运行。

1.控制按钮的结构与符号

控制按钮的典型结构如图 1-14 所示。它既有常开触点,也有常闭触点。常态时在复位弹簧的作用下,由桥式动触点将静触点 1、2 闭合,静触点 3、4 断开;当按下按钮时,桥式动触点将 1、2 分断,3、4 闭合。1、2 被称为常闭触点或动断触点,3、4 被称为常开触点或动合触点。

控制按钮的图形符号和文字符号如图 1-15 所示。

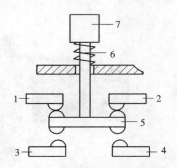

图 1-14　控制按钮的典型结构

1、2—常闭触点;3、4—常开触点;

5—桥式触点;6—复位弹簧;7—按钮帽

图 1-15　控制按钮的图形符号和文字符号

(a)常开触点;(b)常闭触点;(c)复式触点

2.控制按钮的型号及含义

常用的控制按钮型号有 LA2、LA18、LA19、LA20 及新型号 LA25 等系列,引进生产的有瑞士 EAO 系列、德国 LAZ 系列等。其中 LA2 系列有一对常开触点和一对常闭触点,具有结构简单、动作可靠、坚固耐用的优点。LA18 系列控制按钮采用积木式结构,触点数量可按需要进行拼装。LA19 系列为控制按钮开关与信号灯的组合,控制按钮兼作信号灯灯罩,由透明塑料制成。

LA25 系列控制按钮的型号含义如图 1-16 所示。

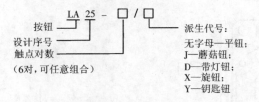

图 1-16　按钮的型号含义

为标明控制按钮的作用,避免误操作,通常将控制按钮帽做成红、绿、黑、黄、蓝、白、灰等色。国标 GB 5226—85 对控制按钮颜色作了如下规定。

(1)"停止"和"急停"按钮必须是红色。当按下红色按钮时,必须使设备断电,停止工作。

(2)"启动"按钮的颜色是绿色。

(3)"启动"与"停止"交替动作的按钮必须是黑色、白色或灰色,不得用红色和绿色。

(4)"点动"按钮必须是黑色。

（5）"复位"按钮（如保护继电器的复位按钮）必须是蓝色。当复位按钮还有停止的作用时，则必须是红色。

1.3.2　行程开关与接近开关

行程开关主要由三部分组成：操作机构、触点系统和外壳。行程开关种类很多，按其结构可分为直动式、滚轮式和微动式 3 种。

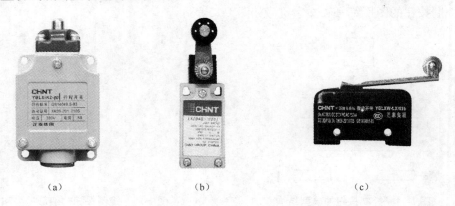

（a）　　　　　　　　（b）　　　　　　　　（c）

图 1-17　行程开关
（a）直动式；（b）滚轮式；（c）微动式

直动式行程开关的动作原理与按钮相同。但它的缺点是触点分合速度取决于生产机械的移动速度，当移动速度低于 0.4 m/min 时，触点分断太慢，易受电弧烧损。为此，应采用有弹簧机构瞬时动作的滚轮式行程开关。滚轮式行程开关和微动式行程开关的结构与工作原理这里不再介绍。图 1-18 为直动式行程开关的结构。行程开关的图形符号和文字符号如图 1-19 所示。

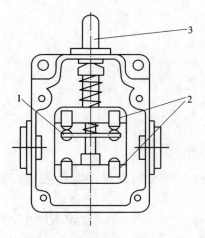

图 1-18　直动式行程开关结构
1—动触点；2—静触点；3—推杆

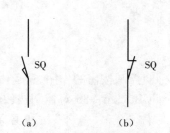

图 1-19　行程开关的图形符号和文字符号
（a）常开触点；（b）常闭触点

LXK3 系列行程开关型号含义如图 1-20 所示。

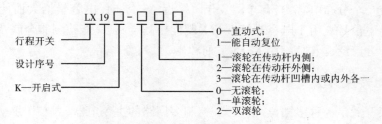

图 1-20　行程开关的型号含义

　　近年来接近开关获得了广泛的应用,它是靠移动物体与接近开关的感应头接近时,使其输出一个电信号,故又称为无触点开关。在继电接触器控制系统中应用时,接近开关输出电路要驱动一个中间继电器,由其触点对继电接触器电路进行控制。

　　接近开关分为电容式和电感式两种,电感式的感应头是一个具有铁氧体磁芯的电感线圈,故只能检测金属物体的接近。常用的型号有 LJ1、LJ2 等系列。图 1-21 所示为 LJ2 系列晶体管接近开关电路原理,由图可知,电路由三极管 VT_1、振荡线圈 L 及电容 C_1、C_2、C_3 组成电容三点式高频振荡器,其输出经由 VT_2 级放大,经 VD_3、VD_4 整流成直流信号,加到三极管 VT_5 的基极,三极管 VT_6、VT_7 构成施密特电路,VT_8 级为接近开关的输出电路。

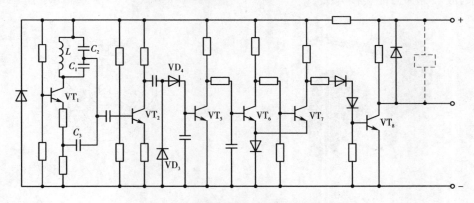

图 1-21　LJ2 系列晶体管接近开关电路原理

　　当开关附近没有金属物体时,高频振荡器谐振,其输出经由三极管 VT_2 放大并整流成直流,使 VT_2 导通,施密特电路中的 VT_6 截止,VT_7 饱和导通,输出级 VT_8 截止,接近开关无输出。

　　当金属物体接近振荡线圈时,振荡减弱,直到停止,这时 VT_5 截止,施密特电路翻转,VT_7 截止,VT_8 饱和导通,即有输出。其输出端可带继电器或其他负载。

　　接近开关是采用非接触型感应输入和晶体管作无触点输出及放大开关构成的开关,其电路具有可靠性高、寿命长、操作频率高等优点。接近开关的外形如图 1-22 所示。

　　电容式接近开关的感应头只是一个圆形平板电极,这个电极与振荡电

图 1-22　接近开关

路的地线形成一个分布电容,当有导体或介质接近感应头时,电容量增大而使振荡器停振,输出电路发出电信号。由于电容式接近开关既能检测金属,又能检测非金属及液体,因而在国外应用得十分广泛,国内也有 LX115 系列和 TC 系列等产品。

1.3.3　万能转换开关

万能转换开关是一种多挡位、多段式、控制多回路的主令电器,当操作手柄转动时,带动开关内部的凸轮转动,从而使触点按规定顺序闭合或断开。万能转换开关一般用于交流 500 V、直流 440 V、约定发热电流 20 A 以下的电路中,作为电气控制电路的转换和配电设备的远距离控制、电气测量仪表转换,也可用于小容量异步电动机、伺服电动机、微电动机的直接控制。

常用的万通转换开关有 LW5、LW6 系列。

图 1-23 为 LW6 系列万能转换开关的外形及单层的结构示意图,它主要由触点座、操作定位机构、凸轮、手柄等部分组成,其操作位置有 0 ~ 12 个,触点底座有 1 ~ 10 层,每层底座均可装 3 对触点。每层凸轮均可做成不同形状,当操作手柄带动凸轮转到不同位置时,可使各对触点按设置的规律接通和分断,因而这种开关可以组成数百种电路方案,以适应各种复杂要求,故被称为万能转换开关。

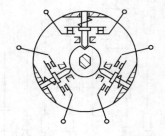

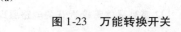
（a）　　　　　　　　　　　　　　　（b）

图 1-23　万能转换开关
（a）外形;（b）单层结构示意图

1.3.4　凸轮控制器

凸轮控制器是一种大型的手动控制电器,也是多挡位、多触点,利用手动操作,转动凸轮去接通和分断允许通过大电流的触点转换开关,主要用于起重设备,直接控制中、小型绕线转子异步电动机的启动、制动、调速和换向。

凸轮控制器如图 1-24 所示,主要由触点、手柄、转轴、凸轮、灭弧罩及定位机构等组成。当手柄转动时,在绝缘方轴上的凸轮随之转动,从而使触点组按顺序接通、分断电路,改变绕线转子异步电动机定子电路的接法和转子电路的电阻值,直接控制电动机的启动、调速、换向及制动。凸轮控制器与万能转换开关虽然都是用凸轮来控制触点的动作,但两者的用途完全不同。

国内生产的凸轮控制器系列有 KT10、KT14 及 KT15 系列,其额定电流有 25 A、60 A 及

32 A、63 A 等规格。

（a）

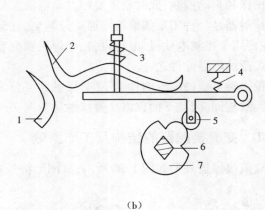

（b）

图 1-24　凸轮控制器

（a）外形；（b）结构

1—静触点；2—动触点；3—触点弹簧；4—复位弹簧；5—滚子；6—绝缘方轴；7—凸轮

　　凸轮控制器的触点通断表示方法如图 1-25 所示。它与转换开关、万能转换开关的表示方法相同,操作位置分为零位、向左、向右挡位。具体的型号不同,其触点数目的多少也不同。图中数字 1~4 表示触点号,2、1、0、1、2 表示挡位(即操作位置)。图中虚线表示操作位置,在不同操作位置时,各对触点的通断状态示于触点的下方或右侧与虚线相交位置,涂黑圆点表示在对应操作位置时触点接通,没涂黑圆点的触点在该操作位置不接通。

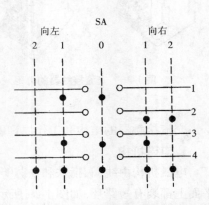

图 1-25　凸轮控制器触点通断表示方法

1.3.5　主令控制器

　　主令控制器是用以频繁切换复杂的多回路控制电路的主令电器,主要用作起重机、轧钢机及其他生产机械磁力控制盘的主令控制。

　　主令控制器的结构与工作原理基本上与凸轮控制器相同,也是利用凸轮来控制触点的断合。在方形转轴上安装一串不同形状的凸轮块,就可获得按一定顺序动作的触点。即使在同一层,不同角度及形状的凸块,也能获得当手柄在不同位置时,同一触点接通或断开的效果,再由这些触点去控制接触器,就可获得按一定要求动作的电路了。由于控制电路的容量都不大,所以主令控制器的触点也是按小电流设计的。

　　主令控制器的图形符号和文字符号与凸轮控制器相同。

1.4 接触器

当电动机功率稍大或启动频繁时,使用手动开关控制既不安全又不方便,更无法实现远距离操作和自动控制,此时就需要用自动电器来替代普通的手动开关。

接触器是一种用来频繁地接通或分断交、直流主电路及大容量控制电路的自动切换电器,主要用于控制电动机、电热设备、电焊机和电容组等。它是电力拖动自动控制系统中使用最广泛的电器元件之一。

按主触点通过电流的种类不同,接触器可分为交流接触器和直流接触器。由于它们的结构大致相同,因此下面仅以交流接触器为例,分析接触器的组成部分和作用。

1.4.1 交流接触器的结构及工作原理

交流接触器外形如图 1-26 所示,其图形符号和文字符号如图 1-27 所示。

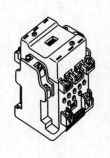

图 1-26 交流接触器的外形

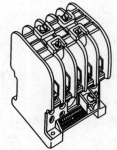

图 1-27 交流接触器的图形符号和文字符号
(a)线圈;(b)常开触点;(c)常闭触点

交流接触器的结构和工作原理图如图 1-28 所示,它主要由以下四部分组成。

1. 电磁机构

电磁机构由线圈、衔铁和铁芯等组成。它能产生电磁吸力,驱使触点动作。在铁芯头部平面上都装有短路环,如图 1-29 所示。安装短路环的目的是消除交流电磁铁在吸合时可能产生的衔铁振动和噪声。当交变电流过零时,电磁铁的吸力为零,衔铁被释放,当交变电流过了零值后,衔铁又被吸合,这样一放一吸,使衔铁发生振动。当装上短路环后,在其中产生感应电流,能阻止交变电流过零时磁场的消失,使衔铁与铁芯之间始终保持一定的吸力,因此消除了振动现象。

2. 触点系统

触点系统包括主触点和辅助触点。主触点用于接通和分断主电路,通常为 3 对常开触点。辅助触点用于控制电路,起电气联锁作用,故又称联锁触点,一般有常开、常闭触点各两对。在线圈未通电时(即平常状态下),处于相互断开状态的触点叫常开触点,又叫动合触点;处于相互接触状态的触点叫常闭触点,又叫动断触点。接触器中的常开和常闭触点是联动的,当线圈通电时,所有的常闭触点先行分断,然后所有的常开触点跟着闭合;当线圈断电时,在反力弹簧的作用下,所有触点都恢复原来的平常状态。

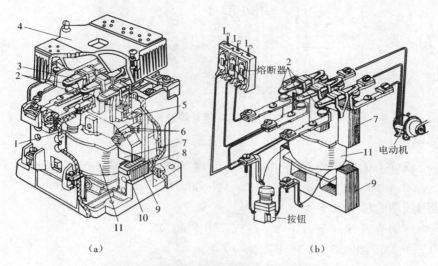

图 1-28　交流接触器的结构和工作原理图

(a)结构；(b)工作原理示意图

1—反力弹簧；2—主触点；3—触点压力弹簧；4—灭弧罩；5—辅助动断触点；
6—辅助动合触点；7—动铁芯；8—缓冲弹簧；9—静铁芯；10—短路环；11—线圈

3. 灭弧罩

额定电流在 20 A 以上的交流接触器，通常都设有陶瓷灭弧罩。它的作用是能迅速切断触点在分断时所产生的电弧，以避免发生触点烧毛或熔焊。

4. 其他部分

其他部分包括反力弹簧、触点压力簧片、缓冲弹簧、短路环、底座和接线柱等。反力弹簧的作用是当线圈断电时使衔铁和触点复位。触点压力簧片的作用是增大触点闭合时的压力，从而增大触点接触面积，避免因接触电阻增大而产生触点烧毛现象。缓冲弹簧可以吸收衔铁被吸合时产生的冲击力，起保护底座的作用。

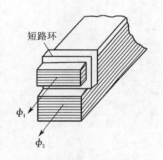

图 1-29　短路环

交流接触器的工作原理：当线圈通电后，线圈中电流产生的磁场，使铁芯产生电磁吸力，将衔铁吸合。衔铁带动动触点动作，使常闭触点断开，常开触点闭合。当线圈断电时，电磁吸力消失，衔铁在反力弹簧的作用下释放，各触点随之复位。

1.4.2　交流接触器的型号与主要技术参数

交流接触器的型号含义如图 1-30 所示。

交流接触器的主要技术参数如下。

1. 额定电压

接触器铭牌上的额定电压是指主触点的额定电压。交流电压的等级有 127 V、220 V、380 V 和 500 V。

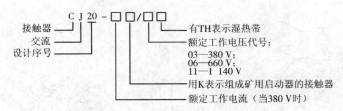

图 1-30　交流接触器的型号含义

2. 额定电流

接触器铭牌上的额定电流是指主触点的额定电流。交流电流的等级有 5 A、10 A、20 A、40 A、60 A、100 A、150 A、250 A、400 A 和 600 A。

3. 吸引线圈的额定电压

交流电压的等级有 36 V、110 V、127 V、220 V 和 380 V。

CJ20 系列交流接触器的技术参数见表 1-4。

表 1-4　CJ20 系列交流接触器的技术参数

型　号	频率 /Hz	辅助触点额定 电流/A	吸引线圈 电压(交流)/V	主触点额定 电流/A	额定电压/V	可控制电动机 最大功率/kW
CJ20 - 10				10	380/220	4/2.2
CJ20 - 16				16	380/220	7.5/4.5
CJ20 - 25				25	380/220	11/5.5
CJ20 - 40				40	380/220	22/11
CJ20 - 63	50	5	36、127、 220、380	63	380/220	30/18
CJ20 - 100				100	380/220	50/28
CJ20 - 160				160	380/220	85/48
CJ20 - 250				250	380/220	132/80
CJ20 - 400				400	380/220	220/115

1.4.3　直流接触器

直流接触器主要用于额定电压至 440 V、额定电流至 1 600 A 的直流电力电路中,作为远距离接通和分断电路,控制直流电动机的频繁启动、停止和反向。

直流电磁机构通以直流电,铁芯中无磁滞和涡流损耗,因而铁芯不发热。而吸引线圈的匝数多、电阻大、铜耗大,线圈本身发热,因此吸引线圈做成长而薄的圆筒状,且不设线圈骨架,使线圈与铁芯直接接触,以便散热。

触点系统也有主触点与辅助触点。主触点一般做成单极或双极,单极直流接触器用于一般的直流回路中,双极直流接触器用于分断后电路完全隔断的电路以及控制电动机正反转电路中。由于通断电流大、通电次数多,因此采用滚滑接触的指形触点。辅助触点由于通断电流小,常采用点接触的桥式触点。

直流接触器一般采用磁吹灭弧装置。

国内常用的直流接触器有 CZ18、CZ21、CZ22 等系列。

直流接触器的图形符号和文字符号同交流接触器。

1.5　继电器

继电器是一种根据外界输入的一定信号(电的或非电的)来控制电路中电流通断的自动切换电器。它具有输入电路(又称感应元件)和输出电路(又称执行元件)。当感应元件中的输入量(如电流、电压、温度、压力等)变化到某一定值时继电器动作,执行元件便接通或断开控制电路。其触点通常接在控制电路中。

电磁式继电器的结构和工作原理与接触器相似,结构上也是由电磁机构和触点系统组成。但是,继电器控制的是小功率信号系统,流过触点的电流很弱,所以不需要灭弧装置,另外,继电器可以对各种输入量做出反应,而接触器只有在一定的电压信号下才能动作。

继电器种类繁多,常用的有电流继电器、电压继电器、中间继电器、时间继电器、热继电器以及温度、压力、计数、频率继电器等等。

电子元器件的发展应用,推动了各种电子式的小型继电器的出现,这类继电器比传统的继电器灵敏度更高,寿命更长,动作更快,体积更小,一般都采用密封式或封闭式结构,用插座与外电路连接,便于迅速替换,能与电子电路配合使用。下面对几种经常使用的继电器作简单介绍。

1.5.1　电流、电压继电器

根据输入电流大小而动作的继电器称为电流继电器。电流继电器的线圈串接在被测量的电路中,以反映电流的变化,其触点接在控制电路中,用于控制接触器线圈或信号指示灯的通断。为了不影响被测电路的正常工作,电流继电器线圈阻抗应比被测电路的等效阻抗小得多。因此,电流继电器的线圈匝数少、导线粗。电流继电器按用途还可分为过电流继电器和欠电流继电器。过电流继电器的任务是当电路发生短路及过流时立即将电路切断,继电器线圈电流小于整定电流时继电器不动作,只有超过整定电流时才动作。关于过电流继电器的动作电流整定范围,交流过流继电器为 $(110\% \sim 350\%)I_N$,直流过流继电器为 $(70\% \sim 300\%)I_N$。欠电流继电器的任务是当电路电流过低时立即将电路切断,继电器线圈通过的电流大于或等于整定电流时,继电器吸合,只有电流低于整定电流时,继电器才释放。欠电流继电器动作电流整定范围,吸合电流为 $(30\% \sim 50\%)I_N$,释放电流为 $(10\% \sim 20\%)I_N$。欠电流继电器一般是自动复位的。

与此类似,电压继电器是根据输入电压大小而动作的继电器,其结构与电流继电器相似,不同的是电压继电器的线圈与被测电路并联,以反映电压的变化,因此,它的吸引线圈匝数多、导线细、电阻大。电压继电器按用途也可分为过电压继电器和欠电压继电器。过电压继电器动作电压整定范围为 $(105\% \sim 120\%)U_N$;欠电压继电器吸合电压调整范围为 $(30\% \sim 50\%)U_N$,释放电压调整范围为 $(7\% \sim 20\%)U_N$。

下面以 JL18 系列电流继电器为例,介绍其规格表示方法,并在表 1-5 中列出了其主要技术参数。

电流继电器的型号含义如图 1-31 所示。

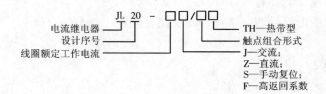

图 1-31　电流继电器的型号含义

电流、电压继电器的图形符号和文字符号如图 1-32 所示。

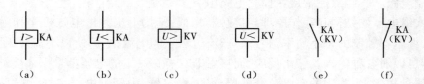

图 1-32　电流、电压继电器的图形符号和文字符号

(a)过电流继电器线圈;(b)欠电流继电器线圈;(c)过电压继电器线圈;
(d)欠电压继电器线圈;(e)常开触点;(f)常闭触点

表 1-5　JL18 系列电流继电器技术参数

型　　号	线 圈 额 定 值		结 构 特 征
	工作电压/V	工作电流/A	
JL18 – 1.0		1.0	
JL18 – 1.6		1.6	
JL18 – 2.5		2.5	
JL18 – 4.0		4.0	
JL18 – 6.3		6.3	
JL18 – 10		10	
JL18 – 16		16	
JL18 – 25	AC380 或 DC220	25	触点工作电压 AC380 V 或 DC220 V
JL18 – 40		40	发热电流 10 A
JL18 – 63		63	可自动及手动复位
JL18 – 100		100	
JL18 – 160		160	
JL18 – 250		250	
JL18 – 400		400	
JL18 – 630		630	

1.5.2　中间继电器

中间继电器的作用是将一个输入信号变成多个输出信号或将信号放大(即增大触点容

量)的继电器。其实质为电压继电器,但它的触点数量较多(可达 8 对),触点容量较大(5 ~ 10 A),动作灵敏。

中间继电器按电压分为两类:一类是用于交直流电路中的 JZ 系列,另一类是只用于直流操作的各种继电保护电路中的 DZ 系列。

常用的中间继电器有 JZ7 系列,以 JZ7 – 62 为例,JZ 为中间继电器的代号,7 为设计序号,有 6 对常开触点,2 对常闭触点。表 1-6 为 JZ7 系列的主要技术数据,其结构如图 1-33 所示。

表 1-6　JZ7 系列中间继电器技术数据

型　号	触点额定电压 /V	触点额定电流 /A	触点对数		吸引线圈电压 /V	额定操作频率 /(次/h)
			常开	常闭		
JZ7 – 44			4	4	交流 50 Hz 时,	
JZ7 – 62	500	5	6	2	12、36、127、	1 200
JZ7 – 80			8	0	220、380	

新型中间继电器触点闭合过程中动、静触点间有一段滑擦、滚压过程,可以有效地清除触点表面的各种生成膜及尘埃,减小了接触电阻,提高了接触可靠性,有的还装了防尘罩或采用密封结构,这也是提高可靠性的措施。有些中间继电器安装在插座上,插座有多种形式可供选择,有些中间继电器可直接安装在导轨上,安装和拆卸均很方便。常用的有 JZ18、MA、K、HH5、RT11 等系列。中间继电器的图形符号和文字符号如图 1-34 所示。

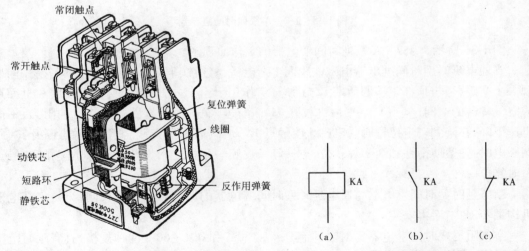

常闭触点　常开触点　复位弹簧　线圈　动铁芯　短路环　静铁芯　反作用弹簧

图 1-33　JZ7 系列电磁式中间继电器结构图

图 1-34　中间继电器的图形符号和文字符号
(a)线圈;(b)常开触点;(c)常闭触点

1.5.3　时间继电器

感受部分在感受外界信号后,经过一段时间才能使执行部分动作的继电器,叫做时间继电器。即当吸引线圈通电或断电以后,其触点经过一定延时才动作,以控制电路的接通或分断。时间继电器的种类很多,主要有直流电磁式、空气阻尼式、电动式、电子式等几大类。

延时方式有通电延时和断电延时两种。

1. 直流电磁式时间继电器

该类继电器用阻尼的方法来延缓磁通变化的速度,以达到延时的目的。其结构简单,运行可靠,寿命长,允许通电次数多,但仅适用于直流电路,延时时间较短。一般通电延时仅为 $0.1 \sim 0.5$ s,而断电延时可达 $0.2 \sim 10$ s。因此,直流电磁式时间继电器主要用于断电延时。

2. 空气阻尼式时间继电器

该类继电器由电磁机构、工作触点及气室三部分组成,它的延时是靠空气的阻尼作用来实现的。常见的型号有 JS7 – A 系列(如图 1-35 所示),按其控制原理有通电延时和断电延时两种类型。

图 1-35　JS7 – A 系列时间继电器

图 1-36 所示为 JS7 – A 系列时间继电器的工作原理图。

当通电延时型时间继电器电磁铁线圈 1 通电后,将衔铁 4 吸下,于是顶杆 6 与衔铁间出现一个空隙,当与顶杆相连的活塞 12 在弹簧 7 作用下由上向下移动时,在橡皮膜 9 上面形成空气稀薄的空间(气室),空气由进气孔 11 逐渐进入气室,活塞因受到空气的阻力,不能迅速下降;在降到一定位置时,杠杆 15 使触点 14 动作(常开触点闭合,常闭触点断开)。线圈断电时,弹簧使衔铁和活塞等复位,空气经橡皮膜与顶杆之间推开的气隙迅速排出,触点瞬时复位。

断电延时型时间继电器与通电延时型时间继电器的原理和结构均相同,只是将其电磁机构翻转 180 °后再安装。

空气阻尼式时间继电器延时时间有 $0.4 \sim 180$ s 和 $0.4 \sim 60$ s 两种规格,具有延时范围较宽、结构简单、工作可靠、价格低廉、寿命长等优点,是机床交流控制电路中常用的时间继电器。它的缺点是延时精度较低。

表 1-7 列出了 JS7 – A 系列空气阻尼式时间继电器技术数据,其中 JS7 – 2A 系列和 JS7 – 4A 系列既带有延时动作触点,又带有瞬时动作触点。

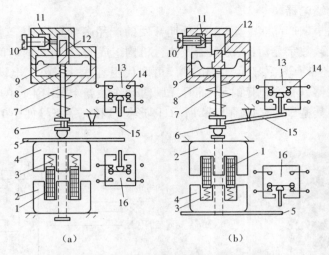

图 1-36　JS7－A 系列时间继电器工作原理图

（a）通电延时型；（b）断电延时型

1—线圈；2—静铁芯；3,7,8—弹簧；4—衔铁；5—推板；6—顶杆；9—橡皮膜；
10—螺钉；11—进气孔；12—活塞；13,16—微动开关；14—延时触点；15—杠杆

表 1-7　JS7－A 系列空气阻尼式时间继电器技术数据

型　号	触点额定容量		延时触点对数				瞬时动作触点数量		线圈电压（交流）/V	延时范围/s
	电压/V	电流/A	线圈通电延时		线圈断电延时					
			常开	常闭	常开	常闭	常开	常闭		
JS7－1A	380	5	1	1					36、127、220、380	0.4～60 及 0.4～80
JS7－2A			1	1			1	1		
JS7－3A					1	1				
JS7－4A					1	1	1	1		

　　国内生产的新产品 JS23 系列，可取代 JS7－A、JS7－B 及 JS16 等老产品。JS23 系列时间继电器的型号含义如图 1-37 所示。

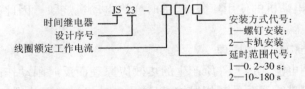

图 1-37　JS23 系列时间继电器的型号含义

3. 电动机式时间继电器

　　该类继电器由同步电动机、减速齿轮机构、电磁离合系统及执行机构组成。电动机式时间继电器延时时间长（可达数十小时），延时精度高，但结构复杂，体积较大，常用的有 JS10、JS11 系列和 7PR 系列。

4. 电子式时间继电器

该类继电器的早期产品多是阻容式,近期开发的产品多为数字式,又称计数式,它是由脉冲发生器、计数器、数字显示器、放大器及执行机构组成的,具有延时时间长、调节方便、精度高的优点,有的还带有数字显示,应用很广,可取代阻容式、空气式、电动机式等时间继电器。该类时间继电器只有通电延时型,而且无瞬时动作触点。国内生产的产品有 JSS1 系列(如图 1-38 所示),其型号意义如图 1-39 所示,图形符号和文字符号如图 1-40 所示。

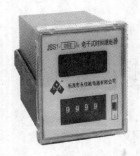

1-38　JSS1 系列电子式时间继电器

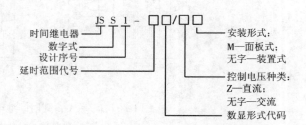

图 1-39　JSS1 时间继电器的型号含义

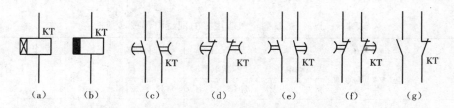

图 1-40　时间继电器的图形符号和文字符号

(a)通电延时线圈;(b)断电延时线圈;(c)通电延时闭合的常开触点;(d)通电延时断开的常闭触点;
(e)断电延时断开的常开触点;(f)断电延时闭合的常闭触点;(g)瞬动常开、常闭触点

1.5.4　热继电器

电动机在实际运行中常遇到过载情况,若电动机过载不大,时间较短,只要电动机绕组不超过允许温升,这种过载是允许的。但是长时间过载,绕组超过允许温升时,将会加剧绕组绝缘的老化,缩短电动机的使用年限,严重时会将电动机烧毁。因此,应采用热继电器作电动机的过载保护。

1. 热继电器的结构及工作原理

热继电器是利用电流通过元件所产生的热效应原理而反时限动作的继电器,专门用来对连续运行的电动机进行过载及断相保护,以防止电动机过热而烧毁。热继电器如图 1-41 所示,它主要由加热元件、双金属片和触点组成。双金属片是它的测量元件,由两种具有不同线膨胀系数的金属通过机械碾压而制成,线膨胀系数大的称为主动层,小的称为被动层。加热双金属片的方式有四种:直接加热、热元件间接加热、复合式加热和电流互感器加热。

图 1-42 所示是热继电器的结构原理图。热元件 3 串接在电动机定子绕组中,电动机绕组电流即为流过热元件的电流。当电动机正常运行时,热元件产生的热量虽能使双金属片 2 弯曲,但还不足以使继电器动作;当电动机过载时,热元件产生的热量增大,使双金属片弯

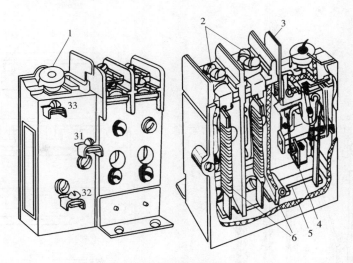

图 1-41 热继电器结构图

1—电流整定装置;2—主电路接线柱;3—复位按钮;4—常闭触点;5—动作机构;6—热元件
31—常闭触点接线柱;32—公共动触点接线柱;33—常开触点接线柱

曲位移增大,经过一定时间后,双金属片弯曲到推动导板4,并通过补偿双金属片5与推杆14将触点9和6分开。触点9和6为热继电器串于接触器线圈回路的常闭触点,断开后使接触器失电,接触器的常开触点断开电动机的电源以保护电动机。调节旋钮11是一个偏心轮,它与支撑件12构成一个杠杆,转动偏心轮,改变它的半径,即可改变补偿双金属片5与导板4接触的距离,因而达到调节整定动作电流的目的。此外,靠调节复位螺钉8来改变常开触点7的位置,使热继电器能工作在手动复位和自动复位两种工作状态。手动复位时,在故障排除后要按下按钮10才能使触点恢复与静触点6相接触的位置。

2. 带断相保护的热继电器

三相电动机的一根接线松开或一相熔丝熔断,是造成三相异步电动机烧坏的主要原因之一。如果热继电器所保护的电动机是星形接法,那么当电路发生一相断电时,另外两相电流增大很多,由于线电流等于相电流,流过电动机绕组的电流和流过热继电器的电流增加比例相同,因此普通的两相或三相热继电器可以对此做出保护。如果电动机是三角形接法,则发生断相时,由于电动机的相电流与线电流不等,流过电动机绕组的电流和流过热继电器的电流增加比例不相同,而热元件又串接在电动机的电源进线中,按电动机的额定电流即线电流来整定,整定值较大,因而当故障线电流达到额定电流时,在电动机绕组内部,电流较大的那一相绕组的故障电流将超过额定相电流,便有过热烧毁的危险。所以三角形接法必须采用带断相保护的热继电器。带有断相保护的热继电器是在普通热继电器的基础上增加一个差动机构,对3个电流进行比较。带断相保护的热继电器结构如图1-43所示。

当一相(设A相)断路时,A相(右侧)热元件温度由原正常热状态下降,双金属片由弯曲状态伸直,推动导板右移;同时由于B、C相电流较大,推动导板向左移,使杠杆扭转,继电器动作,起到断相保护作用。

热继电器采用发热元件,其反时限动作特性能比较准确地模拟电动机的发热过程与电动机温升,确保了电动机的安全。值得一提的是,由于热继电器具有热惯性,不能瞬时动作,

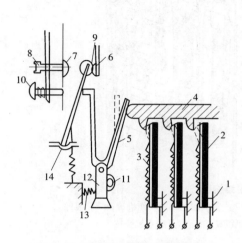

图 1-42　热继电器的结构原理图

1—接线端子；2—双金属片；3—热元件；

4—推动导板；5—补偿双金属片；6—常闭触点；

7—常开触点；8—复位调节螺钉；9—动触点；

10—复位按钮；11—调节按钮；12—支撑件；

13—弹簧；14—推杆

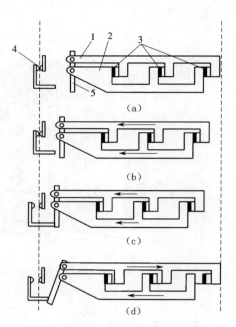

图 1-43　带断相保护的热继电器结构图

（a）通电前；（b）三相正常通电；

（c）三相均匀过载；（d）L1 相断线

1—上导板；2—下导板；3—双金属片；4—动断触点；5—杠杆

故不能用作短路保护。

3. 热继电器主要参数及常用型号

热继电器主要参数有：热继电器额定电流、相数，热元件额定电流，整定电流及调节范围等。

热继电器的额定电流是指热继电器中可以安装的热元件的最大整定电流值。

热元件的额定电流是指热元件的最大整定电流值。

热继电器的整定电流是指能够长期通过热元件而不致引起热继电器动作的最大电流值。通常热继电器的整定电流是按电动机的额定电流整定的。对于某一热元件的热继电器，可手动调节整定电流旋钮，通过偏心轮机构，调整双金属片与导板的距离，能在一定范围内调节其电流的整定值，使热继电器更好地保护电动机。

JR16、JR20 系列是目前广泛应用的热继电器，其型号含义如图 1-44 所示。

表 1-8 列出了 JR16 系列热继电器的主要参数。

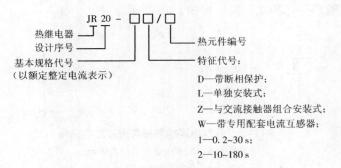

图 1-44　热继电器的型号含义

表 1-8　JR16 系列热继电器的主要规格参数

型　号	额定电流/A	热元件规格	
		额定电流/A	电流调节范围/A
JR16 − 20/3 JR16 − 20/3D	20	0.35	0.25 ~ 0.35
		0.5	0.32 ~ 0.5
		0.72	0.45 ~ 0.72
		1.1	0.68 ~ 1.1
		1.6	1.0 ~ 1.6
		2.4	1.5 ~ 2.4
		3.5	2.2 ~ 3.5
		5.0	3.2 ~ 5.0
		7.2	4.5 ~ 7.2
		11.0	6.8 ~ 11
		16.0	10.0 ~ 16
		22	14 ~ 22
JR60 − 60/3 JR60 − 60/3D	60	22	14 ~ 22
		32	20 ~ 32
		45	28 ~ 45
		63	45 ~ 63
JR16 − 150/3 JR16 − 150/3D	150	63	40 ~ 63
		85	53 ~ 85
		120	75 ~ 120
		160	100 ~ 160

　　目前,新型热继电器也在不断推广使用。3UA5、3UA6 系列热继电器是引进德国西门子公司技术生产的,适用于交流电压至 660 V、电流 0.1 ~ 630 A 的电路中,而且热元件的整定电流各型号之间重复交叉,便于选用。其中 3UA5 系列热继电器可安装在 3TB 系列接触器上组成电磁启动器。

　　LR$_1$ − D 系列热继电器是引进法国专有技术生产的,具有体积小、寿命长等特点,适用于交流 50 Hz 或 60 Hz、电压至 660 V、电流至 80 A 的电路中,可与 LC 系列接触器插接组合在一起使用。引进德国 BBC 公司技术生产的 T 系列热继电器,适用于交流 50 ~ 60 Hz、电压660 V 以下、电流至 500 A 的电力电路中。

热继电器的图形符号和文字符号如图 1-45 所示。

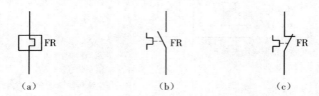

图 1-45　热继电器的图形符号和文字符号

(a)热元件;(b)常开触点;(c)常闭触点

4.热继电器的正确使用及维护

(1)热继电器的额定电流等级不多,但其发热元件编号很多,每一种编号都有一定的电流整定范围。在使用时应使发热元件的电流整定范围中间值与保护电动机的额定电流值相等,再根据电动机运行情况通过调节旋钮去调节整定值。

(2)对于重要设备,一旦热继电器动作,必须待故障排除后方可重新启动电动机,应采用手动复位方式;若电气控制柜距操作地点较远,且从工艺上又易于看清过载情况,则可采用自动复位方式。

(3)热继电器和被保护电动机的周围介质温度尽量相同,否则会破坏已调整好的配合情况。

(4)热继电器必须按照产品说明书中规定的方式安装。当与其他电器装在一起时,应将热继电器置于其他电器下方,以免其动作特性受其他电器发热的影响。

(5)使用中应定期去除尘埃和污垢并定期通电校验其动作特性。

1.5.5　速度继电器

速度继电器又称为反接制动继电器。它的主要作用是与接触器配合,实现对电动机的制动。也就是说,在三相交流异步电动机反接制动转速过零时,自动切除反相序电源。图1-46 所示为其结构和工作原理图。

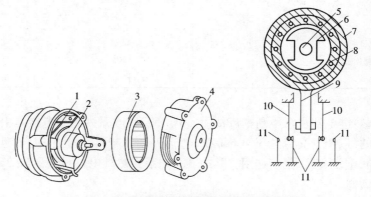

图 1-46　JY1 型速度继电器的结构和工作原理图

1—可动支架;2,6—转子(永久磁铁);3,7—定子;4—端盖;

5—电动机轴;8—定子绕组;9—胶木摆杆;10—簧片(动触点);11—静触点

　　速度继电器主要由转子、圆环(笼型空心绕组)和触点三部分组成。转子由一块永久磁铁制成,与电动机同轴相连,用以接收转动信号。当转子(磁铁)旋转时,笼型绕组切割转子磁场产生感应电动势,形成环内电流。转子转速越高,这一电流越大。此电流与磁铁磁场相作用,产生电磁转矩,圆环在此力矩的作用下带动摆杆,克服弹簧力而顺着转子转动的方向摆动,并拨动触点改变其通断状态(在摆杆左右各设一组切换触点,分别在速度继电器正转和反转时发生作用)。当调节弹簧弹性力时,可使速度继电器在不同转速时切换触点,改变通断状态。

　　速度继电器的动作速度一般不低于 120 r/min,复位转速约在 100 r/min 以下,该数值可以调整。工作时,允许的转速为 1 000 ~ 3 600 r/min。由速度继电器的正转和反转切换触点的动作,来反映电动机转向和速度的变化。常用的型号有 JY1 和 JFZ0。

　　速度继电器的图形符号和文字符号如图 1-47 所示。

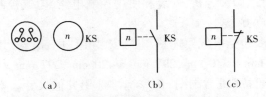

图 1-47　速度继电器的图形符号和文字符号
(a)转子;(b)常开触点;(c)常闭触点

思考题与习题

1-1　常用的低压刀开关有几种? 分别用在什么场合?

1-2　常用熔断器的种类有哪些? 如何选择熔断器?

1-3　两台电动机不同时启动,一台电动机额定电流为 14.8 A,另一台电动机额定电流为 6.47 A,试选择用作短路保护熔断器的额定电流及熔体的额定电流。

1-4　常用主令电器有哪些? 在电路中各起什么作用?

1-5　写出下列电器的作用、图形符号和文字符号。

熔断器　组合开关　按钮开关　自动空气开关　交流接触器　热继电器　时间继电器

1-6　简述交流接触器在电路中的作用、结构和工作原理。

1-7　中间继电器与交流接触器有什么差异? 在什么条件下中间继电器也可以用来启动电动机?

1-8　时间继电器 JS7 的原理是什么? 如何调整延时时间? 画出图形符号并解释各触点的动作特点。

1-9　在电动机的控制电路中,熔断器和热继电器能否相互代替? 为什么?

1-10　电动机的启动电流大,启动时热继电器应不应该动作? 为什么?

第2章　电气基本控制电路

2.1　电气控制系统图

电气控制电路是由许多电气元器件按具体要求而组成的一个系统。为了表达生产机械电气控制系统的原理、结构等设计意图,同时也为了方便电气元器件的安装、调整、使用和维修,必须将电气控制系统中各电气元器件的连接用一定的图形表示出来,这种图就是电气控制系统图。为了便于设计、阅读分析、安装和使用控制电路,电气控制系统图必须采用统一规定的符号、文字和标准的画法。

电气控制系统图主要包括电气原理图、电气安装接线图、电器元件布置图等。各种图的图纸尺寸一般选用 297 mm × 210 mm、297 mm × 420 mm、297 mm × 630 mm、297 mm × 840 mm 4 种幅面,特殊需要可按《机械制图》国家标准选用其他尺寸。本书将主要介绍电气原理图、电气安装接线图和电器布置图。

2.1.1　常用电气控制系统的图示符号

目前我国已经加入 WTO,电气工程技术要与国际接轨,要与 WTO 中的各国交流电气工程技术,必须具备通用的电气工程语言,因此,国家标准局参照国际电工委员会(IEC)颁布的有关文件,制定了我国电气设备的有关国家标准,如 GB/T 4728. 1 ~ 13—1996—2000《电气简图用图形符号》、GB 4728—85《电气图常用图形符号》、GB 7159—87《电气技术中的文字符号制定通则》等。

1. 图形符号

图形符号通常用于图样或其他文件,以表示一个设备或概念,它包括符号要素、一般符号和限定符号。

1)符号要素

符号要素是一种具有确定意义的简单图形,必须同其他图形组合才能构成一个设备或概念的完整符号。如接触器常开主触点的符号就由接触器触点功能符号和常开触点符号组合而成。

2)一般符号

一般符号是用以表示一类产品或此类产品特征的一种简单的符号。如电动机的一般符号为" * "," * "号用 M 代替可以表示电动机,用 G 代替可以表示发电机。

3)限定符号

限定符号是用于提供附加信息的一种加在其他符号上的符号。限定符号一般不能单独使用,但它可以使图形符号更具多样性。例如,在电阻一般符号的基础上分别加上不同的限定符号,就可以得到可变电阻、压敏电阻、热敏电阻等。

2. 文字符号

文字符号适用于电气技术领域中技术文件的编制,用以标明电气设备、装置和元器件的名称及电路的功能、状态和特征。文字符号分为基本文字符号和辅助文字符号。

1) 基本文字符号

基本文字符号有单字母符号和双字母符号两种。单字母符号是按拉丁字母顺序将各种电气设备、装置和元器件划分为 23 个大类,每一类用一个专用单字母符号表示,如"C"表示电容类,"R"表示电阻类。

双字母符号是由一个表示种类的单字母符号与另一字母组成,组合形式是以单字母符号在前,另一个字母在后的次序列出。如"F"表示保护器件类,"FU"则表示熔断器。

2) 辅助文字符号

辅助文字符号是用以表示电气设备、装置和元器件以及电路的功能、状态和特征的,如"L"表示限制,"RD"表示红色等。辅助文字符号也可以放在表示种类的单字母符号后边组成双字母符号,如"SP"表示压力传感器,"YB"表示电磁制动器等。为简化文字符号,若辅助文字符号由两个以上字母组成时,允许只采用其第一位字母进行组合,如"MS"表示同步电动机。辅助文字符号还可以单独使用,如"ON"表示接通,"M"表示中间线等。

3) 补充文字符号的原则

当基本文字符号和辅助文字符号不能满足使用要求时,可按国家标准中文字符号组成原则予以补充。

(1) 在不违背国家标准文字符号编制原则的条件下,可采用国际标准中规定的电气技术文字符号。

(2) 在优先采用基本文字符号和辅助文字符号的前提下,可补充国家标准中未列出的双字母符号和辅助文字符号。

(3) 使用文字符号时,应按有关电气名词术语国家标准或专业技术标准中规定的英文术语缩写而成。基本文字符号不得超过两个字母,辅助文字符号一般不能超过 3 个字母。

3. 接线端子标记

三相交流电源引入线采用 L_1、L_2、L_3 标记,中性线为 N。

电源开关之后的三相交流电源主电路分别按 U、V、W 顺序进行标记,接地端为 PE。

电动机分支电路各接点标记采用三相文字代号后面加数字来表示,数字中的个位数表示电动机代号,十位数表示该支路接点的代号,从上到下按数值的大小顺序标记。如 U_{11} 表示 M_1 电动机的第一相的第一个接点代号,U_{21} 为第一相的第二个接点代号,以此类推。

电动机绕组首端分别用 U_1、V_1、W_1 标记,尾端分别用 U_2、V_2、W_2 标记,双绕组的中点则用 U_3、V_3、W_3 标记。也可以用 U、V、W 标记电动机绕组首端,用 U′、V′、W′ 标记绕组尾端,用 U″、V″、W″ 标记双绕组的中点。

分级三相交流电源主电路采用三相文字 U、V、W 的前面加上阿拉伯数字 1、2、3 等来标记,如 1U、1V、1W 及 2U、2V、2W 等。

控制电路采用阿拉伯数字编号,一般由 3 位或 3 位以下的数字组成。标注方法按等电位原则进行,在垂直绘制的电路中,标号顺序一般由上而下编号,凡是线圈、绕组、触点或电阻、电容等元件所间隔的线段,都应标以不同的电路标号。

4. 项目代号

在电路图上,通常用一个图形符号表示的基本件、部件、组件、功能单元、设备、系统等,被称为项目。项目代号是用以识别图、图表、表格中和设备上的项目种类,并提供项目的层次关系、种类、实际位置等信息的一种特定的代码。通过项目代号可以将图、图表、表格、技术文件中的项目与实际设备中的该项目一一对应和联系起来。

2.1.2 电气原理图

用图形符号和项目代号表示电路各个电器元件连接关系和电气工作原理的图称为电气原理图。由于电气原理图结构简单,层次分明,适于分析、研究电路工作原理等特点,因而广泛应用于设计和生产实际中,图 2-1 即为 CW6132 型普通车床电气原理图。

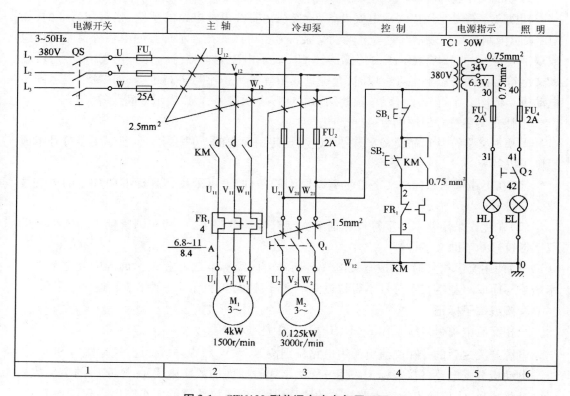

图 2-1　CW6132 型普通车床电气原理图

在绘制电气原理图时,一般应遵循以下原则。

(1)电气原理图应采用规定的标准图形符号,主电路与辅助电路分开,并依据各电器元件的动作顺序等绘制。其中主电路就是从电源到电动机大电流通过的路径。辅助电路包括控制电路、照明电路、信号电路及保护电路等,由继电器和接触器的线圈、继电器的触点、接触器的辅助触点、按钮、照明灯、信号灯、控制变压器等电器元件组成。

(2)电器的触点位置应按电器未受外力或其线圈未通电时的状态画出。

(3)控制系统内的全部电动机、电器和其他器械的带电部件,都应在原理图中表示出来。

（4）在原理图上方将图分成若干图区，并标明该区电路的用途与作用；在继电器、接触器线圈下方列有触点表，以说明线圈和触点的从属关系。

（5）原理图上应标出各个电源电路的电压值、极性、频率及相数，某些元器件的特性（如电阻、电容、变压器的数值等），不常用电器（如位置传感器、手动触点等）的操作方式、状态和功能。

（6）动力电路的电源电路绘成水平线，受电部分的主电路和控制保护支路，分别垂直绘制在动力电路下面的左侧和右侧。

（7）原理图中，各个电器元件在控制电路中的位置，不按实际位置画出，应根据便于阅读的原则安排，但为了表示是同一元件，电器的不同部件要用同一文字符号来表示。

（8）电器元件应按功能布置，并尽可能按工作顺序排列，其布局顺序应该是从上到下，从左到右。

（9）电气原理图中，有直接联系的交叉导线连接点，要用黑圆点表示；无直接联系的交叉导线连接点不画黑圆点。

2.1.3　电器元件布置图

电器元件布置图所绘内容为原理图中各元器件的实际安装位置，可按实际情况分别绘制，如电气控制柜中的电器板、控制面板等，也可以集中绘制在一张图上。电器元件布置图是控制设备生产及维护的技术文件，电器元件的布置应注意以下几个方面。

（1）体积大和较重的电器元件应安装在电器安装板的下面，而发热元件应安装在电器板的上面。

（2）强电弱电应分开。弱电应屏蔽，以防止外界干扰。

（3）需要经常维护、检修、调整的电器元件安装位置不宜过高或过低。

（4）电器元件的布置应考虑整齐、美观、对称。外形尺寸与结构类似的电器安装在一起，以利加工、安装和配线。

（5）电器元件布置不宜过密，要留有一定间距，如有走线槽，应加大各排电器间距，以利于布线和维护。

布置图根据电器元件的外形绘制，并标出各元件间距尺寸。每个电器元件的安装尺寸及其公差范围，应严格按产品手册标准标注，作为底板加工依据，以保证各电器顺利安装。在电器布置图中，还要选用适当的接线端子板或接插件，按一定顺序标上进出线的接线号。

图 2-2（a）为与图 2-1 对应的电器柜内的电器元件布置图。图中 $FU_1 \sim FU_4$ 为熔断器、KM 为接触器、FR 为热继电器、TC 为照明变压器、XT 为接线端子板。

图 2-2（b）为 CW6132 型车床设备整体电器元件布置图。图中 QS 为电源开关，Q_1 为转换开关，Q_2 为照明开关，SB_1 为停止按钮，SB_2 为启动按钮，M_1、M_2 分别为主轴电动机和冷却泵电动机，EL 为照明灯。

2.1.4　电气安装接线图

安装接线图是电气原理图的具体实现形式，它是用规定的图形符号按各电器元件相对位置而绘制的实际接线图，因而可以直接用于安装配线。由于电气安装图在具体的施工、维修中能够起到电气原理图无法起到的作用，所以它在生产现场得到了普遍应用。电气安装

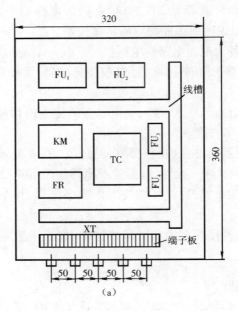

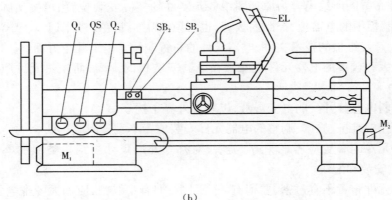

图 2-2　CW6132 型普通车床电器元件布置图

(a)电器柜内；(b)车床设备整体

图是根据电器位置布置最合理、连接导线最经济等原则来安排的。一般来说,绘制电气安装图应按照下列原则进行。

(1)接线图中的各电器元件的图形符号、文字符号及接线端子的编号应与电气原理图一致,并按电气原理图连接。

(2)各电器元件均按其在安装底板中的实际安装位置绘出,元件所占图面按实际尺寸以统一比例绘制。

(3)一个元件的所有部件绘在一起,并且用点画线框起来,即采用集中表示法。有时将多个电器元件用点画线框起来,表示它们是安装在同一安装底板上的。

(4)安装底板内外的电器元件之间的连线通过接线端子板进行连接,安装底板上有几个接至外电路的引线,端子板上就应绘出几个线的接点。

(5)绘制安装接线图时,走向相同的相邻导线可以绘成一股线。

图 2-3 就是根据上述原则绘制的与图 2-1 对应的电器箱外连部分电气安装接线图。

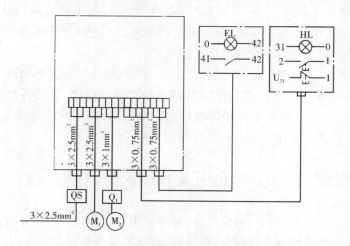

图 2-3　CW6132 型普通车床电气安装接线图

2.1.5　阅读和分析电气控制电路图的基本方法

电气控制电路图识图的基本方法是"先机后电、先主后辅、化整为零、集零为整、统观全局、总结特点"。

1. 先机后电

首先了解生产机械的基本结构、运行情况、工艺要求、操作方法，以期对生产机械的结构及其运行有个总体的了解，进而明确对电力拖动的要求，为分析电路做好前期准备。

2. 先主后辅

先阅读主电路，看设备由几台电动机拖动、各台电动机的作用，结合加工工艺分析电动机的启动方法、有无正反转控制、采用何种制动方式、采用哪些电动机保护措施，然后再分析辅助电路。

从主电路入手，根据每台电动机、电磁阀等执行电器的控制要求去分析它们的控制内容（包括启动、方向控制、调速和制动等）。

3. 化整为零

在分析控制电路时，根据主电路中各电动机、电磁阀等执行电器的控制要求，逐一找出控制电路中的控制环节，将电动机控制电路，按功能不同划分为若干个局部控制电路来进行分析。其步骤为：①从执行电器（电动机、电磁阀等）着手，看主电路上有哪些控制电器的触点，根据其组合规律看控制方式；②根据主电路的控制电器主触点文字符号，在控制电路中找到有关的控制环节及环节间的相互联系，将各台电动机的控制电路划分成若干个局部电路，对每一台电动机的控制电路，又按启动环节、制动环节、调速环节、反向运行环节来分析电路；③设想按动了某操作按钮（应记住各信号元件、控制元件或执行元件的原始状态），查对电路，观察电器元件的触点是如何控制其他电器元件动作的，再查看这些被带动的控制电器元件的触点又是如何控制执行电器或其他电器动作的，并随时注意控制电器元件的触点使执行电器有何运动，进而驱动被控机械有何运动，还要继续追查执行元件带动机械运动时，会使哪些信号元件状态发生变化。

4. 集零为整、统观全局、总结特点

在逐个分析完局部电路后,还应统观全部电路,看各局部电路之间的联锁关系,机、电、液之间的配合情况,电路中设有哪些保护环节,以期对整个电路有清晰的了解。对电路中的每个电路、电器中的每个触点的作用都应了解清楚。

最后总体检查,经过化整为零,初步分析了每一个局部电路的工作原理以及各部分之间的控制关系后,还必须用"集零为整"的方法,检查整个控制电路,看是否有遗漏。特别要从整体角度去进一步检查和理解各控制环节之间的联系,理解电路中每个电器元件的作用。在读图过程中,特别要注意相互间的联系和制约关系。

2.2 三相鼠笼式异步电动机启动控制电路

三相异步电动机的结构简单,价格便宜,坚固耐用,运行可靠,维修方便。与同容量的直流电动机比较,异步电动机具有体积小、质量轻、转动惯量小的特点。因此,在各类企业中异步电动机得到了广泛的应用。三相异步电动机的控制电路大多采用接触器、继电器、闸刀开关、按钮等有触点电器组合而成。由于三相异步电动机的结构不同,其分为鼠笼式异步电动机和绕线式异步电动机。二者的构造不同,启动方法也不同,它们的启动控制电路差别更大。下面,首先对鼠笼式异步电动机的启动控制电路加以介绍。

2.2.1 鼠笼式异步电动机直接启动控制

所谓直接启动,就是利用刀开关或接触器将电动机定子绕组直接接到额定电压的电源上,故又称全压启动。直接启动的优点是启动设备与操作都比较简单,其缺点是启动电流大、启动转矩小。对于小容量鼠笼式异步电动机,因电动机启动电流小,且体积小、惯性小、启动快,一般来说,对电网、对电动机本身都不会造成影响。因此,可以直接启动,但必须根据电源的容量来限制直接启动电动机容量。

在工程实践中,直接启动可按下列经验公式核定:

$$\frac{I_Q}{I_N} \leqslant \frac{3}{4} + \frac{P_H}{4P_N} \tag{2-1}$$

式中,I_Q——电动机的启动电流(A);

I_N——电动机的额定电流(A);

P_N——电动机的额定功率(kW);

P_H——电源的总容量(kVA)。

1. 采用刀开关直接启动控制

用瓷底胶盖刀开关、转换开关或铁壳开关控制电动机的启动和停止,是最简单的手动控制电路。

图2-4是采用刀开关直接启动电动机的控制电路,其原理是:M 为被控三相异步电动机,QS 是开关,FU 是熔断器。合上开关 QS,电动机将通电并旋转。断开 QS,电动机将断电并停转。开关是电动机的控制电器,熔断器是电动机的保护电器。冷却泵、小型台钻、砂轮机的电动机一般采用这种启动控制方式。

2. 采用接触器直接启动控制

图 2-5 为接触器控制电动机单向旋转电路。

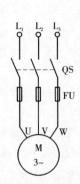

图 2-4 刀开关控制电路

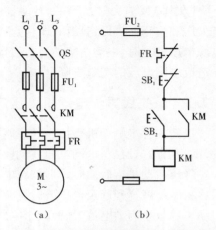

图 2-5 接触器控制电动机直接启动控制

(a)主电路;(b)控制电路

主电路由刀开关 QS、熔断器 FU_1、接触器 KM 的主触点、热继电器 FR 的发热元件和电动机 M 组成。控制电路由熔断器 FU_2、热继电器 FR 的常闭触点(动断)、停止按钮 SB_1、启动按钮 SB_2、接触器 KM 的线圈及其辅助动合触点 KM 组成。

在主电路中,串接热继电器 FR 的三相热元件;在控制电路中,串接热继电器 FR 的常闭触点。一旦过载,FR 的热元件动作,其常闭触点断开,切断控制电路,电动机失电停转。

在启动按钮两端并联有接触器 KM 的辅助常开(动合)触点,使该电路具有自锁功能。

电路的工作过程如图 2-6 所示。

合上 QS→按下 SB_2→KM 线圈得电 ┬→KM 自锁触点闭合
　　　　　　　　　　　　　　　　└→KM 主触点闭合→电动机 M 启动运转

图 2-6 电路工作过程

电路具有以下保护功能。

1)短路保护

由熔断器 FU 实现主电路、控制电路的短路保护。短路时,熔断器的熔体熔断,切断电路。熔断器可作为电路的短路保护,但达不到过载保护的目的。

2)过载保护

过载保护由热继电器 FR 实现。由于热继电器的热惯性比较大,即使热元件流过几倍电动机额定电流,热继电器也不会立即动作。因此,在电动机启动时间不太长的情况下,热继电器是经得起电动机启动电流冲击而不动作的。只有在电动机长时间过载情况下,串联在主电路中的热继电器 FR 的热元件(双金属片)因受热产生变形,能使串联在控制电路中的热继电器的常闭触点断开,断开控制电路,使接触器 KM 线圈失电,其主触点释放,切断主电路,使电动机断电停转,实现对电动机的过载保护。

3）欠压和失压保护

欠压和失压保护依靠接触器本身的电磁机构来实现。当电源电压由于某种原因而严重下降（欠压）或消失（失压）时，接触器的衔铁自行释放，电动机失电停止运转。控制电路具有欠压和失压保护后，具有 3 个优点：①防止电源电压严重下降时，电动机欠压运行；②防止电源电压恢复时，电动机突然自行启动运转造成设备和人身事故；③避免多台电动机同时启动造成电网电压的严重下降。

2.2.2　鼠笼式异步电动机降压启动控制

鼠笼式异步电动机直接启动控制电路简单、经济、操作方便。但对于容量大的电动机来说，由于启动电流大，电网电压波动大，必须采用降压启动的方法，限制启动电流。

降压启动是指启动时降低加在电动机定子绕组上的电压，待电动机转速接近额定转速后再将电压恢复到额定电压下运行。由于定子绕组电流与定子绕组电压成正比，因此降压启动可以减小启动电流，从而减小电路电压降，也就减小了对电网的影响。但由于电动机的电磁转矩与电动机定子电压的平方成正比，将使电动机的启动转矩相应减小，因此降压启动仅适用于空载或轻载下启动。

常用的降压启动方法有定子电路串电阻（或电抗）降压启动、星 – 三角（Y – Δ）降压启动、自耦变压器降压启动等。对降压启动控制的要求：不能长时间降压运行，不能出现全压启动，在正常运行时应尽量减少工作电器的数量。

1. 定子电路串电阻（或电抗）降压启动

电动机启动时，在三相定子电路上串接电阻 R，使定子绕组上的电压降低，启动后再将电阻 R 短路，电动机即可在额定电压下运行。

图 2-7 是时间继电器控制的定子电路串电阻降压启动控制电路。该电路是根据启动过程中时间的变化，利用时间继电器延时动作来控制各电器元件的先后动作顺序，时间继电器的延时时间按启动过程所需时间整定。其工作原理如下：当合上刀开关 QS，按下启动按钮 SB$_2$ 时，KM$_1$ 立即通电吸合，使电动机在串接定子电阻 R 的情况下启动，与此同时，时间继电器 KT 通电开始计时，当达到时间继电器的整定值时，其延时闭合的常开触点闭合，使 KM$_2$ 通电吸合，KM$_2$ 的主触点闭合，将启动电阻 R 短接，电动机在额定电压下进入稳定正常运转。

由分析可知，图 2-7（b）中在启动结束后，接触器 KM$_1$ 和 KM$_2$、时间继电器 KT 线圈均处于长时间通电状态。其实只要电动机开始全压运行，KM$_1$ 和 KT 线圈的通电就是多余的了。因为这不仅使能耗增加，同时也会缩短接触器、继电器的使用寿命。其解决方法为：在接触器 KM$_1$ 和时间继电器 KT 的线圈电路中串入 KM$_2$ 的常闭触点，KM$_2$ 要有自锁，如图 2-7（c）中电路所示。这样当 KM$_2$ 线圈通电时，其常闭触点断开使 KM$_1$、KT 线圈断电。电路的工作过程如图 2-8 所示。

定子串电阻降压启动的方法不受定子绕组接线形式的限制，启动过程平滑，设备简单，但启动转矩按电压下降比例的平方倍下降，能量损耗大。故此种方法适用于启动要求平稳、电动机轻载或空载及启动不频繁的场合。

2. 星 – 三角（Y – Δ）降压启动

三相鼠笼式异步电动机额定电压通常为 380/660 V，相应的绕组接法为三角形/星形，这种电动机每相绕组额定电压为 380 V。我国采用的电网供电电压为 380 V。所以，当电动

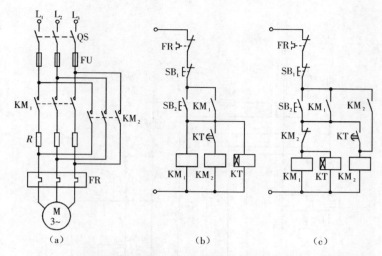

图 2-7　时间继电器控制的定子电路串电阻降压启动控制电路

（a）主电路；（b）控制电路 1；（c）控制电路 2

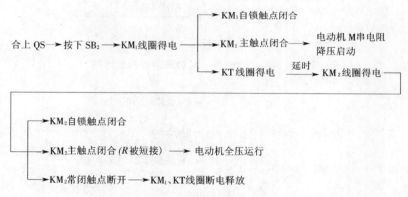

图 2-8　电路的工作过程

机启动时，将定子绕组接成星形，加在每相定子绕组上的启动电压只有三角形接法的 $1/\sqrt{3}$，启动电流为三角形接法的 1/3，启动力矩也只有三角形接法的 1/3。启动完毕后，再将定子绕组换接成三角形。星–三角（Y–Δ）降压启动控制电路如图 2-9 所示。电路的工作过程如图 2-10 所示。

　　星–三角（Y–Δ）降压启动方式，设备简单经济，启动过程中没有电能损耗，启动转矩较小，只能空载或轻载启动，只适用于正常运动时为三角形连接的电动机。我国设计的 Y 系列电动机，4 kW 以上的电动机的额定电压都用三角形接 380 V，就是为了使用星–三角（Y–Δ）降压启动而设计的。

3. 自耦变压器降压启动

　　这种降压启动方式是利用自耦变压器来降低加在电动机定子绕组上启动电压的。启动时，变压器的绕组连接成星形，其一次侧接电网，二次侧接电动机定子绕组。改变自耦变压器抽头的位置可以获得不同的启动电压，实际应用中，自耦变压器一般有 65%、85% 等抽头。启动完毕，将自耦变压器切除，电动机直接接电源，进入全压运行。控制电路如图 2-11

所示。

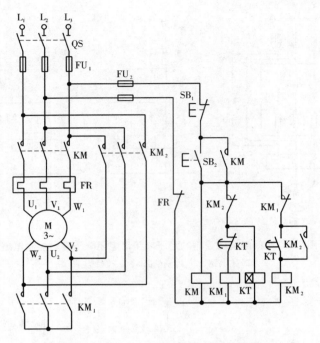

图 2-9　星 – 三角(Y – Δ)降压启动控制电路

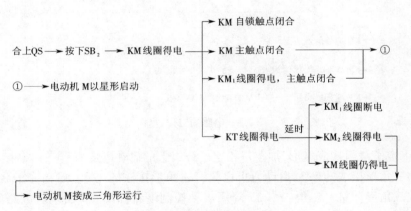

图 2-10　电路的工作过程

电路的工作过程如图 2-12 所示。

在本电路中,设有信号指示灯,由电源变压器 T 提供工作电压。电路通电后,红灯 HLR 亮;启动后,由于 KM_1 常开辅助触点的闭合,绿灯 HLG 亮;运转后,由于 KA 吸合,KA 的常闭触点断开,HLR、HLG 均熄灭,黄色指示灯 HLY 亮。按下停止按钮 SB_1,电动机 M 停机,由于 KA 恢复常闭状态,HLR 亮。

自耦变压器降压启动适用于电动机容量较大、正常工作时接成星形或三角形的电动机。通常自耦变压器可用调节抽头变比的方法改变启动电流和启动转矩的大小,以适应不同的需要。它比串接电阻降压启动效果要好,但自耦变压器设备庞大,成本较高,而且不允许频繁启动。

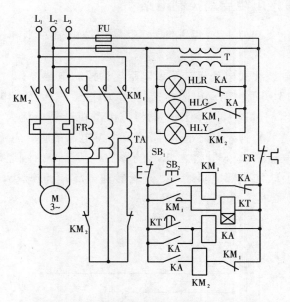

图 2-11　自耦变压器降压启动控制电路

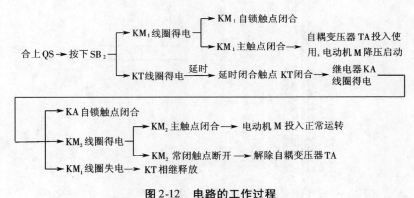

图 2-12　电路的工作过程

2.3　三相绕线式异步电动机启动控制电路

在实际生产中,对启动转矩值要求较大且需能平滑调速的场合,常常采用三相绕线式异步电动机。三相绕线式异步电动机可以通过滑环在转子绕组中串接外加电阻,来减小启动电流,提高转子电路的功率因数,增加启动转矩,并且还可通过改变所串电阻的大小进行调速。

三相绕线式异步电动机的启动有在转子绕组中串接启动电阻和接入频敏变阻器等方法。

2. 3. 1　转子绕组串接电阻启动控制电路

根据转子电流变化及启动时间两方面,可以采用按电流原则和按时间原则两种控制电路。

1. 按电流原则控制绕线式电动机转子串电阻启动控制电路

控制电路如图 2-13 所示。启动电阻接成星形,串接于三相转子电路中。启动时,启动电阻全部接入电路。启动过程中,电流继电器根据电动机转子电流大小的变化控制电阻的逐级切除。图中,$KA_1 \sim KA_3$ 为欠电流继电器,这 3 个继电器的吸合电流值相同,但释放电流不一样。KA_1 的释放电流最大,KA_2 次之,KA_3 的释放电流最小。刚启动时,启动电流较大,$KA_1 \sim KA_3$ 同时吸合动作,使全部电阻接入。随着转速升高,电流减小,$KA_1 \sim KA_3$ 依次释放,分别短接电阻,直到转子串接的电阻全部短接。

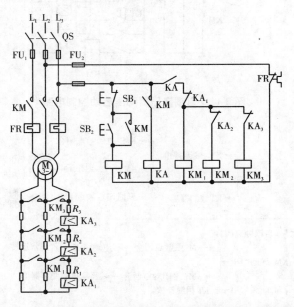

图 2-13　按电流原则控制绕线式电动机转子串电阻启动控制电路

电路的工作过程如图 2-14 所示。

电路中中间继电器 KA 的作用,是保证启动刚开始时接入全部启动电阻,以免电动机直接启动。由于电动机刚开始启动时,启动电流由零增大到最大值需一定的时间,如果电路中没有 KA,则可能出现 $KA_1 \sim KA_3$ 还没有动作,而 $KM_1 \sim KM_3$ 的吸合将把转子电阻全部短接的情况,则电动机相当于直接启动。加入中间继电器 KA 以后,只有 KM 线圈通电动作,KA 线圈才通电,KA 的常开触点闭合。在这之前,启动电流已达到电流继电器吸合值并已动作,其常闭触点已将 $KM_1 \sim KM_3$ 电路断开,确保转子电路的电阻被串接,这样电动机就不会出现直接启动的现象了。

2. 按时间原则控制绕线式电动机转子串电阻启动控制电路

图 2-15 所示电路是利用 3 个时间继电器 $KT_1 \sim KT_3$ 和 3 个接触器 $KM_1 \sim KM_3$ 的相互配合来依次自动切除转子绕组中的三级电阻的。

合上 QS → 按下 SB₂ → KM 线圈得电 → KM自锁触点闭合

→ KM主触点闭合 → 电动机 M串接全部电阻启动

中间继电器 KA 线圈得电，

→ KM常开触点闭合 → 为KM₁~KM₃通电做准备 →

随着转速升高，转子电流逐渐减小 → KA₁最先释放，其常闭触点闭合 → KM₁线圈得电，主触点闭合，短接第一级电阻 R_1 → 电动机 M 转速升高，转子电流又减小 → KA₂释放，其常闭触点闭合 → KM₂线圈得电，主触点闭合，短接第二级电阻 R_2 → 电动机 M 转速再升高，转子电流再减小 → KA₃最后释放，其常闭触点闭合 → KM₃线圈得电，主触点闭合，短接最后电阻 R_3 → 电动机 M启动过程结束

按下SB₂ → KM、KA、KM₁~KM₃线圈均断电释放 → 电动机 M 断电停止运转

图 2-14   电路的工作过程

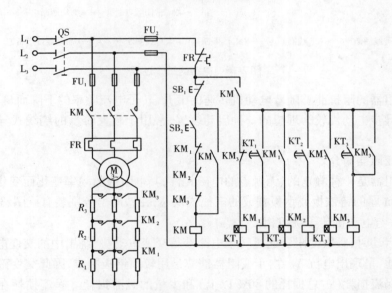

图 2-15   按时间原则控制绕线式电动机转子串电阻启动控制电路

电路的工作过程如图 2-16 所示。

与启动按钮 SB₂ 串接的接触器 KM₁ ~ KM₃常闭辅助触点的作用是保证电动机在转子绕组中接入全部外加电阻的条件下才能启动。如果接触器 KM₁ ~ KM₃中任何一个触点因熔焊或机械故障而没有释放，启动电阻就没有被全部接入转子绕组中，从而使启动电流超过规定的值。把 KM₁ ~ KM₃的常闭触点与启动按钮 SB₂ 串接在一起，就可避免这种现象的发生，因 3 个接触器中只要有一个触点没有恢复闭合，电动机就不可能接通电源直接启动。

2.3.2 转子绕组串接频敏变阻器启动控制电路

绕线式异步电动机转子串电阻的启动方法，由于在启动过程中逐渐切除转子电阻，在切除的瞬间电流及转矩会突然增大，产生一定的机械冲击力。如果想减小电流的冲击，必须增加电阻的级数，这将使控制电路复杂，工作不可靠，而且启动电阻体积较大。

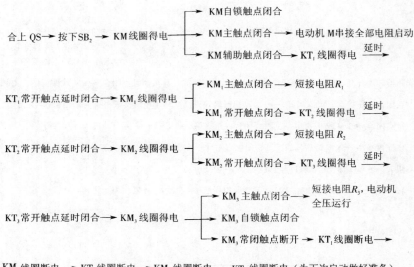

图 2-16　电路的工作过程

频敏变阻器的阻抗能够随着电动机转速的上升、转子电流频率的下降而自动减小,所以它是绕线式异步电动机较为理想的一种启动装置,常用于较大容量的绕线式异步电动机的启动控制。

1. 频敏变阻器简介

频敏变阻器是一种静止的、无触点的电磁元件,其电阻值随频率变化而变化。它是由几块 30～50 mm 厚的铸铁板或钢板叠成的三柱式铁芯,在铁芯上分别装有线圈,3 个线圈连接成 Y 连接,并与电动机转子绕组相接。

电动机启动时,频敏变阻器通过转子电路获得交变电动势,绕组中的交变电流在铁芯中产生交变磁通,呈现出电抗 X。由于变阻器铁芯是用较厚钢板制成,因此交变磁通在铁芯中产生很大的涡流损耗(占总损耗的 80% 以上)和少量的磁滞损耗。涡流损耗在变阻器电路中相当于一个等值电阻 R。由于电抗 X 与电阻 R 都是由交变磁通产生的,其大小又都随着转子电流频率的变化而变化。因此,在电动机启动过程中,随着转子频率的改变,涡流集肤效应的强弱也在改变。转速低时频率高,涡流截面小,电阻就大。随着电动机转速升高、频率降低,涡流截面自动增大,电阻减小。同时频率的变化又引起电抗的变化。所以,绕线式异步电动机串接频敏变阻器启动开始时,频敏变阻器的等效阻抗很大,限制了电动机的启动电流,随着电动机转速的升高,转子电流频率降低,等效阻抗自动减小,从而达到了自动改变电动机转子阻抗的目的,实现了平滑无级启动。图 2-17 所示为频敏变阻器等效电路及其与电动机的连接。

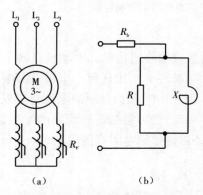

图 2-17　频敏变阻器等效电路及其与电动机的连接

(a)等效电路;(b)与电动机连接

2. 转子绕组串接频敏变阻器的启动控制电路

按电动机的不同工作方式,频敏变阻器有两种使用方式。当电动机是重复短时工作制时,只需将频敏变阻器直接串在电动机转子回路中,不需用接触器控制;当电动机是长时运转工作制时,可采用如图 2-18 所示的电路进行控制。该电路可利用转换开关 SA 实现自动控制和手动控制。

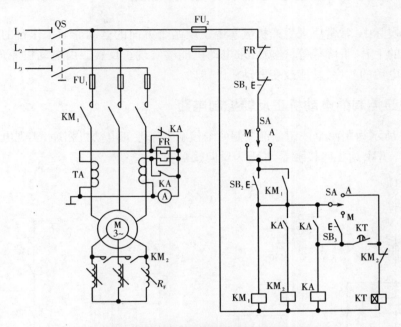

图 2-18　转子绕组串接频敏变阻器的启动控制电路

(1)自动控制。将转换开关 SA 扳到自动位置(即 A 位置),时间继电器 KT 将起作用。此时的电路工作过程如图 2-19 所示。

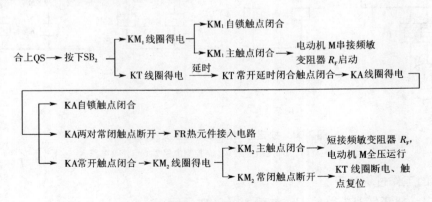

图 2-19　电路的工作过程

(2)手动控制。将转换开关 SA 扳到手动位置(即 M 位置),时间继电器 KT 不起作用。利用按钮开关 SB$_3$ 手动控制,使中间继电器 KA 和接触器 KM$_2$ 动作,从而控制电动机的启动和正常运转过程。其工作过程读者可自行分析。

此电路适用于电动机的启动电流大、启动时间长的场合。主电路中电流互感器 TA 的作用是将主电路中的大电流变换成小电流进行测量。为避免因启动时间较长而使热继电器 FR 误动作，在启动过程中，用 KA 的常闭触点将 FR 的加热元件短接，待启动结束，电动机正常运行时才将 FR 的加热元件接入电路，从而起到过载保护的作用。

2.4 三相异步电动机正反转控制电路

在生产实际中，常常要求生产机械实现正反两个方向的运动。如工作台的前进、后退，起重机吊钩的上升、下降等等，这就要求电动机能够实现正反转。由电动机原理可知，改变电动机三相电源的相序，就能改变电动机的转向。

2.4.1 按钮控制的电动机正反转控制电路

图 2-20 所示为用两个按钮分别控制两个接触器来改变电动机相序，实现电动机正反转的控制电路。KM_1 为正向接触器，KM_2 为反向接触器。

L1 L2 L3
QS
FU1
KM1
KM2
FR
U V W
M
3~
FU2
SB1
SB2
SB3
(a)
(b)
(c)
(d)

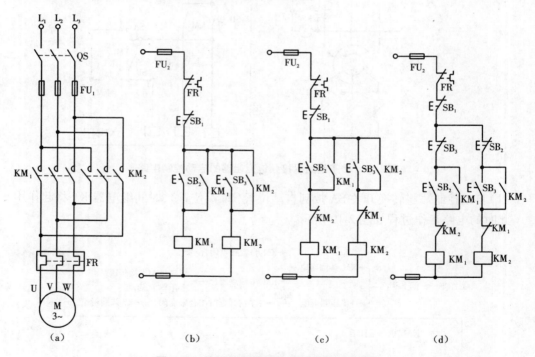

图 2-20 按钮控制的电动机正反转控制电路

(a)主电路；(b)控制电路 1；(c)控制电路 2；(d)控制电路 3

电路的工作过程如下。

(1)电动机正转时电路的工作过程如图 2-21 所示。

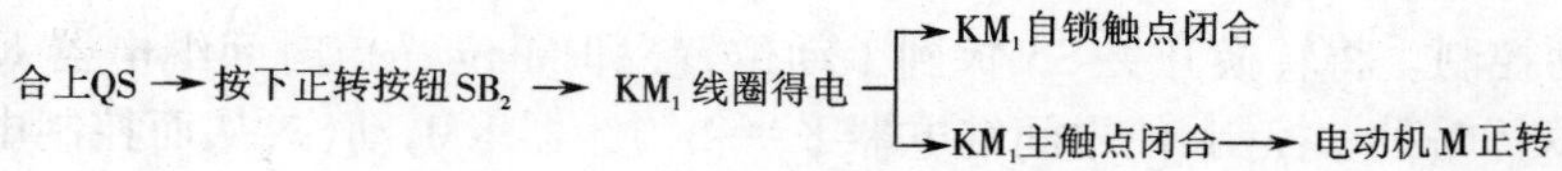

合上QS
按下正转按钮SB2
KM1 线圈得电
KM1自锁触点闭合
KM1主触点闭合
电动机M正转

图 2-21 电动机正转

（2）电动机反转时电路的工作过程如图 2-22 所示。

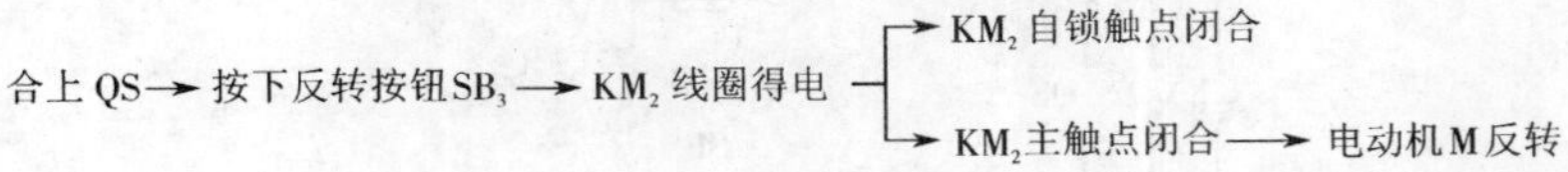

合上 QS → 按下反转按钮SB₃ → KM₂ 线圈得电 ⎰→ KM₂自锁触点闭合
　　　　　　　　　　　　　　　　　　　⎱→ KM₂主触点闭合 → 电动机M反转

图 2-22　电动机反转

（3）电动机停止时电路的工作过程如图 2-23 所示。

按下SB₁ → KM₁（KM₂）线圈断电，主触点释放 → 电动机M断电停止

图 2-23　电动机停止

不难看出，图 2-20（b）中，如果同时按下 SB₂ 和 SB₃，KM₁ 和 KM₂ 线圈就会同时通电，其主触点闭合造成电源两相短路，因此，这种电路不能采用。图 2-20（c）是在图 2-20（b）基础上扩展而成，将 KM₁、KM₂ 常闭辅触点串接在对方线圈电路中，形成相互制约的控制，称为互锁或联锁控制。这种利用接触器（或继电器）常闭触点的互锁又称为电气互锁。该电路欲使电动机由正转到反转，或由反转到正转必须先按下停止按钮，而后再反向启动。

图 2-20（c）的电路只能实现"正－停－反"或者"反－停－正"控制，这对需要频繁改变电动机运转方向的机电设备来说，是很不方便的。对于要求频繁实现正反转的电动机，可用图 2-20（d）控制电路控制，它是在图 2-20（c）电路基础上将正转启动按钮 SB₂ 与反转启动按钮 SB₃ 的常闭触点串接在对方常开触点电路中，利用按钮的常开、常闭触点的机械连接，在电路中互相制约的接法，称为机械互锁。这种具有电气、机械双重互锁的控制电路是常用的、可靠的电动机正反转控制电路，它既可实现"正－停－反－停"控制，又可实现"正－反－停"控制。

2.4.2　行程开关控制的电动机正反转控制电路

机电设备中如龙门刨工作台、高炉的加料设备等均需自动往返运行，而自动往返的可逆运行通常是利用行程开关来检测往返运动的相对位置，进而控制电动机的正反转来实现生产机械的往复运动。

图 2-24 为机床工作台往复运动的示意图。行程开关 SQ₁、SQ₂ 分别固定安装在床身上，反映加工终点与原位。撞块 A、B 固定在工作台上，随着运动部件的移动分别压下行程开关 SQ₁、SQ₂，往返运动。

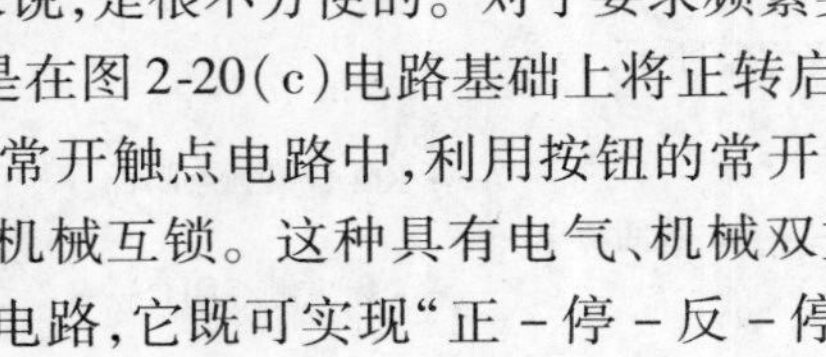

图 2-24　工作台往复运动示意图

图 2-25 为往复自动循环的控制电路。图中 SQ₁、SQ₂ 为工作台后退与前进限位开关，SQ₃、SQ₄ 为正反向极限保护用行程开关，用以防止 SQ₁、SQ₂ 失灵时造成工作台从床身上冲出去的事故。这种利用行程开关，根据机械运动位置变化所进行的控制，称为行程控制。

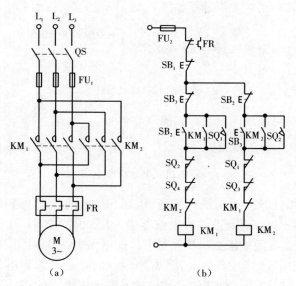

图 2-25 往复自动循环控制电路

（a）主电路；（b）控制电路

电路的工作过程如图 2-26 所示。

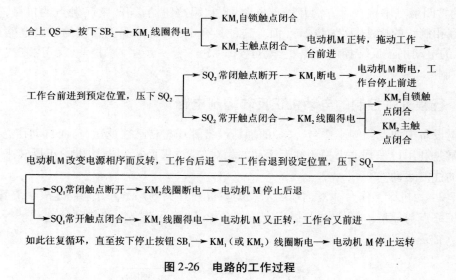

图 2-26 电路的工作过程

2.5 三相异步电动机制动控制电路

三相异步电动机切断电源后，由于惯性，总要经过一段时间才能完全停止。有些生产机械要求迅速停车，有些生产机械要求准确停车。所以常常需要采用一些使电动机在切断电源后就迅速停车的措施，这种措施称为电动机的制动。制动方式有电气机械结合的方法和电气的方法。前者如电磁机械制动，后者有能耗制动和反接制动等，本节主要介绍能耗制动和反接制动。

2.5.1　能耗制动控制电路

　　能耗制动是在电动机脱离三相交流电源后,给定子绕组加一直流电源,产生静止磁场,从而产生一个与电动机原转矩方向相反的电磁转矩以实现制动。

　　图 2-27 所示为按速度原则控制的可逆运行能耗制动控制电路。用速度继电器取代了时间继电器。当电动机脱离交流电源后,其惯性转速仍很高,速度继电器的常闭触点仍闭合,使 KM_3 得电通入直流电进行能耗制动。速度继电器 KS 与电动机用虚线相连表示同轴。

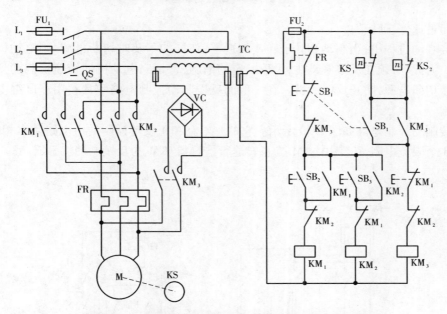

图 2-27　按速度原则控制的可逆运行能耗制动控制电路

　　电路的工作过程如下。

　　(1)电动机启动时电路的工作过程如图 2-28 所示。

合上 QS → 按下 SB_2(正) 或 SB_3(反) → KM_1(正) 或 KM_2(反) 通电并自锁 → 电动机 M 正(反)向运行,此时速度继电器相应触点 KS_1 或 KS_2 闭合,为停车时接通 KM_3,实现能耗制动做准备

图 2-28　电动机启动

　　(2)电动机制动停车时电路的工作过程如图 2-29 所示。

　　能耗制动的优点是制动准确、平稳,且能量损耗小,但需附加直流电源装置,设备费用较高,制动力较小,特别是到低速阶段,制动力更小。因此,能耗制动一般只适用于制动要求平稳准确的场合,如磨床、立式铣床等设备的控制电路中。

2.5.2　反接制动控制电路

　　反接制动是将运动中的电动机电源反接(即将任意两根相线接法交换)以改变电动机定子绕组中的电源相序,从而使定子绕组的旋转磁场反向,转子受到与原旋转方向相反的制

按下 SB₁ → KM₁(正) 或 KM₂(反) 线圈断电 ──┬── KM₁(正)或 KM₂(反) 主触点断开 ── 电动机 M 断电,惯性运转,KS 常开触点继续闭合

├── KM₁(正)或 KM₂(反) 互锁触点闭合 ── KM₃线圈得电并自锁 ──

直流电通入电动机 M 定子绕组,进行能耗制动

当电动机 M 转速 $n \approx 0$ 时,KS 常开触点复位 ── KM₃ 断电释放 ── 切断电动机 M 直流电源,制动结束

图 2-29　电动机制动停车

动力矩而迅速停止转动。

　　反接制动过程中,当制动到转子转速接近零值时,如不及时切断电源,则电动机将会反向旋转。为此,必须在反接制动中,采取一定的措施,保证当电动机的转速被制动到接近零值时迅速切断电源,防止反向旋转。在一般的反接制动控制电路中常利用速度继电器进行自动控制。

　　反接制动控制电路如图 2-30 所示。它的主电路和正反转控制的主电路基本相同,只是增加了 3 个限流电阻 R。图中 KM₁ 为正转运行接触器,KM₂ 为反接制动接触器。

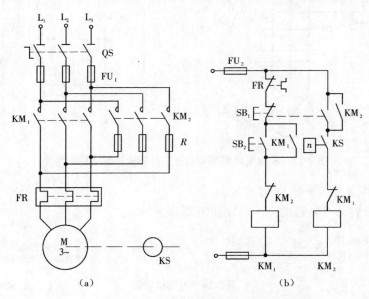

图 2-30　单向运行反接制动控制电路
(a)主电路;(b)控制电路

　　电路的工作过程如下。

　　(1)电动机启动时电路的工作过程如图 2-31 所示。

　　(2)电动机制动停车时电路的工作过程如图 2-32 所示。

　　由于反接制动时,旋转磁场与转子的相对速度很高,感应电动势很大,所以转子电流比直接启动的电流还大。反接制动电流一般为电动机额定电流的 10 倍左右,故在主电路中串接电阻 R 以限制反接制动电流。

图 2-31　电动机启动

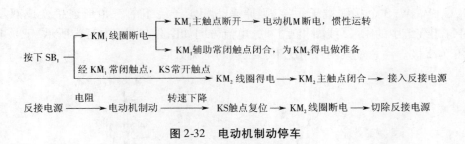

图 2-32　电动机制动停车

反接制动的优点是制动力矩大、制动快,缺点是制动准确性差、制动过程中冲击强烈、易损坏传动零件。此外,在反接制动时,电动机既吸取机械能又吸取电能,并将这两部分能量消耗于电枢绕组上,因此,能量消耗大。所以,反接制动一般只适用于系统惯性较大、制动要求迅速且不频繁的场合。

2.6　异步电动机调速控制电路

根据异步电动机的基本原理可知,交流电动机转速公式如下:

$$n = (60 f / p)(1 - s) \tag{2-3}$$

式中,p ——电动机极对数;

　　f ——供电电源频率;

　　s ——转差率。

由式 2-3 分析,通过改变定子电压频率 f、极对数 p 以及转差率 s 都可以实现交流异步电动机的速度调节,具体可以归纳为变极调速、变转差率调速和变频调速三大类。下面主要介绍变极调速和变频调速两种。

2.6.1　电动机磁极对数的产生与变化

当电网频率固定以后,三相异步电动机的同步转速与它的磁极对数成反比。因此,只要改变电动机定子绕组磁极对数,就能改变它的同步转速,从而改变转子转速。在改变定子极数时,转子极数也必须同时改变。为了避免在转子方面进行变极改接,变极电动机常用鼠笼式转子,因为鼠笼式转子本身没有固定的极数,它的极数由定子磁场极数确定,不用改接。

磁极对数的改变可用两种方法:一种是在定子上装置两个独立的绕组,各自具有不同的极数;另一种方法是在一个绕组上,通过改变绕组的连接来改变极数,或者说改变定子绕组每相的电流方向,由于构造的复杂,通常速度改变的比值为 2:1。如果希望获得更多的速度等级,例如四速电动机,可同时采用上述两种方法,即在定子上装置两个绕组,每一个都能改变极数。

　　图 2-33 为 4/2 极的双速电动机定子绕组接线示意图。电动机定子绕组有 6 个接线端子,分别为 U_1、V_1、W_1、U_2、V_2、W_2。图 2-33(a)是将电动机定子绕组的 U_1、V_1、W_1 3 个接线端子接三相交流电源,而将电动机定子绕组的 U_2、V_2、W_2 3 个接线端子悬空,三相定子绕组按三角形接线,此时每个绕组中的①、②线圈相互串联,电流方向如图 2-33(a)中的箭头所示,电动机的极数为 4 极;如果将电动机定子绕组的 U_2、V_2、W_2 3 个接线端子接到三相电源上,而将 U_1、V_1、W_1 3 个接线端子短接,则原来三相定子绕组的三角形连接变成双星形连接,此时每相绕组中的①、②线圈相互并联,电流方向如图 2-33(b)中箭头所示,于是电动机的极数变为 2 极。注意观察两种情况下各绕组的电流方向。

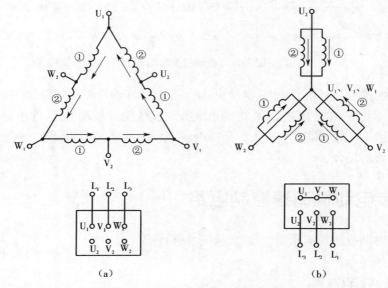

图 2-33　4/2 级双速电动机定子绕组接线示意图
(a)三角形接法—低速;(b)双星形接法—高速

　　必须注意,绕组改极后,其相序方向和原来相序相反。所以,在变极时,必须把电动机任意两个出线端对调,以保持高速和低速时的转向相同。例如,在图 2-33 中,当电动机绕组为三角形连接时,将 U_1、V_1、W_1 分别接到三相电源 L_1、L_2、L_3 上;当电动机的定子绕组为双星形连接,即由 4 极变到 2 极时,为了保持电动机转向不变,应将 W_2、V_2、U_2 分别接到三相电源 L_1、L_2、L_3 上。当然,也可以将其他任意两相对调。

2.6.2　双速电动机控制电路

　　图 2-34 为 4/2 极双速异步电动机的控制电路。图中用了 3 个接触器控制电动机定子绕组的连接方式。当接触器 KM_1 的主触点闭合,KM_2、KM_3 的主触点断开时,电动机定子绕组为三角形接法,对应"低速"挡;当接触器 KM_1 主触点断开,KM_2、KM_3 主触点闭合时,电动机定子绕组为双星形接法,对应"高速"挡。为了避免"高速"挡启动电流对电网的冲击,本电路在"高速"挡时,先以"低速"启动,待启动电流过去后,再自动切换到"高速"运行。

　　SA 是一个具有 3 个挡位的转换开关。当扳到中间位置时,为"停止"位,电动机不工

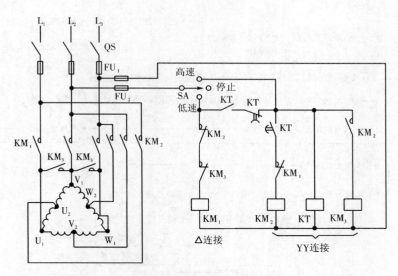

图 2-34 4/2 极双速异步电动机的控制电路

作；当扳到"低速"位时，接触器 KM_1 线圈得电动作，其主触点闭合，电动机定子绕组的三个出线端 U_1、V_1、W_1 与电源相接，定子绕组接成三角形，低速运转；当扳到"高速"位时，时间继电器 KT 线圈首先得电动作，其瞬动常开触点闭合，接触器 KM_1 线圈得电动作，电动机定子绕组接成三角形低速启动。经过延时，KT 延时断开的常闭触点断开，KM_1 线圈断电释放，KT 延时闭合的常开触点闭合，接触器 KM_2 线圈得电动作。紧接着，KM_3 线圈也得电动作，电动机定子绕组被 KM_2、KM_3 的主触点换接成双星形，以高速运行。

电路的工作过程如下。

(1)转换开关 SA 位于"低速"位时电路的工作过程如图 2-35 所示。

合上 QS ⟶ SA 扳到"低速"⟶ KM_1 线圈得电 ⟶ KM_1 主触点闭合 ⟶ 电动机定子绕组三角形连接，电动机低速运转

图 2-35 转换开关 SA 位于"低速"位

(2)转换开关 SA 位于"高速"位时电路的工作过程如图 2-36 所示。

(3)转换开关 SA 位于"停止"位时，KM_1、KM_2、KM_3、KT 线圈全部失电，电动机断电，停止运转。

2.6.3 变频调速控制电路

由式(2-3)可见，改变异步电动机的供电频率，即可平滑地调节同步转速，实现调速运行。变频调速是利用电动机的同步转速随频率变化的特性，通过改变电动机的供电频率进行调速的方法。在交流异步电动机的诸多调速方法中，变频调速的性能最好，调速范围大，稳定性好，运行效率高。采用通用变频器对鼠笼式异步电动机进行调速控制，由于使用方便、可靠性高并且经济效益显著，所以逐步得到推广应用。通用变频器的特点是其通用性，它是可以应用于普通的异步电动机调速控制的变频器。

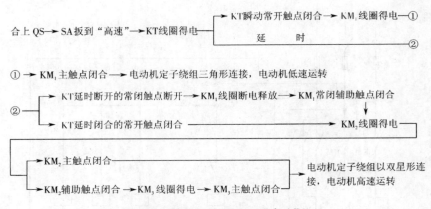

图 2-36　转换开关 SA 位于"高速"位

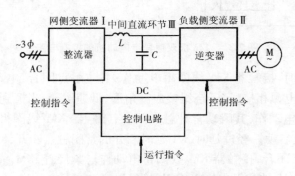

图 2-37　变频器的基本结构原理

1. 变频器的基本结构原理

　　变频器的基本结构由主电路、内部控制电路板、外部接口及显示操作面板组成,软件丰富,各种功能主要靠软件来完成。变频器主电路分为"交 – 交"和"交 – 直 – 交"两种形式。交 – 交变频器可将工频交流直接变换成频率、电压均可控制的交流,又称直接式变频器。而交 – 直 – 交变频器则是先把工频交流通过整流器变成直流,然后再把直流变换成频率、电压均可控制的交流,又称间接式变频器。目前常用的通用变频器即属于交 – 直 – 交变频器,以下简称变频器。变频器的基本结构原理如图 2-37 所示。

　　由图 2-37 可见,变频器主要由主回路(包括整流器、中间直流环节、逆变器)和控制电路组成,介绍如下。

　　1)整流器

　　一般的三相变频器的整流电路由三相全波整流桥组成。它的主要作用是对工频的外部电源进行整流,并给逆变电路和控制电路提供所需要的直流电源。整流电路按其控制方式,可以是直流电压源,也可以是直流电流源。

　　2)中间直流环节

　　中间直流环节的作用是对整流电路的输出进行平滑,以保证逆变电路和控制电源能够得到质量较高的直流电源。当整流电路是电压源时,直流中间电路的主要元器件是大容量的电解电容;而当整流电路是电流源时,平滑电路则主要由大容量电感组成。此外,由于电动机制动的需要,在直流中间电路中有时还包括制动电阻以及其他辅助电路。

3) 逆变器

逆变器是变频器最主要的部分之一。它的主要作用是在控制电路的控制下将平滑电路输出的直流电源转换为频率和电压都任意可调的交流电源。逆变电路的输出就是变频器的输出,它被用来实现对异步电动机的调速控制。

4) 控制电路

变频器的控制电路包括主控制电路、信号检测电路、门极(基极)驱动电路、外部接口电路以及保护电路等几个部分,也是变频器的核心部分。控制电路的优劣决定了变频器性能的优劣。控制电路的主要作用是将检测电路得到的各种信号送至运算电路,使运算电路能够根据要求为变频器主电路提供必要的门极(基极)驱动信号,并为变频器以及异步电动机提供必要的保护。此外,控制电路还通过 A/D、D/A 等外部接口电路接收/发送多种形式的外部信号和给出系统内部工作状态,以便使变频器能够和外部设备配合进行各种高性能的控制。

2. 变频器的外部接口电路

随着变频器的发展,其外部接口电路的功能也越来越丰富。外部接口电路的主要作用就是为了使用户能够根据系统的不同需要对变频器进行各种操作,并和其他电路一起构成高性能的自动控制系统。变频器的外部接口电路通常包括以下的硬件电路:逻辑控制指令输入电路、频率指令输入输出电路、过程参数监测信号输入输出电路和数字信号输入输出电路等。而变频器和外部信号的连接则需要通过相应的接口进行,如图 2-38 所示。

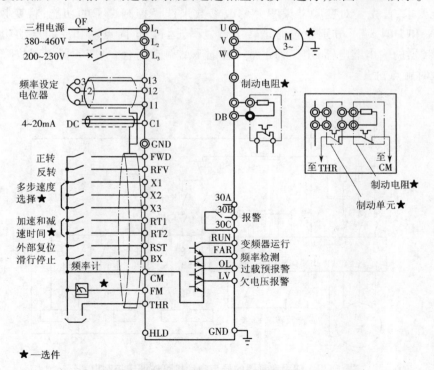

图 2-38　通用变频器的外部接口示意图

由图 2-38 可见,外部信号接口主要有以下内容。

1)多功能输入端子和输出接点

在变频器中设置了一些输入端子和输出接点,用户可以根据需要设定并改变这些端子和接点的功能,以满足使用需要。如逻辑控制指令输入端子、频率控制信号输入输出端子等。

2)多功能模拟输入输出信号端子

变频器的模拟输入信号主要包括过程参数,如温度压力等指令及其参数的设置、直流制动的电流指令、过电流检测值;模拟输出信号主要包括输出电流检测、输出频率检测。多功能模拟输入输出信号端子的作用就是使操作者可以将上述模拟输入信号输入变频器,并利用模拟输出信号检测变频器的工作状态。

3)数字输入输出接口

变频器的数字输入输出接口主要用于和数控设备以及 PLC 配合使用。其中,数字输入接口的作用是使变频器可以根据数控设备或 PLC 输出的数字信号指令运行,而数字输出接口的作用则主要是通过脉冲计数器给出变频器的输出频率。

4)通信接口

变频器还具有 RS - 232 或 RS - 485 的通信接口。这些接口的主要作用是和计算机或 PLC 进行通信,并按照计算机或 PLC 的指令完成所需的动作。

3. 应用举例

如图 2-39 所示为使用变频器举例。此电路实现电动机正反向运行并调速和点动功能。根据功能要求,首先要对变频器编程并修改参数来选择控制端子的功能,将变频器 DIN_1、DIN_2、DIN_3 和 DIN_4 端子分别设置为正转运行、反转运行、正向点动和反向点动功能。图中 KA_1 为变频器的输出继电器,定义为正常工作时 KA_1 触点闭合,当变频器出现故障时或者电动机过载时触点打开。

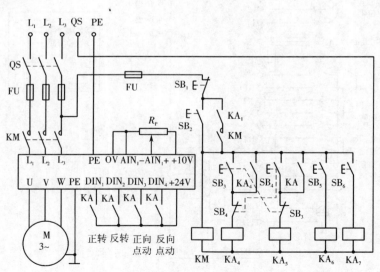

图 2-39 使用变频器的异步电动机可逆调速控制电路

按启动按钮 SB_2,接触器触点 KM 通电并自锁,若变频器有故障则不能自锁。变频器通过接触器触点 KM 接通电源上电。SB_3、SB_4 为正、反向运行控制按钮,运行频率由电位器 R_p 给定。SB_5、SB_6 为正、反向点动运行控制按钮,点动运行频率可由变频器内部设置。按钮 SB_1 为总停止控制。

2.7　异步电动机的其他基本控制电路

实际工作中,电动机除了有启动、正反转、制动等控制要求外,还有其他一些控制要求,如机床调整时的点动、多电动机的先后顺序控制、多地点多条件控制、联锁控制、步进控制以及自动循环控制等。在控制电路中,为满足机电设备的正常工作要求,需要采用多种基本控制电路组合起来完成所要求的控制功能。

2.7.1　点动与长动控制

生产机械长时间工作,即电动机连续运转,需要长动控制。点动控制就是当按下按钮时,电动机转动,松开按钮后,电动机停转。点动起停时间的长短由操作者手动控制。在生产实际中,有的生产机械需要点动控制;有的既需要长动(连续运行)控制,又需要点动控制。点动与连续运行的主要区别在于是否接入自锁触点,点动控制加入自锁后就可以连续运行。如需要在连续状态和点动状态两者之间进行选择时,须选择联锁控制电路。具有点动与长动功能的控制电路如图 2-40 所示。

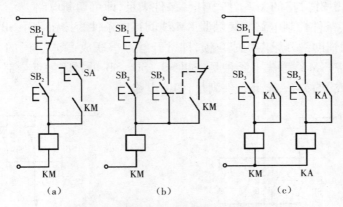

图 2-40　实现点动与长动功能的控制电路

(a)控制电路 1;(b)控制电路 2;(c)控制电路 3

图 2-40(a)是用选择开关 SA 来选择点动控制或长动控制。打开 SA,按下 SB_2 就是点动控制;合上 SA,按下 SB_2 就是长动控制。

图 2-40(b)是用复合按钮 SB_3 来实现点动控制或长动控制。按下 SB_2 就是长动控制,按下 SB_3 则实现点动控制。

图 2-40(c)是采用中间继电器来实现点动控制或长动控制。

电路的工作过程如下。

(1)电动机点动工作时电路的工作过程如图 2-41 所示。

(2)电动机长动工作时电路的工作过程如图 2-42 所示。

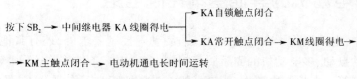

按下 SB₃ ──→ KT线圈得电──→ KM 主触点闭合 ──→ 电动机通电运转

松开 SB₃ ──→ KT线圈失电──→ KM 主触点断开 ──→ 电动机断电停止

图 2-41　电动机点动工作

按下 SB₂ ──→ 中间继电器 KA 线圈得电 ──┬──→ KA自锁触点闭合

　　　　　　　　　　　　　　　　　　└──→ KA常开触点闭合 ──→ KM线圈得电──→

──→ KM主触点闭合 ──→ 电动机通电长时间运转

图 2-42　电动机长动工作

2.7.2　多地点与多条件控制

在一些大型机电设备中,为了操作方便,常要求在多个地点进行控制;在某些设备上,为了保证操作安全,需要多个条件满足,设备才能开始工作,这样的要求可通过在控制电路中串联或并联电器的常闭触点和常开触点来实现。

图 2-43 为多地点控制电路。接触器 KM 线圈的得电条件为按钮 SB₂、SB₄、SB₆ 中的任一常开触点闭合,KM 辅助常开触点构成自锁,这里的常开触点并联构成逻辑"或"的关系,任一条件满足,就能接通电路;KM 线圈失电条件为按钮 SB₁、SB₃、SB₅ 中任一常闭触点打开,常闭触点串联构成逻辑"与"的关系,其中任一条件满足,即可切断电路。

图 2-44 为多条件控制电路。接触器 KM 线圈得电条件为按钮 SB₄、SB₅、SB₆ 的常开触点全部闭合,KM 的辅助常开触点构成自锁,即常开触点串联成逻辑"与"的关系,全部条件满足,才能接通电路;KM 线圈失电条件是按钮 SB₁、SB₂、SB₃ 的常闭触点全部打开,即常闭触点并联构成逻辑"或"的关系,全部条件满足,切断电路。

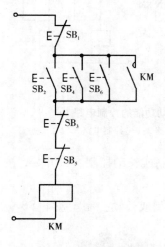

图 2-43　多地点控制电路

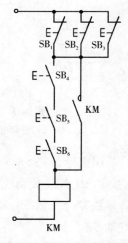

图 2-44　多条件控制电路

2.7.3　顺序控制

在机床的控制电路中,常常要求电动机的起停有一定的顺序。例如磨床要求先启动润滑油泵,然后再启动主轴电动机;龙门刨床在工作台移动前,导轨润滑油泵要先启动;铣床的主轴旋转后,工作台才可移动等。顺序工作控制电路有顺序启动、同时停止控制电路,有顺序启动、顺序停止控制电路,还有顺序启动、逆序停止控制电路。图 2-45 为两台电动机的顺序控制电路。

图 2-45(a)是顺序启动、同时停止控制电路。在这个电路中,只有 KM$_1$ 线圈通电后,其串入 KM$_2$ 线圈电路中的常开触点 KM$_1$ 闭合,才使 KM$_2$ 线圈有通电的可能。按下 SB$_1$ 按钮,两台电动机同时停止。

图 2-45(b)是顺序启动、逆序停止控制电路。停止时,必须按 SB$_3$ 按钮,断开 KM$_2$ 线圈电路,使并联在按钮 SB$_4$ 下的常开触点 KM$_2$ 断开后,再按下 SB$_1$ 才能使 KM$_1$ 线圈断电。

通过上面的分析可知,要实现顺序动作,可将控制电动机先启动的接触器的常开触点串联在控制后启动电动机的接触器

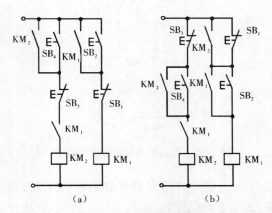

图 2-45　两台电动机的顺序控制电路
(a)控制电路 1;(b)控制电路 2

线圈电路中,用若干个停止按钮控制电动机的停止顺序,或者将先停的接触器的常开触点与后停的停止按钮并联即可。

2.7.4　联锁控制

联锁控制也称互锁控制,是保证设备正常运行的重要控制环节,常用于制动不能同时出现的电路接通状态。

图 2-46 所示的电路是控制两台电动机不准同时接通工作的控制电路,图中接触器 KM$_1$ 和 KM$_2$ 分别控制电动机 M$_1$ 和 M$_2$,其动断触点构成联锁即互锁关系,当 KM$_1$ 动作时,其常闭触点打开,使 KM$_2$ 线圈不能得电;同样 KM$_2$ 动作时,KM$_1$ 线圈无法得电工作,从而保证任何时候,只有一台电动机转动工作。

由接触器常闭触点构成的联锁控制也常用于具有两种电源接线的电动机控制电路中,如前述电动机正反转控制电路,构成正转接线的接触器与构成反转接线的接触器,其常闭触点在控制电路中构成联锁控制,使正转接线与反转接线不能同时接通,防止电源短路。除接触器常闭触点构成联锁关系外,在运动复杂的设备上,为防止不同运动之间的干涉,常设置用操作手柄和行程开关组合构成的联锁控制。这里以某机床工作台进给运动控制为例,说明这种联锁关系,其联锁控制电路如图 2-47 所示。

机床工作台由一台电动机驱动,通过机械传动链传动,可完成纵向(左右两方向)和横向(前后方向)的进给移动。工作时,工作台只允许沿一个方向进给移动,因此各方向的进给运动之间必须联锁。工作台由纵向手柄和行程开关 SQ$_1$、SQ$_2$ 操作纵向进给,横向手柄和行程开关 SQ$_3$、SQ$_4$ 操作横向进给,实际上两操作手柄各自都只能扳在一种工作位置,存在左右运动之间或前后运动之间的制约,只要两操作手柄不同时扳在工作位置,即可达到联锁的目的。操作手柄有两个工作位和一个中间不工作位,正常工作时,只有一个手柄扳在工作

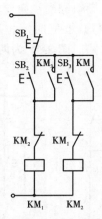

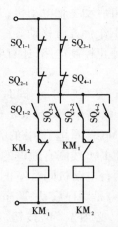

图 2-46　两台电动机联锁控制电路　　　　图 2-47　机床工作台进给联锁控制电路

位,当由于误动作等意外事故使两手柄都被扳到工作位时,联锁电路将立即切断进给控制电路,进给电动机停转,工作台进给停止,以防止运动干涉损坏机床的事故发生。图 2-47 是工作台进给联锁控制电路,KM_1、KM_2 为进给电动机正转和反转控制接触器,纵向控制行程开关 SQ_1、SQ_2 常闭触点串联构成的支路与横向控制行程开关 SQ_3、SQ_4 常闭触点串联构成的支路并联起来组成联锁控制电路。当纵向操作手柄扳在工作位,将会压动行程开关 SQ_1(或 SQ_2),切断一条支路,另一支路由横向手柄控制的支路因横向手柄不在工作位而仍然正常通电,此时 SQ_1(或 SQ_2)的常开触点闭合,使接触器 KM_1(或 KM_2)线圈得电,电动机 M 转动,工作台在给定的方向进给移动;当工作台纵向移动时,若横向手柄也被扳到工作位,行程开关 SQ_3 或 SQ_4 受压,切断联锁电路,使接触器线圈失电,电动机立即停转,工作台进给运动自动停止,从而实现进给运动的联锁保护。

2.7.5　自动循环控制

实际生产中,很多设备的工作过程包括若干工步,这些工步按一定的动作顺序自动地逐步完成,并且可以不断重复地进行,实现这种工作过程的控制即是自动工作循环控制。根据设备的驱动方式,可将自动循环控制电路分为两类:一类是对由电动机驱动的设备实现工作循环的自动控制,另一类是对由液压系统驱动的设备实现工作的自动循环控制。从电气控制的角度来说,实际上控制电路是对电动机工作的自动循环实现控制和对液压系统工作的自动循环实现控制。

电动机工作的自动循环控制,实质上是通过控制电路按照工作循环图确定的工作顺序要求对电动机进行启动和停止的控制。

1. 单机自动循环控制电路

常见的单机自动循环控制是在转换主令的作用下,按要求自动切换电动机的转向,如前述由行程开关操作电动机正反转控制,或是电动机按要求自动反复起停的控制,图 2-48 所示为自动间歇供油的润滑系统控制电路。图中 KM 为控制液压泵电动机启停的接触器,KT_1 控制油泵电动机工作供油的时间,KT_2 控制停止供油间断的时间。合上开关 SA 以后,液压泵电动机启动,间歇供液循环开始。

2. 多机自动循环控制电路

实际生产中有些设备是由多个动力部件构成,并且各个动力部件具有自己的工作循环过程,这些设备工作的自动循环过程是由某些单机工作循环组合构成的。通过对设备工作循环图的分析,即可看出,控制电路实质上是根据工作循环图的要求,对多个电动机实现有序的启、停和正反转的控制。图2-49为由两个动力部件构成的机床运动简图及工作循环图,图中行程开关 SQ_1 为动力头Ⅰ的原位开关,SQ_2 为终点限位开关;SQ_3 为动力头Ⅱ的原位开关,SQ_4 为终点限位开关,M_1 是动力头Ⅰ的驱动电动机,M_2 是动力头Ⅱ的驱动电动机。

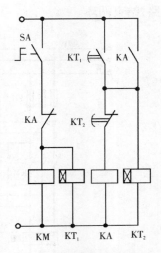

图2-48　自动间歇供油的润滑系统控制电路

图2-50是机床工作自动循环的控制电路,SB_2 为工作循环开始的启动按钮,KM_1 与 KM_3 分别为 M_1 电动机的正转和反转控制接触器,KM_2 与 KM_4 分别为 M_2 的正转和反转控制接触器。

机床工作自动循环过程分为3个工步,启动按钮 SB_2 按下,开始第一个工步,此时电动机 M_1 的正转接触器 KM_1 得电工作,动力头Ⅰ向前移动,到达终点位后,压下终点限位开关 SQ_2,SQ_2 信号作为转换指令,控制工作循环由第一工步切换到第二工步,SQ_2 的常闭触点使 KM_1 线圈失电,M_1 电动机停转,动力头Ⅰ停在终点位,同时 SQ_2 的常开触点闭合,接通 KM_2 的线圈电路,使电动机 M_2 正转,动力头Ⅱ开始向前移动,至终点位时,SQ_4 的常闭触点切断 M_2 电动机的正转控制接触器 KM_2 的线圈电路,同时其常开触点闭合使电动机 M_1 与 M_2 的反转控制接触器 KM_3 与 KM_4 的线圈同时接通,电动机 M_1 与 M_2 反转,动力头Ⅰ和Ⅱ由各自的终点位向原位返回,并在到达原位后分别压下各自的原位行程开关 SQ_1 和 SQ_3,使 KM_3、KM_4 失电,电动机停转,两动力头停在原位,完成一次工作循环。

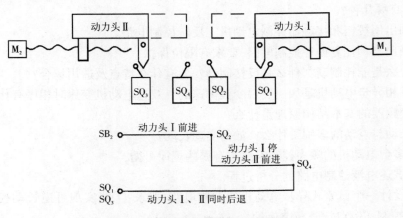

图2-49　机床运动简图及工作循环图

电路中反转接触器 KM_2 与 KM_4 的自锁触点并联,分别为各自的线圈提供自锁作用。当动力头Ⅰ与Ⅱ不能同时到达原位时,先到达原位的动力头压下原位开关,切断该动力头控制接触器的线圈电路,相应的接触器自锁触点也复位断开,但另一自锁触点仍然闭合,保证接触器线圈不会失电,直到另一动力头也返回到原位,并压下原位行程开关,切断接触器线圈电路,结束循环。

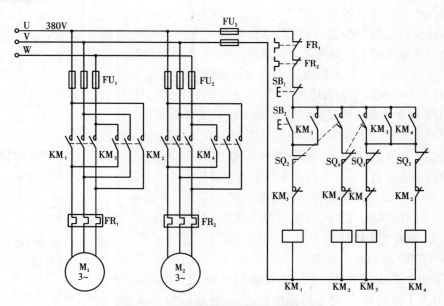

图 2-50　机床工作自动循环的控制电路

思考题与习题

2-1　电气控制电路图识图的基本方法是什么?

2-2　电气原理图中,QS、FU、KM、KT、KA、SB、SQ 分别是什么电器元件的文字符号?

2-3　三相鼠笼式异步电动机降压启动的方法有哪几种? 三相绕线式异步电动机降压启动的方法有哪几种?

2-4　画出用按钮和接触器控制电动机正反转控制电路。

2-5　画出自动往复循环控制电路,要求有限位保护。

2-6　什么是能耗制动? 什么是反接制动? 各有什么特点及适用场合?

2-7　三相异步电动机是如何实现变极调速的? 双速电动机变速时相序有什么要求?

2-8　变频器的基本结构原理是什么?

2-9　长动与点动的区别是什么? 如何实现长动?

2-10　多台电动机的顺序控制电路中有哪些规律可循?

2-11　试述电液控制电路的分析过程。

2-12　设计一个鼠笼式异步电动机的控制电路,要求:①能实现可逆长动控制;②能实现可逆点动控制;③有过载、短路保护。

2-13　设计 2 台鼠笼式异步电动机的启停控制电路,要求:①M_1 启动后,M_2 才能启动;②M_1 如果停止,M_2 一定停止。

2-14　设计 3 台鼠笼式异步电动机的启停控制电路,要求:①M_1 启动 10 s 后,M_2 自动启动;②M_2 运行 6 s 后,M_1 停止,同时 M_3 自动启动;③再运行 15 s 后,M_2 和 M_3 停止。

第3章　典型机电设备电气控制电路分析

生产中使用的机电设备种类繁多,其控制电路和拖动控制方式各不相同。本章通过分析典型机电设备的电气控制系统,一方面进一步学习掌握电气控制电路的组成以及基本控制电路在机床中的应用,掌握分析电气控制电路的方法与步骤,培养读图能力;另一方面通过几种有代表性的机床控制电路分析,使读者了解电气控制系统中机械、液压与电气控制配合的意义,为电气控制的设计、安装、调试、维护打下基础。

3.1　车床电气控制电路

车床是一种应用极为广泛的机床,主要用于加工各种回转表面(内外圆柱面、圆锥表面、成型回转表面等),回转体的端面、螺纹等。车床的类型很多,主要有卧式车床、立式车床、转塔车床、仿形车床等。

车床通常由一台主电动机拖动,经由机械传动链,实现切削主运动和刀具进给运动的输出,其运动速度由变速齿轮箱通过手柄操作进行切换。刀具的快速移动、冷却泵和液压泵等,常采用单独电动机驱动。不同型号的车床,其主电动机的工作要求不同,因而由不同的控制电路构成,但是由于卧式车床运动变速是由机械系统完成的,且机床运动形式比较简单,因此相应的控制电路也比较简单。本节以 C650 型普通车床电气控制系统为例,进行控制电路的分析。

3.1.1　主要结构和运动形式

普通车床主要有床身、主轴变速箱、进给箱、溜板箱、挂轮箱、刀架、尾架、光杠和丝杠等部分组成,如图 3-1 所示。运动形式主要有两种:一种是主运动,是指安装在主轴箱中的主轴带动工件的旋转运动;另一种是进给运动,是指溜板箱带动溜板和刀架直线运动。刀具安装在刀架上,与溜板一起随溜板箱沿主轴轴线方向实现进给移动,主轴的传动和溜板箱的移动均由主电动机驱动。由于加工的工件比较大,加工时其转动惯量也比较大,需停车时不易立即停止转动,必须有停车制动的功能,较好的停车制动是采用电气制动。在加工的过程中,还需提供切削液,并且为减轻工人的劳动强度和节省辅助工作时间,要求带动刀架移动的溜板箱能够快速移动。

3.1.2　电力拖动特点与控制要求

(1)主电动机 M_1 完成主轴主运动和刀具进给运动的驱动,电动机采用直接启动的方式启动,可正反两个方向旋转,并可进行正反两个旋转方向的电气停车制动。为加工调整方便,还具有点动功能。

(2)电动机 M_2 拖动冷却泵,在加工时提供切削液,采用直接启动停止方式,并且为连续工作状态。

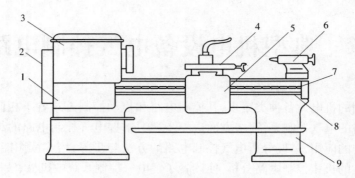

图 3-1　普通车床结构示意图

1—进给箱；2—挂轮箱；3—主轴变速箱；4—溜板与刀架；5—溜板箱；6—尾架；7—丝杠；8—光杠；9—床身

（3）快速移动电动机 M_3，可根据使用需要，随时手动控制启停。

（4）主电动机和冷却泵电动机部分应具有短路和过载保护。

（5）应具有局部安全照明装置。

3.1.3　电气控制电路分析

C650 型普通车床的电气控制系统电路如图 3-2 所示，使用的电器元件符号与功能说明见表 3-1。

表 3-1　C650 型普通车床电器元件符号与功能说明

序　号	符　号	名称与用途	序　号	符　号	名称与用途
1	M_1	主轴电动机	15	SB_1	总停止控制按钮
2	M_2	冷却泵电动机	16	SB_2	主电动机正向点动按钮
3	M_3	快速移动电动机	17	SB_3	主电动机正转按钮
4	KM_1	主电动机正转接触器	18	SB_4	主电动机反转按钮
5	KM_2	主电动机反转接触器	19	SB_5	冷却泵电动机停转按钮
6	KM_3	短接限流电阻接触器	20	SB_6	冷却泵电动机启动按钮
7	KM_4	冷却泵电动机启动接触器	21	$FU_1 \sim FU_6$	熔断器
8	KM_5	快移电动机启动接触器	22	FR_1	主电动机过载保护热继电器
9	KA	中间继电器	23	FR_2	冷却泵电动机保护继电器
10	KT	通电延时时间继电器	24	R	限流电阻
11	SQ	快移电动机点动行程开关	25	EL	照明灯
12	SA	照明开关	26	TA	电流互感器
13	KS	启动控制按钮及指示灯	27	QS	隔离开关
14	PA	电流表	28	TC	控制变压器

1. 主电路分析

图 3-2 所示的主电路中有 3 台电动机的驱动电路，隔离开关 QS 将三相电源引入，电动

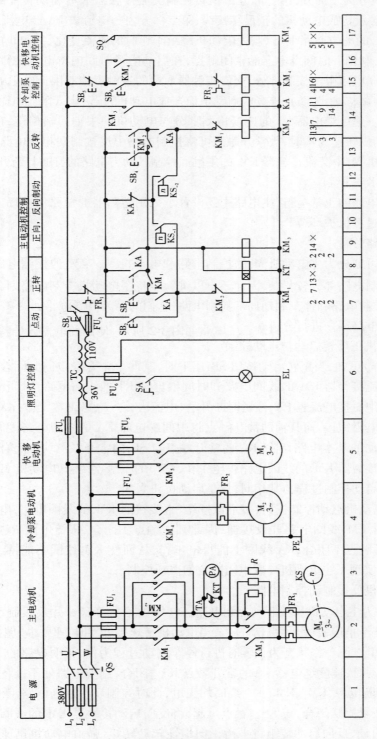

图 3-2　C650 车床的电气控制原理图

机 M_1 电路接线分为三部分，第一部分由正转控制交流接触器 KM_1 和反转控制交流接触器 KM_2 的两组主触点构成电动机的正反转接线；第二部分为一电流表 PA 经电流互感器 TA 接在主电动机 M_1 的动力回路上，以监视电动机绕组工作时的电流变化，为防止电流表被启动电流冲击损坏，利用一时间继电器的常闭触点，在启动的短时间内将电流表暂时短接掉；第三部分为一串联电阻限流控制部分，交流接触器 KM_3 的主触点控制限流电阻 R 的接入和切除，在进行点动调整时，为防止连续的启动电流造成电动机过载，串入限流电阻 R，保证电路设备正常工作。速度继电器 KS 的速度检测部分与电动机的主轴同轴相连，在停车制动过程中，当主电动机转速为零时，其常开触点可将控制电路中反接制动相应电路切断，完成停车制动。电动机 M_2 由交流接触器 KM_4 的主触点控制其动力电路的接通与断开。电动机 M_3 由交流接触器 KM_5 控制。

为保证主电路的正常运行，主电路中还设置了采用熔断器的短路保护环节和采用热继电器的电动机过载保护环节。

2. 控制电路分析

控制电路可划分为主电动机 M_1 的控制电路和电动机 M_2 与 M_3 的控制电路两部分。由于主电动机控制电路部分较复杂，因而还可以进一步将主电动机控制电路划分为正反转启动、点动局部控制电路和停车制动局部控制电路，它们的局部控制电路如图 3-3 所示。下面对各部分控制电路逐一进行分析。

1）主电动机正反转启动与点动控制

由图 3-3（a）可知，当正转启动按钮 SB_3 压下时，其两个常开触点同时闭合，其中一个常开触点接通交流接触器 KM_3 的线圈电路和时间继电器 KT 的线圈电路，时间继电器的常闭触点在主电路中短接电流表 PA，经延时断开后，电流表接入电路正常工作；KM_3 的主触点将主电路中限流电阻短接，而其辅助常开触点将中间继电器 KA 的线圈电路接通，KA 的常闭触点将停车制动的基本电路切除，KA 的常开触点与 SB_3 的常开触点均在闭合状态，控制主电动机的交流接触器 KM_1 的线圈电路得电工作，KM_1 的主触点闭合，电动机 M_1 正向直接启动。反向直接启动控制过程与其相同，只是启动按钮为 SB_4。

SB_2 为主电动机点动控制按钮，按下该按钮，直接接通 KM_1 的线圈电路，电动机 M_1 正向直接启动，这时 KM_3 线圈电路并没接通，因此其主触点不闭合，限流电阻 R 接入主电路限流，其辅助常开触点不闭合，KA 线圈不能得电工作，从而使 KM_1 线圈不能持续通电。松开按钮，M_1 停转，实现了主电动机串联电阻限流的点动控制。

2）主电动机反接制动控制电路

图 3-3（b）为主电动机反接制动控制电路。C650 型普通车床采用反接制动的方式进行停车制动，按下停止按钮后开始制动过程，当电动机转速接近零时，速度继电器的触点打开，结束制动。这里以原工作状态为正转时进行停车制动过程为例，说明电路的工作过程。当电动机正向转动时，速度继电器 KS 的常开触点 KS_{-2} 闭合，制动电路处于准备状态，压下停车按钮 SB_1，切断电源，KM_1、KM_3、KA 线圈均失电，此时控制反接制动电路工作与不工作的 KA 常闭触点恢复原状闭合，与 KS_{-2} 触点一起，将反向启动接触器 KM_2 的线圈电路接通，电动机 M_1 反向启动，反向启动转矩将平衡正向惯性转动转矩，强迫电动机迅速停车，当电动机速度趋近于零时，速度继电器触点 KS_{-2} 复位打开，切断 KM_2 的线圈电路，完成正转的反接制动。反转时的反接制动工作过程与此相似的。反转状态下 KS_{-1} 触点闭合，制动时，接通

接触器 KM_1 的线圈电路,进行反接制动。

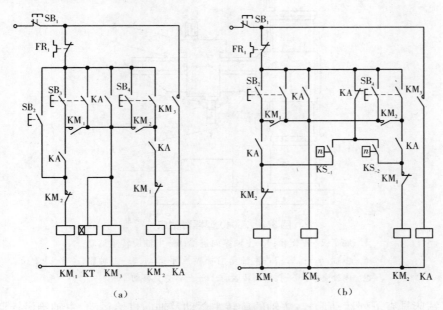

图 3-3　控制主电动机的基本控制电路
（a）主电动机正反转及点动控制电路；（b）主电动机反接制动控制电路

3）刀架的快速移动和冷却泵电动机的控制

刀架快速移动是由转动刀架手柄压动行程开关 SQ,接通快速移动电动机 M_3 的控制接触器 KM_5 的线圈电路,KM_5 的主触点闭合,M_3 电动机启动,经传动系统驱动溜板箱带动刀架快速移动。

冷却泵电动机 M_2 由启动按钮 SB_6 和停止按钮 SB_5 控制接触器 KM_4 线圈电路的通断,以实现电动机 M_2 的控制。

3.2　钻床电气控制电路

钻床是一种用途广泛的机床,主要用于钻削直径不大、精度要求低的孔,另外还可以用来扩孔、铰孔、攻螺纹等。钻床的主要类型有台式钻床、立式钻床、摇臂钻床、多轴钻床及其他专用钻床。其中摇臂钻床的主轴可以在水平面上调整位置,使刀具对准被加工孔的中心,而工件则固定不动,因而应用较广。本节以 Z3040 型摇臂钻床为例,分析其控制电路。

3.2.1　主要结构和运动形式

Z3040 型摇臂钻床具有性能完善、适用范围广、操作灵活及工作可靠等优点,适合加工单件和批量生产中带有多孔的大型零件。Z3040 型摇臂钻床一般由底座、内外立柱、摇臂和主轴箱等部件组成,如图 3-4 所示。主轴箱装在可绕垂直轴线回转的摇臂的水平导轨上,通过主轴箱在臂上的水平移动及摇臂的回转,可以很方便地将主轴调整至机床尺寸范围内的任意位置。为了适应加工不同高度工件的需要,摇臂可沿立柱上下移动以调整位置。

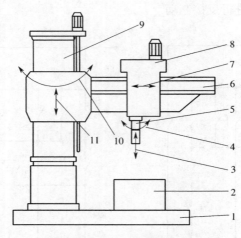

图 3-4　Z3040 型摇臂钻床

1—底座；2—工作台；3—主轴纵向进给；4—主轴旋转主运动；
5—主轴；6—摇臂；7—主轴箱沿摇臂水平运动；8—主轴箱；
9—内外立柱；10—摇臂回转运动；11—摇臂垂直移动

摇臂钻床具有下列运动形式：主轴的旋转主运动及轴向进给运动，主轴箱沿摇臂的水平移动，摇臂沿外立柱垂直移动以及摇臂和外立柱一起相对于内立柱的回转运动。主轴箱沿摇臂的水平移动和摇臂的回转运动为手动调整。

3.2.2　电力拖动特点与控制要求

1. 电力拖动

整台机床由 4 台异步电动机驱动，分别是主轴电动机、摇臂升降电动机、液压泵电动机及冷却泵电动机。主轴箱的旋转运动及轴向进给运动由主轴电动机驱动，旋转速度和旋转方向由机械传动部分实现，电动机不需变速。

2. 控制要求

（1）4 台电动机的容量均较小，故采用直接启动方式。

（2）摇臂升降电动机和液压泵电动机均能实现正反转。当摇臂上升或下降到预定的位置时，摇臂能在电气或机械夹紧装置的控制下，自动夹紧在外立柱上。

（3）电路中应具有必要的保护环节。

3.2.3　电气控制电路分析

Z3040 型摇臂钻床的电气控制原理图如图 3-5 所示，使用的电器元件符号与功能说明见表 3-2。其工作原理分析如下。

1. 主电路分析

主电路中有 4 台电动机。M_1 是主轴电动机，带动主轴旋转和使主轴作轴向进给运动、单方向旋转。M_2 是摇臂升降电动机，可作正反向运行。M_3 是液压泵电动机，其作用是供给夹紧装置压力油，实现摇臂和立柱的夹紧和松开，电动机 M_3 作正反向运行。M_4 是冷却泵电动机，供给钻削时所需的冷却液，作单方向旋转，由开关 QS_2 控制。钻床的总电源由组合开

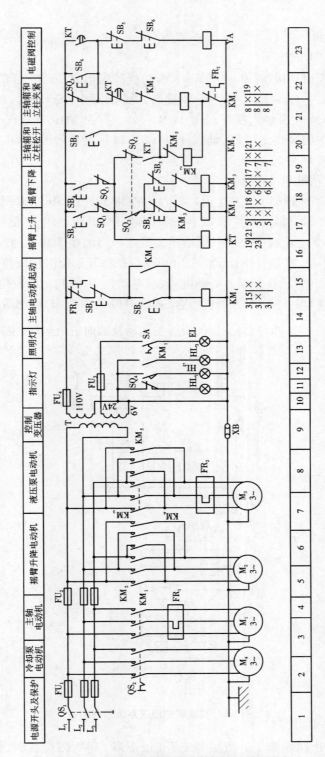

图 3-5 Z3040 型摇臂钻床电气控制原理图

关 QS_1 控制。

2. 控制电路分析

1）主轴电动机 M_1 的控制

M_1 的启动：按下启动按钮 SB_2，接触器 KM_1 的线圈通电，位于 15 区的 KM_1 自锁触点闭合，位于 3 区的 KM_1 主触点接通，电动机 M_1 旋转。M_1 的停止：按下 SB_1，接触器 KM_1 的线圈失电，位于 3 区的 KM_1 常开触点断开，电动机 M_1 停转。在 M_1 的运转过程中，如发生过载，则串在 M_1 电源回路中的过载元件 FR_1 动作，使其位于 14 区的常闭触点 FR_1 断开，也可使 KM_1 的线圈失电，电动机 M_1 停转。

2）摇臂升降电动机 M_2 的控制

摇臂升降的启动原理如下。按上升（或下降）按钮 SB_3（或 SB_4），时间继电器 KT 得电吸合，位于 19 区的 KT 常开触点和位于 23 区的延时断开常开触点闭合，接触器 KM_4 和电磁铁 YA 同时得电，液压泵电动机 M_3 旋转，供给压力油。压力油经 2 位 6 通阀进入摇臂松开油腔，推动活塞和菱形块，使摇臂松开（如图 3-6 所示）。松开到位时压限位开关 SQ_2，位于 19 区的 SQ_2 的常闭触点断开，接触器 KM_4 断电释放，电动机 M_3 停转。同时位于 17 区的 SQ_2 常开触点闭合，接触器 KM_2（或 KM_3）得电吸合，摇臂升降电动机 M_2 启动运转，带动摇臂上升（或下降）。

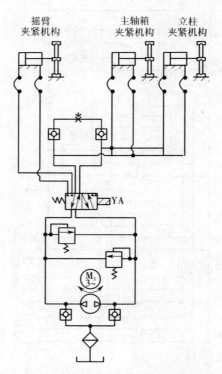

图 3-6　夹紧机构液压系统原理图

摇臂升降的停止原理如下。当摇臂上升（或下降）到所需位置时，松开按钮 SB_3（或 SB_4），接触器 KM_2（或 KM_3）和时间继电器 KT 失电，M_2 停转，摇臂停止升降。位于 21 区的 KT 常闭触点经 1～3 s 延时后闭合，使接触器 KM_5 得电吸合，电动机 M_3 反转，供给压力油。

压力油经 2 位 6 通阀, 进入摇臂夹紧油腔, 反方向推动活塞和菱形块, 将摇臂夹紧。摇臂夹紧后, 位于 21 区的限位开关 SQ_3 常闭触点断开, 使接触器 KM_5 和电磁铁 YA 失电, YA 复位, 液压泵电动机 M_3 停转, 摇臂升降结束。

表 3-2 Z3040 型摇臂钻床控制电器元件符号与功能说明

序 号	符 号	名称与用途	序 号	符 号	名称与用途
1	M_1	主轴电动机	13	SB_4	摇臂下降控制按钮
2	M_2	摇臂升降电动机	14	EL	照明灯
3	M_3	液压泵电动机	15	YA	电磁铁
4	M_4	冷却泵电动机	16	QS_1	电源开关
5	SQ_2	摇臂松开限位行程开关	17	QS_2	冷却泵开关
6	SQ_3	摇臂夹紧限位行程开关	18	SA	照明开关
7	SQ_4	夹紧、松开指示控制开关	19	SQ_1	摇臂升降组合行程开关
8	SB_5、HL_1	松开控制按钮及指示灯	20	KT	时间继电器
9	SB_6、HL_2	夹紧控制按钮及指示灯	21	KM_1	主电动机控制接触器
10	SB_2、HL_3	启动控制按钮及指示灯	22	KM_2	摇臂上升控制接触器
11	SB_1	总停止控制按钮	23	KM_3	摇臂下降控制接触器
12	SB_3	摇臂上升控制按钮	24	KM_4	液压泵电动机启动接触器

摇臂升降中各器件的作用如下。限位开关 SQ_2 及 SQ_3 用来检查摇臂是否松开或夹紧, 如果摇臂没有松开, 位于 17 区的 SQ_2 常开触点就不能闭合, 因而控制摇臂上升或下降的 KM_2 或 KM_3 就不能吸合, 摇臂就不会上升或下降。SQ_3 应调整到保证夹紧后能够动作, 否则会使液压泵电动机 M_3 处于长时间过载运行状态。时间继电器 KT 的作用是保证升降电动机断开并完全停止旋转后(摇臂完全停止升降), 才能夹紧。限位开关 SQ_1 是摇臂上升或下降至极限位置的保护开关。SQ_1 与一般限位开关不同, 其两组常闭触点不同时动作。当摇臂升至上极限位置时, 位于 17 区的 SQ_1 动作, 接触器 KM_2 失电, 升降电动机 M_2 停转, 上升运动停止。但位于 18 区的 SQ_1 另一组触点仍保持闭合, 所以可按下降按钮 SB_4, 接触器 KM_3 动作, 控制摇臂升降电动机 M_2 反向旋转, 摇臂下降。反之当摇臂在下极限位置时, 控制过程类似。

3) 主轴箱与立柱的夹紧与放松

立柱与主轴箱均采用液压夹紧与松开, 且两者同时动作。当进行夹紧或松开时, 要求电磁铁 YA 处于释放状态。

按松开按钮 SB_5(或夹紧按钮 SB_6), 接触器 KM_4(或 KM_5)得电吸合, 液压泵电动机正转或反转, 供给压力油。压力油经 2 位 6 通阀(此时电磁铁 YA 处于释放状态)进入立柱夹紧液压缸的松开(或夹紧)油腔和主轴箱夹紧液压缸的松开(或夹紧)油腔, 推动活塞和菱形块, 使立柱和主轴箱分别松开(或夹紧)。松开后行程开关 SQ_4 复位(或夹紧后动作), 松开指示灯 HL_1(或夹紧指示灯 HL_2)亮。

Z3040 型摇臂钻床各电器元件布置情况如图 3-7 所示。

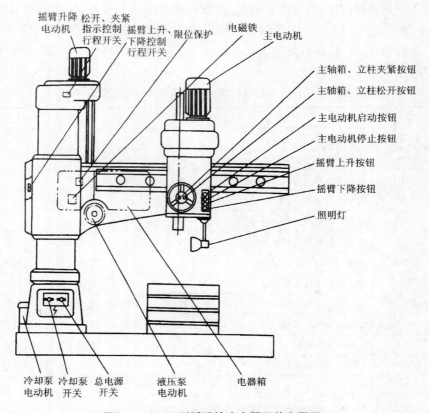

图 3-7　Z3040 型摇臂钻床电器元件布置图

3.3　铣床电气控制电路

　　铣床主要用于加工各种形式的平面、斜面、成形面和沟槽等。安装分度头后,能加工直齿齿轮或螺旋面,使用圆工作台则可以加工凸轮和弧形槽。铣床应用广泛,种类很多,X62W 型卧式万能铣床是应用最广泛的铣床之一。

3.3.1　主要结构与运动形式

　　X62W 型卧式万能铣床主要由床身、主轴、工作台、悬梁、回转台、溜板、刀杆支架、升降台、底座等部分组成,如图 3-8 所示。铣刀的心轴,一端靠刀杆支架支撑,另一端固定在主轴上,并由主轴带动旋转。床身的前侧面装有垂直导轨,升降台可沿导轨上下移动。升降台上面的水平导轨上,装有可横向移动(即前后移动)的溜板,溜板的上部有可以转动的回转台,工作台装在回转台的导轨上,可以纵向移动(即左右移动)。这样,安装于工作台的工件就可以在 6 个方向(上、下、左、右、前、后)调整位置和进给。溜板可绕垂直轴线左右旋转 45°,因此工作台还能在倾斜方向进给,可以加工螺旋槽。

　　由上述可知,X62W 型万能铣床的运动形式有以下几种。

　　(1)主运动,即主轴带动铣刀的旋转运动。

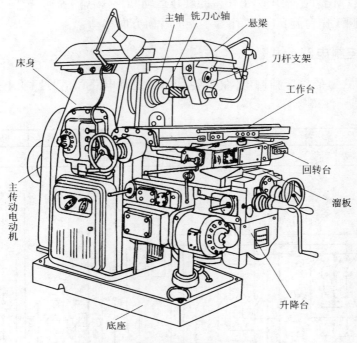

主轴　铣刀心轴　悬梁

床身

刀杆支架

工作台

主传动电动机

回转台

溜板

升降台

底座

图 3-8　X62W 型卧式万能铣床

（2）进给运动，即加工中工作台带动工件的上、下、左、右、前、后运动和圆工作台的旋转运动。

（3）辅助运动，即工作台带动工件的快速移动。

3.3.2　电力拖动特点与控制要求

（1）主运动和进给运动之间没有一定的速度比例要求，分别由单独的电动机拖动。

（2）主轴电动机空载时可直接启动，要求由正反转实现顺铣和逆铣。根据铣刀的种类提前预选电动机旋转方向，加工中不变换旋转方向。由于主轴变速机构惯性大，主轴电动机应有制动装置。

（3）进给电动机拖动工作台实现纵向、横向和垂直方向的进给运动，方向选择通过操作手柄和机械离合器配合来实现，每种方向要求电动机有正反转运动。任一时刻，工作台只能向一个方向移动，故各进给方向间有必要的联锁控制。为提高生产率，缩短调整运动的时间，工作台要快速移动。

（4）根据工艺要求，主轴旋转与工作台进给应有先后顺序控制。加工开始前，主轴开动后，才能进行工作台的进给运动。加工结束时，必须在铣刀停止转动前，停止进给运动。

（5）主轴与工作台的变速由机械变速系统完成。为使齿轮易于啮合，减小齿轮端面的冲击，要求变速时电动机有变速冲动（瞬时点动）控制。

（6）铣削时的冷却液由冷却泵电动机拖动提供。

（7）当主轴电动机或冷却泵电动机过载时，进给运动必须立即停止，以免损坏刀具和机床。

（8）使用圆工作台时，要求圆工作台的旋转运动和工作台的纵向、横向及垂直运动之间有联锁控制，即圆工作台旋转时，工作台不能向任何方向移动。

3.3.3　电气控制电路分析

X62W 型卧式万能铣床控制电路包括主电路、控制电路和信号照明电路三部分，如图3-9 所示，其电器元件符号与功能说明见表3-3。

总开关及保护	主轴		进给传动		冷却泵	变压器及照明	冷却泵	主轴控制		进给控制		快速进给
	启动	制动	正转	反转				制动	启动	右、下、前	左、上、后	

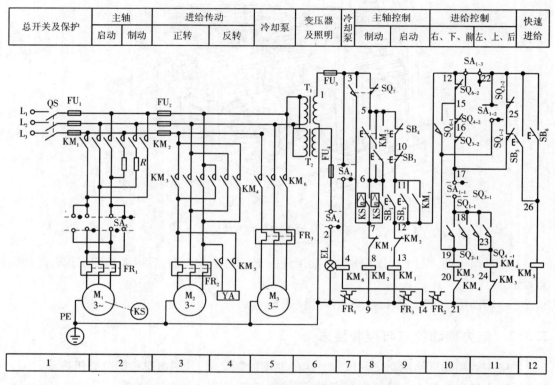

图 3-9　X62W 型万能铣床电气控制原理图

1. 主电路

铣床由 3 台电动机拖动。M_1 为主轴电动机，用接触器 KM_1 直接启动，用倒顺开关 SA_5 实现正反转控制，用制动接触器 KM_2 串联不对称电阻 R 实现反接制动；M_2 为进给电动机，其正、反转由接触器 KM_3、KM_4 实现，快速移动由接触器 KM_5 控制电磁铁 YA 实现；冷却泵电动机 M_3 由接触器 KM_6 控制。

3 台电动机都用热继电器 FR 实现过载保护，用熔断器 FU_2 实现 M_2 和 M_3 的短路保护，用 FU_1 实现 M_1 的短路保护。

2. 控制电路

控制变压器将 380 V 降为 127 V 作为控制电源，降为 36 V 作为机床照明电源。

1）主轴电动机的控制

（1）主轴电动机的启动控制。先将转换开关 SA_5 扳到预选方向位置，闭合 QS，按下启动按钮 SB_1（或 SB_2），KM_1 得电并自锁，M_1 直接启动（M_1 升速后，速度继电器的触点动作，为反接制动做准备)。

（2）主轴电动机的制动控制。按下停止按钮 SB_3（或 SB_4），KM_1 失电，KM_2 得电，进行反接制动。当 M_1 的转速下降至一定值时，KS 的触点自动断开，M_1 失电，制动过程结束。

（3）主轴变速冲动控制。变速时，拉出变速手柄，转动变速盘，选择需要的转速，此时凸轮机构压下，使冲动行程开关 SQ_7 常闭触点（3－5）先断开，使 M_1 断电。随后 SQ_7 常开触点（3－7）接通，接触器 KM_2 线圈得电动作，M_1 反接制动。当手柄继续向外拉至极限位置，SQ_7 不受凸轮控制而复位，M_1 停转。接着把手柄推向原来位置，凸轮又压下 SQ_7，使常开触点接通，接触器 KM_2 线圈得电，M_1 反转一下，以利于变速后齿轮啮合，继续把手柄推向原位，SQ_7 复位，M_1 停转，操作结束。

表 3-3　X62W 型万能铣床电器元件符号与功能说明

序　号	符　号	名称与用途	序　号	符　号	名称与用途
1	M_1	主轴电动机	12	SQ_6	进给变速瞬动开关
2	M_2	进给电动机	13	SQ_7	主轴变速瞬动开关
3	M_3	冷却泵电动机	14	SB_1、SB_2	主轴启动按钮
4	SA_1	圆工作台转换开关	15	SB_3、SB_4	主轴停止按钮
5	SA_3	冷却泵开关	16	SB_5、SB_6	工作台快速移动按钮
6	SA_4	照明开关	17	KM_1	主轴电动机控制接触器
7	SA_5	主轴换向开关	18	KM_2	主轴反接制动接触器
8	SQ_1	工作台向右进给行程开关	19	KM_3、KM_4	进给电动机正、反转接触器
9	SQ_2	工作台向左进给行程开关	20	KM_5	快速移动控制接触器
10	SQ_3	工作台向前及向下进给开关	21	YA	工作台快移牵引电磁铁
11	SQ_4	工作台向后及向上进给开关	22	QS	电源开关

2）进给电动机的控制

工作台进给方向有左右（纵向）、前后（横向）、上下（垂直）运动。这 6 个方向的运动是通过两个手柄（十字形手柄和纵向手柄）操纵 4 个限位开关（$SQ_1 \sim SQ_4$）来完成机械挂挡，接通 KM_3 或 KM_4，实现 M_2 的正反转而拖动工作台按预选方向进给。十字形手柄和纵向手柄各有两套，分别设在铣床工作台的正面和侧面。

SA_1 是圆工作台选择开关，设有接通和断开 2 个位置，3 对触点的通断情况见表 3-4。当不需要圆工作台工作时，将 SA_1 置于断开位置；否则，置于接通位置。

表 3-4　圆工作台选择开关工作状态

触　点	位　置	接通	断开
SA_{1-1}	17－18	－	＋
SA_{1-2}	22－19	＋	－
SA_{1-3}	12－22	－	＋

（1）工作台左右（纵向）进给运动的控制。左右进给运动由纵向操纵手柄控制，该手柄有左、中、右 3 个位置，各位置对应的限位开关 SQ_1、SQ_2 的工作状态见表 3-5。

表 3-5　工作台的纵向进给行程开关工作状态

触点　　　　　　位置		向左进给	停止	向右进给
SQ_{1-1}	18 - 19	-	-	+
SQ_{1-2}	25 - 17	+	+	-
SQ_{2-1}	18 - 23	+	-	-
SQ_{2-2}	22 - 25	-	+	+

工作台向右运动的控制：主轴启动后，将纵向操作手柄扳到"右"，挂上纵向离合器，同时压行程开关 SQ_1，SQ_{1-1} 闭合，接触器 KM_3 得电，进给电动机 M_2 正转，拖动工作台向右运动。停止时将手柄扳回中间位置，纵向进给离合器脱开，SQ_1 复位，KM_3 断电，M_2 停转，工作台停止运动。

工作台向左运动的控制：将纵向操作手柄扳到"左"，挂上纵向离合器，压行程开关 SQ_2，SQ_{2-1} 闭合，接触器 KM_4 得电，M_2 反转，拖动工作台向左运动。停止时，将手柄扳回中间位置，纵向进给离合器脱开，同时 SQ_2 复位，KM_4 断电，M_2 停转，工作台停止运动。

工作台的左右两端安装有限位撞块，当工作台运行到达终点位置时，撞块撞击手柄，使其回到中间位置，实现工作台的终点停车。

（2）工作台前后和上下运动的控制。工作台前后和上下运动由十字形手柄控制，该手柄有上、下、中、前、后 5 个位置，各位置对应的行程开关 SQ_3、SQ_4 的工作状态见表 3-6。

表 3-6　工作台横向及升降进给行程开关工作状态

触点　　　　　　位置		向前向下	停止	向后向上
SQ_{3-1}	18 - 19	+	-	-
SQ_{3-2}	16 - 17	-	+	+
SQ_{4-1}	18 - 23	-	-	+
SQ_{4-2}	15 - 16	+	+	-

工作台向前运动控制：将十字形手柄扳向"前"，挂上横向离合器，同时压行程开关 SQ_3，SQ_{3-1} 闭合，接触器 KM_3 得电，进给电动机 M_2 正转，拖动工作台向前运动。

工作台向下运动控制：将十字形手柄扳向"下"，挂上垂直离合器，同时压行程开关 SQ_3，SQ_{3-1} 闭合，接触器 KM_3 得电，进给电动机 M_2 正转，拖动工作台向下运动。

工作台向后运动控制：将十字形手柄扳向"后"，挂上横向离合器，同时压行程开关 SQ_4，SQ_{4-1} 闭合，接触器 KM_4 得电，进给电动机 M_2 反转，拖动工作台向后运动。

工作台向上运动控制：将十字形手柄扳向"上"，挂上垂直离合器，同时压行程开关 SQ_4，SQ_{4-1} 闭合，接触器 KM_4 得电，进给电动机 M_2 反转，拖动工作台向上运动。

　　停止时,将十字形手柄扳向中间位置,离合器脱开,行程开关 SQ_3(或 SQ_4)复位,接触器 KM_3(或 KM_4)断电,进给电动机 M_2 停转,工作台停止运动。

　　工作台的上、下、前、后运动都有极限保护,当工作台运动到极限位置时,撞块撞击十字形手柄,使其回到中间位置,实现工作台的终点停车。

　　(3)工作台的快速移动。当铣床不进行铣削加工时,工作台在纵向、横向、垂直 6 个方向都可以快速移动。工作台快速移动是由进给电动机 M_2 拖动的。当工作台按照选定的速度和方向进行工作时,按下启动按钮 SB_5(或 SB_6),接触器 KM_5 得电,快速移动电磁铁 YA 通电,工作台快速移动。松开 SB_5(或 SB_6)时,快速移动停止,工作台仍按原方向继续运动。

　　工作台也可以在主轴电动机不转情况下进行快速移动,此时应将主轴换向开关 SA_5 扳在“停止”的位置,然后按下 SB_1(或 SB_2),使接触器 KM_1 线圈得电并自锁,操纵工作台手柄选定方向,使进给电动机 M_2 启动,再按下快速移动按钮 SB_5(或 SB_6),接触器 KM_5 得电,快速移动电磁铁 YA 通电,工作台便可以快速移动。

　　(4)圆工作台控制。在使用圆工作台时,应将工作台纵向和十字形手柄都置于中间位置,并将转换开关 SA_1 扳到“接通”位置,SA_{1-2} 接通,SA_{1-1}、SA_{1-3} 断开。按下按钮 SB_1(或 SB_2),主轴电动机启动,同时 KM_3 得电,使 M_2 启动,带动圆工作台单方向回转,其旋转速度可通过蘑菇形变速手柄进行调节。在图 3-9 中,KM_3 的通电路径为点 12→SQ_{6-2}→SQ_{4-2}→SQ_{3-2}→SQ_{1-2}→SQ_{2-2}→SA_{1-2}→ KM_3 线圈→ KM_4 常闭触点→点 21。

　　3)冷却泵电动机的控制和照明电路

　　由转换开关 SA_3 控制接触器 KM_6 实现冷却泵电动机 M_3 的启动和停止。机床的局部照明由变压器 T_2 输出 36 V 安全电压,由开关 SA_4 控制照明灯 EL。

　　4)控制电路的联锁

　　X62W 型万能铣床的运动较多,控制电路较复杂,为安全可靠地工作,必须具有必要的联锁。

　　(1)主运动和进给运动的顺序联锁。进给运动的控制电路接在接触器 KM_1 自锁触点之后,保证了 M_1 启动后(若不需要 M_1 启动,将 SA_5 扳至中间位置)才可启动 M_2。而主轴停止时,进给立即停止。

　　(2)工作台左、右、上、下、前、后 6 个运动方向间的联锁。6 个运动方向采用机械和电气双重联锁。工作台的左、右用一个手柄控制,手柄本身就能起到左、右运动的联锁。工作台的横向和垂直运动间的联锁,由十字形手柄实现。工作台的纵向与横向、垂直运动间的联锁,则利用电气方法实现。行程开关 SQ_1、SQ_2 和 SQ_3、SQ_4 的常闭触点分别串联后,再并联形成两条通路供给 KM_3 和 KM_4 线圈。若一个手柄扳动后再去扳动另一个手柄,将使两条电路断开,接触器线圈就会断电,工作台停止运动,从而实现运动间的联锁。

　　(3)圆工作台和工作台间的联锁。圆工作台工作时,不允许机床工作台在纵、横、垂直方向上有任何移动。圆工作台转换开关 SA_1 扳到接通位置时,SA_{1-1}、SA_{1-3} 切断了机床工作台的进给控制回路,使机床工作台不能在纵、横、垂直方向上作进给运动。圆工作台的控制电路中串联了 SQ_{1-2}、SQ_{2-2}、SQ_{3-2}、SQ_{4-2} 常闭触点,所以扳动工作台任一方向的进给手柄,都将使圆工作台停止转动,实现了圆工作台和机床工作台纵向、横向及垂直方向运动的联锁控制。

　　X62W 型万能铣床电器元件布置图如图 3-10 所示。

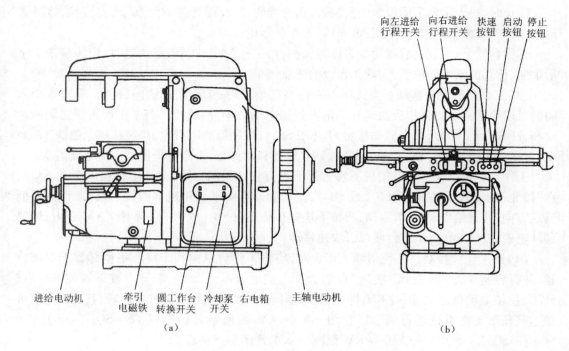

向左进给行程开关　向右进给行程开关　快速按钮　启动按钮　停止按钮

进给电动机　牵引电磁铁　圆工作台转换开关　冷却泵开关　右电箱　主轴电动机

（a）

（b）

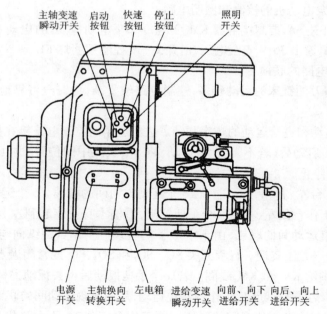

主轴变速瞬动开关　启动按钮　快速按钮　停止按钮　照明开关

电源开关　主轴换向转换开关　左电箱　进给变速瞬动开关　向前、向下进给开关　向后、向上进给开关

（c）

图 3-10　X62W 型万能铣床电器元件布置图

（a）左侧；（b）正面；（c）右侧

3.4　桥式起重机的电气控制电路

　　起重机是一种用来起吊和下放重物以及在固定范围内装卸、搬运物料的起重机械。它广泛应用于工矿企业、车站、港口、建筑工地、仓库等场所,是现代化生产不可缺少的机电设备。

　　起重机按其起吊质量可划分为三级:小型为 5 ~ 10 t,中型为 10 ~ 50 t,重型及特重型为 50 t 以上。

　　按结构和用途,起重机分为桥式起重机、门式起重机、塔式起重机、自行式起重机、旋转起重机、缆索起重机等。其中桥式起重机是一种横架在固定跨间上空用来吊运各种物件的设备,又称"天车"或"行车"。按起吊装置不同,桥式起重机又可分为吊钩桥式起重机、电磁盘桥式起重机和抓斗桥式起重机。其中以吊钩桥式起重机应用最广。

　　本节以小型桥式起重机为例,从凸轮控制器和主令控制器两种控制方式来分析起重机的电气控制电路的工作原理。

3.4.1　主要结构与运动形式

　　桥式起重机主要由桥架(又称大车)及其运动机构和装有起升机构的小车等部分组成,如图 3-11 所示。

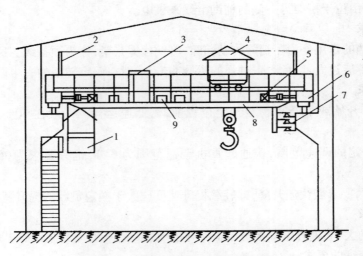

图 3-11　桥式起重机总体结构示意图
1—驾驶室;2—辅助滑线架;3—控制盘;4—小车;5—大车电动机;
6—大车端梁;7—主滑线;8—大车主梁;9—电阻箱

　　桥架是桥式起重机的基本构件,主要由两正轨箱形主梁、端梁和走台等部分组成。主梁上铺设了供小车运动的钢轨,两主梁的外侧装有走台,装有驾驶室一侧的走台为安装及检修大车运行机构而设,另一侧走台为安装小车导电装置而设。在主梁一端的下方悬挂着全视野的操纵室(驾驶室、吊舱)。

　　大车运行机构由驱动电动机、制动器、减速器和车轮等部件组成。常见的驱动方式有集中驱动和分别驱动两种,目前国内生产的桥式起重机大多采用分别驱动方式。

分别驱动方式指的是用一个控制电路同时对两台驱动电动机、减速装置和制动器实施控制,分别驱动安装在桥架两端的大车车轮。

小车由安装在小车架上的移动机构和提升机构等组成。小车移行机构也由驱动电动机、减速器、制动器和车轮组成,在小车移行机构的驱动下,小车可沿桥架主梁上的轨道移动。小车提升机构用以吊运重物,它由电动机、减速器、卷筒、制动器等组成。起重量超过 10 t 时,设两个提升机构:主钩(主提升机构)和副钩(副提升机构)。一般情况下两钩不能同时起吊重物。

由上可知,桥式起重机的运动形式有 3 种,即大车的左右运动,小车的前后运动和提升机构的升降运动。

3.4.2　电力拖动特点和控制要求

1. 供电要求

由于起重机的工作是经常移动的,因此起重机与电源之间不能采用固定连接方式,对于小型起重机供电方式采用软电缆供电,随着大车或小车的移动,供电电缆随之伸展和叠卷。对于中小型起重机常用滑线和电刷供电。即将三相交流电源接到沿车间长度方向架设的 3 根主滑线上,并刷有黄、绿、红三色,再通过电刷引到起重机的电气设备上,首先进入驾驶室中保护盘上的总电源开关,然后再向起重机各电气设备供电。对于小车及其上的提升机构等电气设备,则由位于桥架另一侧的辅助滑线来供电。

2. 启动要求

提升第一挡的作用是为了消除传动间隙,将钢丝绳张紧,称为预备级。这一挡的电动机要求启动转矩不能过大,以免产生过强的机械冲击,一般在额定转矩的一半以下。

3. 调速要求

(1)在提升开始或下降重物至预定位置前,需低速运行。一般在 30% 额定转速内分几挡。

(2)具有一定的调速范围,普通起重机调速范围为 3:1,也有要求为(5~10):1 的起重机。

(3)轻载时,要求能快速升降,即轻载提升速度应大于额定负载的提升速度。

4. 下降要求

根据负载的大小,提升电动机可以工作在电动、倒拉制动、回馈制动等工作状态下,以满足对不同下降速度的要求。

5. 制动要求

为了安全,起重机要采用断电制动方式的机械抱闸制动,以避免因停电造成无制动力矩,导致重物自由下落引发事故,同时也还要具备电气制动方式,以减小机械抱闸的磨损。

6. 控制方式

桥式起重机常用的控制方式有两种:一种是用凸轮控制器直接控制所有的驱动电动机,这种方法普遍用于小型起重设备;另一种是采用主令控制器配合磁力控制屏控制主卷扬电动机,而其他电动机采用凸轮控制器,这种方法主要用于中型以上起重机。

除了上述要求以外,桥式起重机还应有完善的保护和联锁环节。

3.4.3　10 t 桥式起重机典型电气控制电路分析

10 t 桥式起重机属于小型桥式起重机范畴,仅有主钩提升机构,大车采用分别驱动方式,其他部分与前面所述相同。

图 3-12 是采用 KT 系列凸轮控制器直接控制的 10 t 桥式起重机的控制电路原理图。

由图 3-12(b)可知,凸轮控制器挡数为 5—0—5,左、右各有 5 个操作位置,分别控制电动机的正反转;中间为零位停车位置,用以控制电动机的启动及调速。图中 Q_1 为卷扬机电动机凸轮控制器,Q_2 为小车运行机构凸轮控制器,Q_3 为大车运行机构凸轮控制器,并显示出其各触点在不同操作位置时的工作状态。

图中 YB 为电力液压驱动式机械抱闸制动器,在起重机接通电源的同时,液压泵电动机通电,通过液压油缸使机械抱闸放松,在电动机(定子)三相绕组失电时,液压泵电动机失电,机械抱闸抱紧,从而可以避免出现重物自由下降造成的事故。

1. 桥式起重机启动过程分析

在卷扬机凸轮控制器 Q_1、小车凸轮控制器 Q_2 和大车凸轮控制器 Q_3 均在原位时,在开关 QS 闭合状态下按动系统启动按钮 SB_1,接触器 KM 线圈通电自锁,电动机供电电路上电。然后可由 Q_1、Q_2、Q_3 分别控制各台电动机工作。

2. 凸轮控制器控制的卷扬机电动机控制电路

(1)卷扬机电动机的负载为主钩负载,分为空轻载和重载两大类,当空钩(或轻载)升降时,总的负载为恒转矩的反抗性负载,在提升或下放重物时,负载为恒转矩的位能性负载。启动与调速方法采用了绕线转子异步电动机的转子串五级不对称电阻进行调速和启动,以满足系统速度可调节和重载启动的要求。

卷扬机控制采用可逆对称控制电路,由凸轮控制器 Q_1 实现提升、下降工作状态的转换和启动以及调速电阻的切除与投入。Q_1 使用了 4 对触点对电动机 M_1 进行正、反转控制,5 对触点用于转子电阻切换控制,2 对触点和限位开关(行程开关)相配合用于提升和下降极限位置的保护,另有 1 对触点用于零位启动控制,详见图 3-12。

(2)小车移行机构要求以 40～60 m/min 的速度在主梁轨道上作往返运行,转子采用串电阻启动和调速,共有 5 挡。为实现准确停车,也采用机械抱闸制动器制动。其凸轮控制器 Q_2 的原理和接线与卷扬机的控制器 Q_1 相类似。

(3)大车运行机构要求以 100～135 m/min 的速度沿车间长度方向轨道作往返运行。大车采用两台电动机及减速和制动机构进行分别驱动,凸轮控制器 Q_3 同时采用两组各 5 对触点分别控制电动机 M_3、M_4 转子各 5 级电阻的短接与引入。其他与卷扬机的控制器 Q_1 相类似。

3. 控制与保护电路分析

起重机控制与保护电路如图 3-13 所示。图中 SB_2 是手动操作急停电钮,正常时闭合,急停时按下(分断)。SQ_M 为驾驶室门安全开关,SQ_{C1}、SQ_{C2} 为仓门开关,SQ_{A1}、SQ_{A2} 为栏杆门开关,各门在关闭位置时,其常开触点闭合,起重机可以启动运行。KA_1～KA_9 为各电动机的过流保护用继电器,无过流现象时,其常闭触点闭合。凸轮控制器 Q_1、Q_2、Q_3 均在零位时,按启动按钮 SB_1,交流接触器 KM 线圈通电且自锁,各电动机主回路上电,起重机可以开始工作。

交流接触器 KM 线圈通电的自锁回路由大车移行凸轮控制器的触点、大车左右移动极

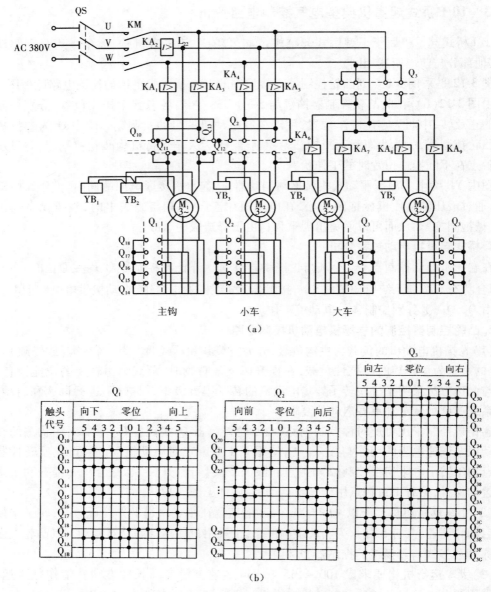

图 3-12　10 t 桥式起重机电气原理图

(a)主电路;(b)凸轮控制器状态表

限位置保护开关、提升机构凸轮控制器的触点与主钩下放或上升极限位置保护开关构成的并、串联电路组成。例如大车移行凸轮控制器 Q_3 的触点 Q_{3A} 与左极限行程开关 SQ_1 串联, Q_{39} 与右极限行程开关 SQ_2 串联,然后两条支路并联。大车左行时,电流经过 Q_{3A}、SQ_1 串联支路使 KM 线圈通电自锁,达到左极限位置时,压下 SQ_1,KM 线圈断电,大车停止运行。将 Q_3 转至原位,重按 SB_1,过 Q_{39}、SQ_2 支路使 KM 线圈通电自锁。Q_3 转到右行操作位置,Q_{39} 仍闭合,大车离开左极限位置(SQ_1 复位)向右移动,Q_3 转回零位时,大车停车。同理,可以分析 SQ_2 的右极限保护功能。行程开关 SQ_3、SQ_4 为小车运行前、后极限保护开关,SQ_5、SQ_6 为卷扬机

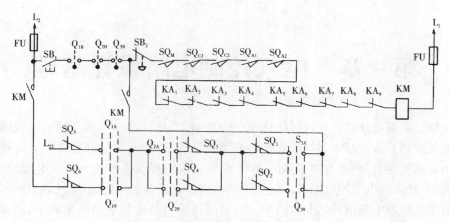

图 3-13　桥式起重机控制与保护电路

下放、提升极限保护开关,其工作原理与大车保护相同。凸轮控制器 Q_1 的触点 Q_{1A} 左侧,理论上可接在 KM 自锁触点下方,而实际接在电动机 M_1 定子端线号 L_{22} 上,既方便,又不影响自锁电路的正常工作。

　　任何过流继电器动作、各门未关好或按动急停按钮 SB_2,交流接触器 KM 线圈都会断电,将主回路的电源切断。

思考题与习题

　　3-1　试分析 C650 型普通车床在按下反向启动按钮 SB_4 后的启动工作过程。

　　3-2　假定 C650 型普通车床的主电动机正在反向运行,请分析其停车反接制动的工作过程。

　　3-3　简述 Z3040 型摇臂钻床操作摇臂上升时控制电路的工作过程。

　　3-4　Z3040 型摇臂钻床电路中有哪些联锁与保护?

　　3-5　Z3040 型摇臂钻床电路中,行程开关 $SQ_1 \sim SQ_4$ 的作用是什么?

　　3-6　X62W 型万能铣床电气控制电路具有哪些电气联锁?

　　3-7　简述 X62W 型万能铣床主轴制动过程。

　　3-8　简述 X62W 型万能铣床的工作台快速移动的控制过程。

　　3-9　如果 X62W 型万能铣床工作台各个方向都不能进给,试分析故障原因?

　　3-10　试述起重机的负载性质,并由此分析提升重物时对交流拖动电动机的启动和调速方面的要求及其方法。

　　3-11　为避免回馈制动下放重物的速度过高,应如何操作凸轮控制器?

　　3-12　试述低速提升重物的方法。

　　3-13　主钩电动机能否只采用一个机械抱闸机构?试分析某些起重机同时采用两个机械制动器的原因。

第4章　电气控制电路设计基础

电气控制电路设计建立在机械结构设计的基础上,并以能最大限度地满足机电设备和用户对电气控制要求为基本目标。通过对前面几章的学习,读者已经初步具有阅读和分析电气控制电路的能力,而通过对本章的学习,读者应能够根据生产机械的工艺要求,设计出合乎要求的、经济的电气控制系统。电气控制电路设计涉及的内容很广泛,在这一章里将概括地介绍电气控制电路设计的基本内容。在前两章分析各控制电路的基础上,重点阐述继电器－接触器控制电路设计的基本内容、一般原则、设计方法和一般步骤。

4.1　电气设计的基本内容和一般原则

4.1.1　电气设计的基本内容

电气设计的基本内容如下:
(1)拟定电气设计任务书;
(2)确定电力拖动方案和控制方案;
(3)设计电气原理图;
(4)选择电动机、电器元件,并制定电器元件明细表;
(5)设计操作台、电气柜及非标准电器元件;
(6)设计机床电气设备布置总图、电气安装图以及电气接线图;
(7)编写电气说明书和使用操作说明书。

以上电气设计各项内容,必须以有关国家标准为依据。根据机床的总体技术要求和控制电路的复杂程度不同,内容可增可减,某些图样和技术文件可适当合并或增删。

4.1.2　电气设计的一般原则

电气设计的一般原则如下。
(1)最大限度地满足生产机械和生产工艺对电气控制的要求,这些生产工艺要求是电气控制设计的依据。因此在设计前,应深入现场进行调查,搜集资料,并与生产过程有关人员、机械部分设计人员、实际操作者密切配合,明确控制要求,共同拟订电气控制方案,协同解决设计中的各种问题,使设计成果满足生产工艺要求。
(2)在满足控制要求前提下,设计方案力求简单、经济、合理,不要盲目追求自动化和高指标。力求控制系统操作简单、使用与维修方便。
(3)正确、合理地选用电器元件,确保控制系统安全可靠地工作。同时考虑技术进步、造型美观。
(4)为适应生产的发展和工艺的改进,在选择控制设备时,设备能力要留有适当余量。

4.1.3　电力拖动方案确定的原则

所谓电力拖动方案是指根据生产机械的精度、工作效率、结构、运动部件的数量、运动要求、负载性质、调速要求以及投资额等条件去确定电动机的类型、数量、传动方式及拟订电动机的启动、运行、调速、转向、制动等控制要求。它是电气设计的主要内容之一,作为电气控制原理图设计及电器元件选择的依据,是以后各部分设计内容的基础和先决条件。

1. 确定拖动方式

电力拖动方式有以下两种。

1)单独拖动

一台设备只有一台电动机拖动。

2)多电动机拖动

一台设备由多台电动机分别驱动各个工作机构,通过机械传动链将动力传送到每个工作机构。

电气传动发展的趋向是多电动机拖动,这样不仅能缩短机械传动链,提高传动效率,而且能简化总体结构,便于实现自动化。具体选择时可根据工艺及结构决定电动机的数量。

2. 确定调速方案

不同的对象有不同的调速要求。为了达到一定的调速范围,可采用齿轮变速箱、液压调速装置、双速或多速电动机以及电气的无级调速传动方案。无级调速有直流调压调速、交流调压调速和变频变压调速。目前,变频变压调速技术的使用越来越广泛,在选择调速方案时,可参考以下几点。

(1)对重型或大型设备主运动及进给运动,应尽可能采用无级调速。这有利于简化机械结构,缩小体积,降低制造成本。

(2)对精密机电设备如坐标镗床、精密磨床、数控机床以及某些精密机械手,为了保证加工精度和动作的准确性,便于自动控制,也应采用电气无级调速方案。

(3)对一般中小型设备如普通机床没有特殊要求时,可选用经济、简单、可靠的三相鼠笼式异步电动机,配以适当级数的齿轮变速箱。为了简化结构,扩大调速范围,也可采用双速或多速的鼠笼式异步电动机。在选用三相鼠笼式异步电动机的额定转速时,应满足工艺条件要求。

3. 电动机的调速特性与负载特性相适应

不同机电设备的各个工作机构,具有各不相同的负载特性,如机床的主轴运动为恒功率负载,而进给运动为恒转矩负载。在选择电动机调速方案时,要使电动机的调速特性与负载特性相适应,否则将会引起拖动工作的不正常,电动机不能充分合理的使用。例如,双速鼠笼式异步电动机,当定子绕组由三角形连接改接成双星形连接时,转速增加一倍,功率却增加很少。因此,它适用于恒功率传动。对于低速为星形连接的双速电动机改接成双星形连接后,转速和功率都增加一倍,而电动机所输出的转矩却保持不变,它适用于恒转矩传动。他激直流电动机的调磁调速属于恒功率调速,而调压调速则属于恒转矩调速。分析调速性质和负载特性,找出电动机在整个调速范围内的转矩、功率与转速的关系,以确定负载需要恒功率调速,还是恒转矩调速,为合理确定拖动方案、控制方案以及电动机和电动机容量的选择提供必要的依据。

4.1.4 电气控制方案确定的原则

设备的电气控制方法很多,有继电器接点控制、无触点逻辑控制、可编程序控制器控制、计算机控制等。总之,合理地确定控制方案,是实现简便可靠、经济适用的电力拖动控制系统的重要前提。

控制方案的确定,应遵循以下原则。

(1)控制方式与拖动需要相适应。控制方式并非越先进越好,而应该以经济效益为标准。控制逻辑简单、加工程序基本固定的机床,采用继电器接点控制方式较为合理;对于经常改变加工程序或控制逻辑复杂的机床,则采用可编程序控制器较为合理。

(2)控制方式与通用化程度相适应。通用化是指生产机械加工不同对象的通用化程度,它与自动化是两个概念。对于某些加工一种或几种零件的专用机床,它的通用化程度很低,但它可以有较高的自动化程度,这种机床宜采用固定的控制电路;对于单件、小批量且可加工形状复杂零件的通用机床,则采用数字程序控制,或采用可编程序控制器控制,因为它们可以根据不同的加工对象而设定不同的加工程序,因而有较好的通用性和灵活性。

(3)控制方式应最大限度满足工艺要求。根据加工工艺要求,控制电路应具有自动循环、半自动循环、手动调整、紧急快退、保护性联锁、信号指示和故障诊断等功能,以最大限度满足工艺要求。

(4)控制电路的电源应可靠。简单的控制电路可直接用电网电源,元件较多、电路较复杂的控制装置,可将电网电压隔离降压,以降低故障率。对于自动化程度较高的生产设备,可采用直流电源,这有助于节省安装空间,便于同无触点元件连接,元件动作平稳,操作维修也较安全。

影响方案确定的因素较多,最后选定方案的技术水平和经济水平,取决于设计人员设计经验和设计方案的灵活运用。

4.2 电气控制电路的设计方法和步骤

当生产机械的电力拖动方案和控制方案已经确定后,就可以进行电气控制电路的设计了。电气控制电路的设计方法有两种。一种是经验设计法,它是根据生产工艺的要求,按照电动机的控制方法,采用典型环节电路直接进行设计。这种方法比较简单,但对比较复杂的电路,设计人员必须具有丰富的工作经验,需绘制大量的电路图并经多次修改后才能得到符合要求的控制电路。另一种为逻辑设计法,它采用逻辑代数进行设计,按此方法设计的电路结构合理,可节省所用元件的数量。本节主要介绍经验设计法。

4.2.1 电气控制电路设计的一般步骤

电气控制电路设计的一般步骤如下。

(1)根据选定的拖动方案和控制方式设计系统的原理图,拟定出各部分的主要技术要求和主要技术参数。

(2)根据各部分的要求,设计出原理图中各个部分的具体电路。在进行具体电路的设计时,一般应先设计主电路,然后设计控制电路、辅助电路、联锁与保护环节等。

（3）绘制电气系统原理图。初步设计完成后，应仔细检查，看电路是否符合设计要求，并反复修改，尽可能使之完善和简化。

（4）合理选择电气原理图中每一电器元件，并制订出元器件目录清单。

4.2.2　电气控制电路的设计

分析已经介绍过的各种控制电路，发现都有一个共同的规律：拖动生产机械的电动机的启动和停止均由接触器主触点控制，而主触点的动作则由控制回路中接触器线圈的通电与断电决定，线圈的通电与断电则由线圈所在控制回路中一些常开、常闭触点组成的"与"、"或"、"非"等条件来控制。下面举例说明经验设计法设计控制电路。

某机床有左、右两个动力头，用以铣削加工，它们各由一台交流电动机拖动；另外有一个安装工件的滑台，由另一台交流电动机拖动。加工工艺是在开始工作时，要求滑台先快速移动到加工位置，然后自动变为慢速进给，进给到指定位置自动停止，再由操作者发出指令使滑台快速返回，回到原位后自动停车。要求两动力头电动机在滑台电动机正向启动后启动，而在滑台电动机正向停车时也停车。

1. 主电路设计

动力头拖动电动机只要求单方向旋转，为使两台电动机同步启动，可用一只接触器 KM_3 控制。滑台拖动电动机需要正、反转，可用两只接触器 KM_1、KM_2 控制。滑台的快速移动由电磁铁 YA 改变机械传动链来实现，由接触器 KM_4 来控制。主电路如图 4-1 所示。

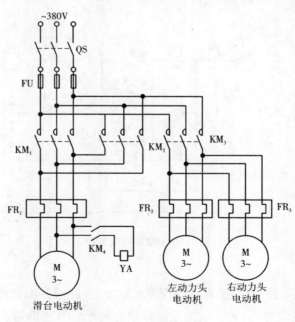

图 4-1　主电路

2. 控制电路设计

滑台电动机的正、反转分别用两个按钮 SB_1、SB_2 控制，停车则分别用 SB_3 与 SB_4 控制。由于动力头电动机在滑台电动机正转后启动，按停车按钮时两台电动机也同时停止转动，故

可用接触器 KM_1 的常开辅助触点控制 KM_3 的线圈,如图 4-2(a)所示。

滑台的快速移动可采用电磁铁 YA 通电时,改变凸轮的变速比来实现。滑台的快速前进与返回分别用 KM_1 与 KM_2 的辅助触点控制 KM_4,再由 KM_4 触点去通断电磁铁 YA。滑台快速前进到加工位置时,要求慢速进给,因而在 KM_1 触点控制 KM_4 的支路上串联行程开关 SQ_3 的常闭触点。此部分的辅助电路如图 4-2(b)所示。

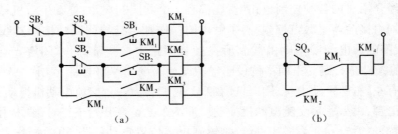

图 4-2　控制电路图
(a)控制电路;(b)辅助电路

3. 联锁与保护环节设计

用行程开关 SQ_1 的常闭触点控制滑台慢速进给到位时的停车,用行程开关 SQ_2 的常闭触点控制滑台快速返回至原位时的自动停车。

接触器 KM_1 与 KM_2 之间应互相联锁,3 台电动机均应用热继电器作过载保护。完整的控制电路如图 4-3 所示。

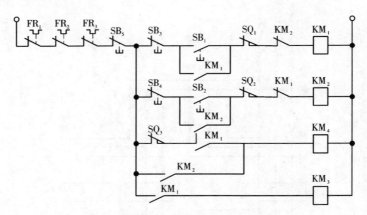

图 4-3　完整的控制电路

4. 电路的完善

电路初步设计完毕后,可能还有不够合理的地方,因此需仔细校核。图 4-3 中,一共用了 3 个 KM_1 的常开辅助触点,而一般的接触器只有两个常开辅助触点。因此,必须进行修改。从电路的工作情况可以看出,KM_3 的常开辅助触点完全可以代替 KM_1 的常开辅助触点去控制电磁铁 YA,修改完善后的控制电路如图 4-4 所示。

4.2.3　设计控制电路时应注意的问题

设计具体电路时,为了使电路设计得简单且准确可靠,应注意以下几个问题。

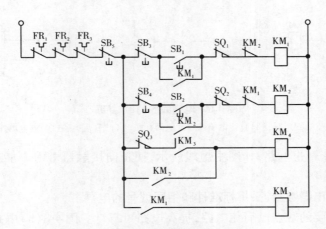

图 4-4 　修改完善后的控制电路

1. 尽量减少连接导线

设计控制电路时,应考虑各电器元件的实际位置,尽可能地减少配线时的连接导线。如图 4-5(a)是不合理的。因为按钮一般是装在操作台上,而接触器则是装在电器柜内,这样接线就需要由电器柜二次引出连接线到操作台上,所以一般都将启动按钮和停止按钮直接连接,就可以减少一次引出线,如图 4-5(b)所示。

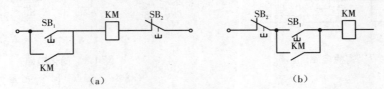

图 4-5 　电气连接图

(a)不合理;(b)合理

图 4-5(b)所示电路不仅连接导线少,更主要的是工作可靠。由于 SB$_1$、SB$_2$ 安装位置较近,当发生短路故障时,图 4-5(a)的电路将造成电源短路。

2. 正确连接电器的线圈

电压线圈通常不能串联使用,如图 4-6(a)所示。由于它们的阻抗不尽相同,会造成两个线圈上的电压分配不等。即使外加电压是同型号线圈电压的额定电压之和,也不允许。因为电器动作总有先后,当有一个接触器先动作时,则其线圈阻抗增大,该线圈上的电压降增大,使另一个接触器不能吸合,严重时将使线圈烧毁。

电感量相差悬殊的两个电器线圈,也不要并联连接。图 4-6(b)中直流电磁铁 YA 与继电器 KA 并联,在接通电源时可正常工作,但在断开电源时,由于电磁铁线圈的电感比继电器线圈的电感大得多,所以断电时,继电器很快释放,但电磁铁线圈产生的自感电势可能使继电器又吸合一段时间,从而造成继电器的误动作。解决方法为各用一个接触器的触点来控制,如图 4-6(c)所示。

3. 控制电路中应避免出现寄生电路

寄生电路是电路动作过程中意外接通的电路。图 4-7 所示是一个具有指示灯 HL 和热保护的正反向电路。正常工作时,能完成正反向启动、停止和信号指示。当热继电器 FR 动

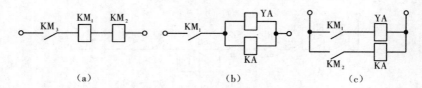

图 4-6 电磁线圈的串、并联

(a)电压线圈串联;(b)直流电磁铁与继电器并联 1;(c)直流电磁铁与继电器并联 2

作时,电路就出现了寄生电路,如图中虚线所示,使正向接触器 KM_1 不能有效释放,起不了保护作用;反转时亦然。

4. 尽可能减少电器数量、采用标准件和相同型号的电器

尽量减少不必要的触点以简化电路,提高电路可靠性。图 4-8(a)电路改成图 4-8(b)后可减少一个触点。当控制的支路数较多,而触点数目不够时,可采用中间继电器增加控制支路的数量。

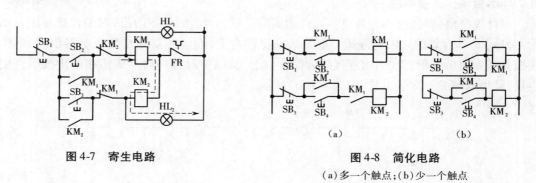

图 4-7 寄生电路

图 4-8 简化电路

(a)多一个触点;(b)少一个触点

5. 多个电器的依次动作问题

在电路中应尽量避免许多电器依次动作才能接通另一个电器的控制电路。

6. 可逆电路的联锁

在频繁操作的可逆电路中,正反向接触器之间不仅要有电气联锁,而且要有机械联锁。

7. 电路结构力求简单

电路尽量选用常用的且经过实际考验过的电路。

8. 要有完善的保护措施

在电气控制电路中,为保证操作人员、电气设备及生产机械的安全,一定要有完善的保护措施。常用的保护环节有漏电流、短路、过载、过流、过压、失压等保护环节,有时还应设有合闸、断开、事故、安全等必需的指示信号。

4.3 电气控制电路设计中的元器件选择

4.3.1 电动机的选择

正确地选择电动机具有重要意义,合理地选择电动机是从驱动机床的具体对象、加工规范,也就是从机床的使用条件出发,结合经济、合理、安全等多方面考虑,使电动机能够安全可靠地运行。电动机的选择包括电动机结构形式、额定电压、额定转速、额定功率和电动机的容量等技术指标的选择。

1. 电动机选择的基本原则

电动机选择的基本原则如下。

(1)电动机的机械特性应满足生产机械提出的要求,要与负载的负载特性相适应。保证运行稳定且具有良好的启动、制动性能。

(2)工作过程中电动机容量能得到充分利用,使其温升尽可能达到或接近额定温升值。

(3)电动机结构形式满足机械设计提出的安装要求,并能适应周围环境工作条件。

(4)在满足设计要求前提下,应优先采用结构简单、价格便宜、使用维护方便的三相鼠笼式异步电动机。

2. 电动机结构的选择

电动机结构的选择如下。

(1)从工作方式上,不同工作制相应选择连续、短时及断续周期性工作的电动机。

(2)从安装方式上分卧式和立式两种。

(3)按不同工作环境选择电动机的防护形式,开启式适用于干燥、清洁的环境;防护式适用于干燥和灰尘不多,没有腐蚀性和爆炸性气体的环境;封闭式分自扇冷式、他扇冷式和密封式 3 种,前两种用于潮湿、多腐蚀性灰尘、多侵蚀的环境,后一种用于浸入水中的机械;防爆式用于有爆炸危险的环境中。

3. 电动机额定电压的选择

电动机额定电压的选择如下。

(1)交流电动机额定电压与供电电网电压一致,低压电网电压为 380 V,因此,中小型异步电动机额定电压为 220/380 V。当电动机功率较大,可选用 3 000 V、6 000 V 及 10 000 V 的高压电动机。

(2)直流电动机的额定电压也要与电源电压一致,当直流电动机由单独的直流发电机供电时,额定电压常用 220 V 及 110 V。大功率电动机可提高 600~800 V。

4. 电动机额定转速的选择

对于额定功率相同的电动机,额定转速越高,电动机尺寸、重量和成本越小,因此选用高速电动机较为经济。但由于生产机械所需转速一定,电动机转速愈高,传动机构转速比愈大,传动机构愈复杂。因此应综合考虑电动机与机械两方面的多种因素来确定电动机的额定转速。

5. 电动机容量的选择

电动机容量的选择有以下两种方法。

(1)分析计算法,是根据生产机械负载图,在产品目录上预选一台功率相当的电动机,再用此电动机的技术数据和生产机械负载图求出电动机的负载图,最后,按电动机的负载图从发热方面进行校验,并检查电动机的过载能力是否满足要求,如若不行,重新计算直至合格为止。此法计算工作量大,负载图绘制较难,实际使用不多。

(2)调查统计类比法,是在不断总结经验的基础上,选择电动机容量的一种实用方法,此法比较简单,对同类型设备的拖动电动机容量进行统计和分析,从中找出电动机容量与设备参数的关系,得出相应的计算公式。以下为典型机床的统计分析法公式。

①车床：
$$P = 36.5\ D^{1.54}\ \text{kW} \tag{4-1}$$
式中，D——工件最大直径(m)。

②立式车床：
$$P = 20\ D^{0.88}\ \text{kW} \tag{4-2}$$
式中，D——工件最大直径(m)。

③摇臂钻床：
$$P = 0.0646\ D^{1.19}\ \text{kW} \tag{4-3}$$
式中，D——最大钻孔直径(mm)。

④卧式镗床：
$$P = 0.004\ D^{1.7}\ \text{kW} \tag{4-4}$$
式中，D——镗杆直径(mm)。

4.3.2　机床常用电器的选择

完成电气控制电路的设计之后，再选择所需要的控制电器，正确合理地选用，是控制电路安全、可靠工作的重要条件。机床电器的选择，主要是根据电器产品目录上的各项技术指标(数据)来进行的。

1. 低压配电电器的选择

1)熔断器的选择

熔断器选择内容主要是熔断器种类、额定电压、额定电流等级和熔体的额定电流。熔体额定电流 I_{NF} 的选择是主要参数。

①对于单台电动机：
$$I_{\text{NF}} = (1.5 \sim 2.5)I_{\text{NM}} \tag{4-5}$$
式中，I_{NF}——熔体额定电流(A)；

I_{NM}——电动机额定电流(A)。

轻载启动或启动时间较短，上式的系数取 1.5；重载启动或启动次数较多、启动时间较长时，系数取 2.5。

②对于多台电动机：
$$I_{\text{NF}} = (1.5 \sim 2.5)I_{\text{NM}_{\max}} + \sum I_{\text{M}} \tag{4-6}$$
式中，$I_{\text{NM}_{\max}}$——容量最大一台电动机的额定电流(A)；

$\sum I_{\text{M}}$——其余各台电动机额定电流之和，若有照明电路也计入(A)。

③对照明电路等没有冲击电流的负载，熔体的额定电流应大于或等于实际负载电流。

④对输配电电路，熔体的额定电流应小于电路的安全电流。

熔体额定电流确定以后，就可确定熔管额定电流，应使熔管额定电流大于或等于熔体额定电流。

2)刀开关的选择

刀开关主要作用是接通和切断长期工作设备的电源，也用于不经常启、制动的容量小于 7.5 kW 的异步电动机。当用于启动异步电动机时，其额定电流不要小于电动机额定电流的 3 倍。

一般刀开关的额定电压不超过 500 V,额定电流有 10 A 到上千安培的多种等级。有些刀开关附有熔断器。不带熔断器式刀开关主要有 HD 型及 HS 型,带熔断器式刀开关有 HR_3 系列。

刀开关主要根据电源种类、电压等级、电动机容量、所需极数及使用场合来选用。

3)组合开关的选择

组合开关主要根据电源种类、电压等级、所需触点数及电动机容量进行选用。常用的组合开关为 HZ - 10 系列,额定电流为 10 A、25 A、60 A、和 100 A 4 种,适用于交流 380 V 以下,直流 220 V 以下的电气设备中。当采用组合开关来控制 5 kW 以下的小容量异步电动机时,其额定电流一般取设备的 1.5 ~ 3 倍。

4)自动空气开关的选择

自动空气开关可按下列条件选择。

(1)根据电路的计算电流和工作电压,确定自动空气开关的额定电流和额定电压。显然,自动空气开关的额定电流应不小于电路的计算电流。

(2)确定热脱扣器的整定电流。其数值应与被控制的电动机的额定电流或负载的额定电流一致。

(3)确定过电流脱扣器瞬时动作的整定电流:

$$I_Z \geqslant KI_{PK} \tag{4-7}$$

式中,I_Z——瞬时动作的整定电流;

　　I_{PK}——电路中的尖峰电流;

　　K——考虑整定误差和启动电流允许变化的安全系数。

对于动作时间在 0.02 s 以上的自动空气开关,取 $K = 1.35$;对于动作时间在 0.02 s 以下的自动空气开关,取 $K = 1.7$。

5)控制变压器容量的选择

控制变压器一般用于降低控制电路或辅助电路电压,以保证控制电路安全可靠。选择控制变压器有以下原则。

(1)控制变压器初、次级电压应与交流电源电压、控制电路电压及辅助电路电压要求相符。

(2)应保证变压器次级的交流电磁器件在启动时能可靠地吸合。

(3)电路正常运行时,变压器温升不应超过允许温升。

(4)控制变压器可按长期运行的温升来考虑,这时变压器容量应大于或等于最大工作负荷的功率。控制变压器容量的近似计算公式为

$$S \geqslant K_L \sum S_i \tag{4-8}$$

式中,$\sum S_i$——电磁器件吸持总功率(VA);

　　K_L——变压器容量的储备系数,一般 K_L 取 1.1 ~ 1.25。

2. 自动控制电器的选择

1)接触器的选择

选择接触器主要依据以下数据:电源种类(交流或直流)、主触点额定电压、额定电流,辅助触点种类、数量及触点额定电流,电磁线圈的电源种类、频率和额定电压,额定操作频率等。机床应用最多的是交流接触器。

交流接触器的选择主要考虑主触点的额定电流、额定电压、线圈电压等。

(1) 主触点额定电流 I_N 可根据下面经验公式进行选择：

$$I_N \geq \frac{P_N \times 10^3}{K U_N} \tag{4-9}$$

式中，I_N——接触器主触点额定电流（A）；

　　K——比例系数，一般取 $1 \sim 1.4$；

　　P_N——被控电动机额定功率（kW）；

　　U_N——被控电动机额定线电压（V）。

(2) 交流接触器主触点额定电压一般按高于电路额定电压来确定。

(3) 根据控制回路的电压决定接触器的线圈电压。为保证安全，一般接触器吸引线圈选择较低的电压。但如果在控制电路比较简单的情况下，为了省去变压器，可选用 380 V 电压。值得注意的是，接触器产品系列是按使用类别设计的，所以要根据接触器负担的工作任务来选用相应的产品系列。

(4) 接触器辅助触点的数量、种类应满足电路的需要。

2) 时间继电器的选择

时间继电器形式多样，各具特点，选择时应从以下几方面考虑。

(1) 根据控制电路的要求选择延时方式，即通电延时型或断电延时型。

(2) 根据延时准确度要求和延时长、短要求来选择。

(3) 根据使用场合、工作环境选择合适的时间继电器。

3) 热继电器的选用

热继电器的选择应按电动机的工作环境、启动情况、负载性质等因素来考虑。

(1) 热继电器结构形式的选择。星形连接的电动机可选用两相或三相结构热继电器，三角形连接的电动机应选用带断相保护装置的三相结构热继电器。

(2) 热元件额定电流的选择。一般可按下式选取：

$$I_R = (0.95 \sim 1.05) I_N \tag{4-10}$$

式中，I_R——热元件的额定电流；

　　I_N——电动机的额定电流。

对于工作环境恶劣、启动频繁的电动机，则按下式选取：

$$I_R = (1.15 \sim 1.5) I_N \tag{4-11}$$

热元件选好后，还需根据电动机的额定电流来调整它的整定值。

4) 中间继电器的选用

选用中间继电器，主要依据控制电路的电压等级，同时还要考虑触点的数量、种类及容量满足控制电路的要求。在机床上常用的中间继电器型号有 JZ7 系列、JZ8 系列两种。JZ8 系列为交直流两用的中间继电器。

3. 低压主令电器的选择

1) 控制按钮的选择

控制按钮按下列要求进行选择。

(1) 根据使用场合，选择控制按钮的种类，如开启式、保护式、防水式、防腐式等。

(2) 根据用途，选用合适的形式，如手把旋钮式、钥匙式、紧急式等。

（3）按控制回路的需要,确定不同的按钮数,如单钮、双钮、三钮、多钮等。

（4）按工作状态指示和工作情况的要求,选择按钮及指示灯的颜色。

2）行程开关的选择

行程开关可按下列要求进行选择。

（1）根据应用场合及控制对象选择,有一般用途行程开关和起重设备用行程开关。

（2）根据安装环境选择防护形式,如开启式或保护式。

（3）根据控制回路的电压和电流选择行程开关系列。

（4）根据机械与行程开关的传动与位移关系选择合适的头部形式。

3）万能转换开关的选择

万能转换开关可按下列要求进行选择。

（1）按额定电压和工作电流选择合适的万能转换开关系列。

（2）按操作需要选定手柄形式和定位特征。

（3）按控制要求参照转换开关样本确定触点数量和接线图编号。

（4）选择面板形式及标志。

4）接近开关的选择

接近开关可按下列要求进行选择。

（1）接近开关价格较高,用于工作频率高、可靠性及精度要求均较高的场合。

（2）按应答距离要求选择型号、规格。

（3）按输出要求是有触点还是无触点以及触点数量,选择合适的输出形式。

4.4　电气控制电路设计举例

本节以 C6132 型卧式车床电气控制电路为例,简要介绍该电路的经验设计方法与步骤。已知该机床技术条件为:床身最大工件回转直径为 160 mm,工件最大长度为 500 mm。具体设计步骤如下。

4.4.1　拖动方案及电动机的选择

车床主运动由电动机 M_1 拖动,液压泵由电动机 M_2 拖动,冷却泵由电动机 M_3 拖动。

主拖动电动机由式（4-1）可得:$P = 36.5 \times 0.16^{1.54} = 2.17$ kW,所以可选择主电动机 M_1 为 J02 - 22 - 4 型,2.2 kW,380 V,4.9 A,1 450 r/min。润滑泵、冷却泵电动机 M_2、M_3 可按机床要求均选择为 JCB - 22,0.125 kW,380 V,0.43 A,2 700 r/min。

4.4.2　电气控制电路的设计

1. 主电路

三相电源通过组合开关 QS_1 引入,供给主运动电动机 M_1,液压泵、冷却泵电动机 M_2、M_3 及控制回路。熔断器 FU_1 作为电动机 M_1 的保护元件,FR_1 为电动机 M_1 的过载保护热继电器。FU_2 作为电动机 M_2、M_3 和控制回路的保护元件,FR_2、FR_3 分别为电动机 M_2、M_3 的过载保护热继电器。冷却泵电动机由组合开关 QS_2 手动控制,以便根据需要供给切削液。电动机 M_1 的正反转由接触器 KM_1 和 KM_2 控制,液压泵电动机由 KM_3 控制。由此组成的主电路见图

4-9 的左半部分。

2. 控制电路

从车床的拖动方案可知,控制回路应有 3 个基本控制环节,即主轴拖动电动机 M_1 的正反转控制环节;液压泵电动机 M_2 的单方向控制环节;连锁环节,用来避免元件误动作造成电源短路和保证主轴箱润滑良好。用经验设计法确定出控制回路电路,见图 4-9 右半部分。

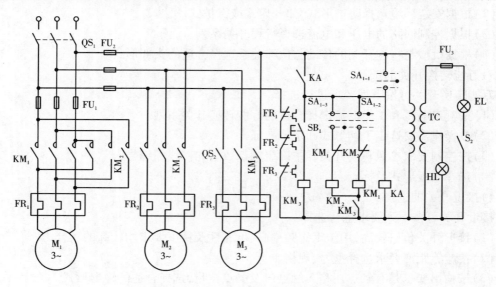

图 4-9　C6132 型卧式车床电气控制电路图

用微动开关与机械手柄组成的控制开关 SA_1 有 3 挡位置。当 SA_1 在 0 位时,SA_{1-1} 闭合,中间继电器 KA 得电自锁。主轴电动机启动前,应先按下 SB_1,使润滑泵电动机接触器 KM_3 得电,M_2 启动,为主运动电动机启动做准备。

主轴正转时,控制开关放在正转挡,使 SA_{1-2} 闭合,主轴电动机 M_1 正转启动。主轴反转时,控制开关放在反转挡,使 SA_{1-3} 闭合,主轴电动机反向启动。由于 SA_{1-2}、SA_{1-3} 不能同时闭合,故形成电气互锁。中间继电器 KA 的主要作用是失压保护,当电压过低或断电时,KA 释放;重新供电时,需将控制开关放在 0 位,使 KA 得电自锁,才能启动主轴电动机。

局部照明用变压器 TC 降至 36 V 供电,以保证操作安全。

4.4.3　电器元件的选择

(1)电源开关 QS_1 和 QS_2 均选用三极组合开关。根据工作电流,并保证留有足够的余量,可选用型号为 HZ10 – 25/3 型。

(2)熔断器 FU_1、FU_2、FU_3 的熔体电流可按式(4-5)选择。FU_1 保护主电动机,选 RL1 – 15 型熔断器,配 15 A 的熔体;FU_2 保护润滑泵和冷却泵电动机及控制回路,选 RL1 – 15 型熔断器,配用 2 A 的熔体;FU_3 为照明变压器的二次保护,选 RL1 – 15 型熔断器配用 2 A 的熔体。

(3)接触器的选择。根据电动机 M_1 和 M_2 的额定电流情况及式(4-9),接触器 KM_1、KM_2 和 KM_3 均选用 CJ10 – 10 型交流接触器,线圈电压为 380 V。中间继电器 KA 选用 JZ7 – 44

交流中间继电器,线圈电压为 380 V。

(4)热继电器的选择。根据电动机工作情况,热元件的额定电流按式(4-10)选取。用于主轴电动机 M_1 的过载保护时,选 JR20 - 20/3 型热继电器,热元件电流可调至 7.2 A;用于润滑泵电动机 M_2 的过载保护时,选 JR20 - 10 型热继电器,热元件电流可调至 0.43 A。

(5)照明变压器的选择。局部照明灯为 40 W,所以可选用 BK - 50 型控制变压器,初级电压 380 V,次级电压 36 V 和 6.3 V。

4.4.4　电器元件明细表

C6132 型卧式车床电气控制电路电器元件明细表见表4-1。

表 4-1　C6132 型卧式车床电器元件明细表

序号	符号	名　称	型号	规　格	数量
1	M_1	异步电动机	J02 - 22 - 4	2.2 kW,380 V,1 450 r/min	1
2	M_2、M_3	冷却泵电动机	JCB - 22	0.125 kW,380 V,2 700 r/min	2
3	QS_1、QS_2	组合开关	HZ10 - 25/3	500 V,25 A	2
4	FU_1	熔断器	RL1 - 15	500 V,10 A	3
5	FU_2、FU_3,	熔断器	RL1 - 15	500 V,2 A	4
6	KM_1、KM_2、KM_3	交流接触器	CJ10 - 10	380 V,10 A	3
7	KA	中间继电器	JZ7 - 44	380 V,5 A	1
8	FR_1	热继电器	JR20 - 20/3	7.2 A	1
9	FR_2,FR_3	热继电器	JR20 - 10	0.43 A	2
10	TC	控制变压器	BK - 50	50 VA,380 V/36 V,6.3 V	1
11	HL	指示信号灯	ZSD - 0	6.3 V	1
12	EL	照明灯		40 W,36 V	1

思考题与习题

4-1　电气控制系统设计的基本内容有哪些?

4-2　电力拖动的方案如何确定?

4-3　电气系统的控制方案如何确定?

4-4　电动机的选择一般包括哪些内容?

4-5　设计控制电路时应注意什么问题?

4-6　设计一台专用机床的电气控制电路,画出电气原理图,并制定电器元件明细表。

本机床采用钻孔—倒角组合刀具加工零件的孔和倒角。加工工艺如下:快进→工进→停留光刀(3 s)→快退→停车。专用机床采用 3 台电动机,其中 M_1 为主运动电动机,采用 Y112M - 4,容量为 4 kW;M_2 为工进电动机,采用 Y90L - 4,容量为 1.5 kW;M_3 为快速移动电动机,采用 Y801 - 2,容量为 0.75 kW。

设计要求如下。

(1)工作台工进至终点或返回到原点,均由限位开关使其自动停止,并有限位保护。为保证位移准确定位,要求采用制动措施。

(2)快速电动机可进行点动调整,但在工进时无效。

(3)设有紧急停止按钮。

(4)应有短路和过载保护。

(5)其他要求可根据工艺,由读者自行考虑。

(6)通过实例,说明经验设计法的设计步骤。

第 2 篇　PLC 控制技术

第5章 PLC 总述

5.1 PLC 的产生和发展

5.1.1 PLC 的产生及定义

在 PLC 出现之前,工业生产流水线的自动控制系统基本上都是由继电器－接触器控制系统构成的,其设备体积大、触点寿命低、可靠性差、接线复杂、改接麻烦,维修和排除故障困难。为改变这一现状,人们曾试图用小型计算机来实现工业控制代替传统的继电器－接触器控制,但因价格昂贵、输入输出电路不匹配、编程复杂等原因,而没能得到推广和应用。1968 年,美国通用汽车公司(GM)提出了"多品种、小批量、不断翻新汽车品牌型号"的战略,要实现此战略,需要一种新的工业控制装置,可以随着生产品种的改变,灵活方便地改变控制方案以满足控制的要求。GM 公司提出了以下 10 项技术指标(GM 10 条)并在社会上招标,要求制造商为其装配线提供一种新型的通用控制器:

(1)编程简单,可在现场方便地编辑及修改程序;

(2)硬件维护方便,最好是插件式结构;

(3)可靠性要明显高于继电器控制柜;

(4)体积要明显小于继电器控制柜;

(5)具有数据通信功能;

(6)在成本上可与继电器控制柜竞争;

(7)输入可以是交流 115 V(美国电网电压为 110 V);

(8)输出为交流 115 V,2 A 以上,能直接驱动电磁阀;

(9)在扩展时,原系统只需很小变更;

(10)用户程序存储器容量至少能扩展到 4 kB。

1969 年美国数据通信公司(DEC 公司)研制出第一台 PLC,在 GM 公司生产线上获得成功。根据这种新型工业控制装置可以通过编程改变控制方案这一特点以及专门用于逻辑控制的这一情况,这种新型的工业控制装置被称为"可编程逻辑控制器",简称为 PLC(Programmable Logic Controller)。

对于 PLC 的定义,国际电工委员会(IEC)在 1987 年 2 月颁布的可编程控制器标准的第三稿中写道:"可编程控制器是一种数字运算操作的电子系统,是专为在工业环境下应用设计的。它采用可编程序的存储器,用来在内部存储执行逻辑运算、顺序控制、定时、计数和算术运算等操作的指令,并采用数字式、模拟式的输入和输出,控制各种类型的机械或生产过程。可编程控制器及其有关设备,都应按易于与工业控制系统联成一个整体、易于扩充其功能的原则设计。"

从 1969 年至今,PLC 经历了四次换代:第一代 PLC 大多用一位机开发,用磁芯存储器存储,只有逻辑控制功能;第二代 PLC 产品换成了 8 位微处理器及半导体存储器,PLC 产品开始系列化;第三代 PLC 产品随着高性能微处理器及位片式 CPU 的大量使用,处理速度大大提高,促使它向多功能及联网通信方向发展;第四代 PLC 产品不仅全面使用 16 位、32 位高性能微处理器,高性能位片式微处理器,RISC(Reduced Instruction Set Computer)精简指令系统 CPU 等高级 CPU,而且可在一台 PLC 中配置多个处理器,进行多通道处理。PLC 的功能日益增强,它不仅能执行逻辑控制、顺序控制、定时及计数控制,还增加了算术运算、数据处理、通信等功能,具有处理分支、中断、自诊断能力,使 PLC 从开关量的逻辑控制扩展到数字控制及生产过程控制领域,真正成为一种电子计算机工业控制装置。同一时期,由 PLC 组成的 PLC 网络也得到飞速发展,由 PLC 组成的多级分布式 PLC 网络成为 CIMS(Computer-Integrated Manufacturing System)系统不可或缺的基本组成部分。因此人们将 PLC 称为工业生产自动化的三大支柱(PLC、机器人和计算机辅助设计/制造 CAD/CAM)之一。目前 PLC 已广泛应用于冶金、矿业、机械、电力、轻工等领域,为工业自动化提供了有力的工具,加速了机电一体化的进程。

5.1.2　PLC 的特点

1. 抗干扰能力强,可靠性高

高可靠性是电气控制设备的关键性能。为了能使 PLC 在恶劣环境中正常工作不受影响,或在恶劣条件消失后自动恢复正常,各 PLC 生产厂商在硬件和软件方面采取了多种措施,采用现代大规模集成电路技术和严格的生产工艺制造,使 PLC 除了本身具有较强的自诊断能力,能及时给出错误信息,停止运行等待修复外,还具有了很强的抗干扰能力。

硬件方面,PLC 主要模块均采用大规模或超大规模集成电路,大量开关动作由无触点的电子存储器完成,I/O 系统设计有完善的通道保护和信号调理电路。从屏蔽、滤波、隔离、电源调整与保护、模块式结构等方面提高了 PLC 的抗干扰能力。软件方面,设置故障检测、信息保护与恢复、警戒时钟 WDT(看门狗)、加强对程序的检查和校验等,也大大提高了 PLC 的工作可靠性。

以上措施保证了 PLC 能在恶劣的环境中可靠工作,使平均故障间隔时间(MTBF)指标高,故障修复时间短。目前,各生产厂家的 PLC 平均无故障安全运行时间都远大于国际电工委员会(IEC)规定的 10 万小时的标准。

2. 通用性强,控制程序可变,适应面广

目前,PLC 品种齐全的硬件装置,可以组成能满足各种要求的控制系统。用户在硬件确定之后,在生产工艺流程改变或生产设备更新的情况下,不必改变 PLC 的硬件设备,只需改编程序就可以满足要求。因此,PLC 广泛地应用于工厂自动化控制中。

3. 编程简单,使用方便

目前,大多数 PLC 采用类似于继电器 – 接触器控制电路的"梯形图"编程形式,继承了传统控制电路的清晰直观,对使用者来说,不需要具备计算机的专门知识,很容易被一般工程技术人员所理解和掌握。PLC 控制系统采用软件编程来实现控制功能,其外围只需将信号输入设备(按钮、开关等)和接收输出信号执行控制任务的输出设备,如接触器、电磁阀等执行元件,与 PLC 的输入输出端子相连接,安装简单,工作量少。

4. 体积小、质量轻、功耗低、维护方便

PLC 是将微电子技术应用于工业设备的产品,结构紧凑、坚固、体积小、质量轻、功耗低。以松下电工 FP0 型 PLC 为例:其外形尺寸仅为 60 mm×105 mm×90 mm,质量 1.5 kg,功耗小于 25 VA,易于装入机电设备内部,具有很好的抗干扰能力。在用户的维修方面,由于 PLC 的故障率很低,并且有完善的诊断和显示功能,PLC 或外部的输入装置和执行机构发生故障时,可以根据 PLC 上发光二极管或编程器上提供的信息,迅速查明原因;如果是 PLC 本身,可用更换模块的方法,迅速排除 PLC 的故障,因此维修极为方便。

5. 设计、施工、调试周期短

由于 PLC 采用了软件来取代继电器－接触器控制系统中大量器件,控制柜的设计安装工作量大为减少。另外,PLC 的用户程序大都可以在实验室模拟调试,模拟调试好后再将 PLC 控制系统安装到现场,进行联机统调,使得调试方便、快速、安全,因此大大缩短了应用设计和调试周期。

PLC 与继电器－接触器控制系统的比较见表 5-1。

表 5-1　PLC 与继电器－接触器控制系统的比较

比较项目	继电器－接触器控制系统	PLC 控制系统
控制逻辑	硬接线逻辑,连线多而复杂,灵活性、扩展性差,体积大	存储逻辑,连线少,控制灵活,易于扩展,功耗小,体积小
工作方式	按"并行"方式工作。通电后,几个继电器同时动作	按"串行"方式工作。PLC 循环扫描执行程序,按照语句书写顺序自上而下进行逻辑运算
控制速度	通过触点的机械动作实现控制,动作速度为几十毫秒,易出现触点抖动	由半导体电路实现控制作用,每条指令执行时间在微秒级,不会出现触点抖动
限时控制	由时间继电器实现,精度差,易受环境湿度和温度变化的影响,调整时间困难	用半导体集成电路实现,精度高,时间设置方便,不受环境的影响
计数控制	一般不具备计数功能	能实现计数功能
设计与施工	设计、施工、调试必须顺序进行,周期长,修改困难	在系统设计后,现场施工与程序设计可同时进行,周期短,调试修改方便
可靠性与可维护性	寿命短,可靠性与可维护性差	寿命长,可靠性高;有自诊断功能,易于维护
价格	使用机械开关、继电器及接触器等,价格便宜	使用大规模集成电路,初期投资较高

5.1.3　PLC 的应用

随着 PLC 技术的不断进步和发展,目前已经能完成很多控制功能,如逻辑控制、定时/计数控制、步进控制、数据处理、A/D 与 D/A 转换、运动控制、过程控制、远程 I/O 控制、通信联网与监控、定位控制等。经过 20 多年的工业运行,PLC 迅速渗透到工业控制的各个领域,诸如农业、交通、食品工业、机械制造、娱乐、医疗、建筑、环保、冶金、采矿、电力、轻工、汽车等行业,如图 5-1 所示。PLC 的应用范围不断扩大,主要归纳为以下五方面。

1. 开关量逻辑控制

开关量逻辑控制是 PLC 最基本最广泛的应用。PLC 可取代传统继电器－接触器控制系统和顺序控制器,既可用于单台设备的控制,也可用于多级群控及自动化流水线的控制。

2. 运动控制

PLC 可通过配置单轴或多轴位置控制模块、高速计数模块等来控制步进电动机或伺服电动机,从而使运动部件能以适当的速度或加速度实现平滑的直线运动或圆弧运动。广泛用于精密金属切削机床、装配机械、机械手、机器人、电梯等设备的控制。

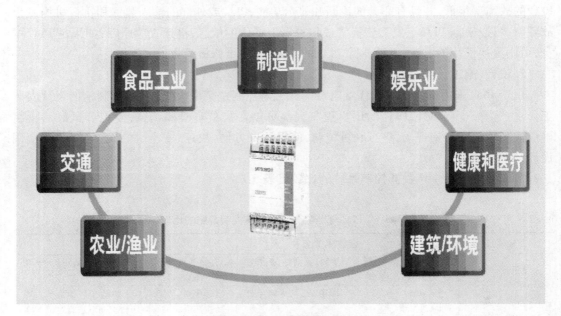

图 5-1　PLC 的应用领域

3. 工业过程控制

工业过程控制是指 PLC 对工业生产过程中如温度、压力、流量、速度、液位等连续变化的模拟量,通过配用 A/D、D/A 转换模块及智能 PID 模块实现单回路或多回路闭环控制,使这些物理参数保持在设定值上。其中,PID 调节是用得较多的一种控制方法。过程控制广泛地应用在各种加热炉、锅炉等的控制以及化工、轻工、机械、冶金、电力、建材等许多领域的生产过程中。

4. 数据处理

PLC 具有数学运算(包括函数运算、逻辑运算、矩阵运算等)、数据的传输、转换、排序、检索、移位以及数制转换、位操作编码、译码等功能,可以完成数据的采集、分析和处理任务。这些数据可以实现实时监控,也可与存储在数据存储器中的参考值进行比较,或用通信功能传送到其他的智能装置以及将它们打印制表。数据处理一般用于大、中型控制系统,如无人控制的柔性制造系统(FMS),也可以用于造纸、冶金、食品工业中的一些大型控制系统。

5. 通信及联网

PLC 有强大的联网、通信能力。PLC 不仅可与个人计算机相连接通信,也可以利用 PLC 的网络通信功能模块及远程 I/O 控制模块来实现多台 PLC 之间的连接,以达到上位计算机与 PLC 之间及 PLC 与 PLC 之间的指令下达、数据交换和数据共享,这种由 PLC 进行分散控制、计算机进行集中管理的方式,能够完成较大规模的复杂控制,甚至实现整个工厂生产的自动化,实现了多级控制。

　　可以说,工业控制的场合中,都离不开 PLC,但并不是所有的 PLC 都具有上述全部功能,PLC 具体功能要看产品的型号、配置模块等。

5.2　PLC 的基本结构及工作原理

5.2.1　PLC 的基本结构

　　PLC 是以微处理器为核心用作工业控制的专用计算机,不同类型的 PLC 结构和工作原理都大致相同,硬件结构与微机相似。其基本结构如图 5-2 所示。

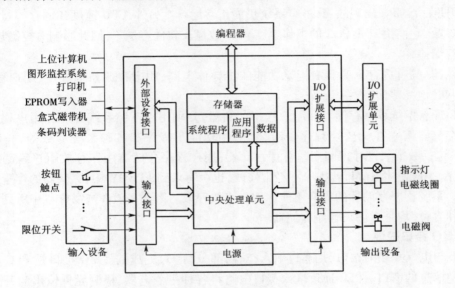

图 5-2　PLC 的基本结构

　　由图 5-2 可以看出,PLC 采用了典型的计算机结构,主要包括中央处理单元(CPU)、存储器(RAM 和 ROM)、输入/输出接口电路、编程器、电源、I/O 扩展口、外部设备接口等。其内部采用总线结构进行数据和指令的传输。PLC 系统由输入变量、PLC、输出变量组成。外部的各种开关信号、模拟信号以及传感器检测的各种信号均作为 PLC 的输入变量,它们经 PLC 外部输入端子输入到内部寄存器中,经 PLC 内部逻辑运算或其他各种运算处理后送到输出端子,作为 PLC 的输出变量对外围设备进行各种控制。另外 PLC 主机内各部分之间均通过总线连接。总线分为电源总线、控制总线、地址总线和数据总线。各部件的作用如下。

1. CPU

　　CPU 是 PLC 的核心,主要由运算器、控制器、寄存器及实现它们之间联系的数据、控制及状态总线构成,还包括外围芯片、总线接口及有关电路。CPU 起着总指挥的作用,是 PLC 的运算和控制中心。它主要完成以下功能。

　　(1)在系统程序的控制下,①诊断电源、PLC 内部电路工作状态;②接收、诊断并存储从编程器输入的用户程序和数据;③用扫描方式接收现场输入装置的状态或数据,并存入输入映像寄存器或数据寄存器。

（2）在 PLC 进入运行状态后，①从存储器中逐条读取用户程序；②按指令规定的任务，产生相应的控制信号，去启闭有关控制电路，分时分渠道地去执行数据的存取、传送、组合、比较和变换等动作；③完成用户程序中规定的逻辑或算术运算等任务。

（3）根据运算结果，①更新有关标志位的状态和输出映像寄存器的内容；②实现输出控制、制表、打印或数据通信等。

PLC 常用的 CPU 主要采用通用微处理器、单片机或双极型位片式微处理器。其中单片机型比较常见，如 8031、8096 等。其发展趋势是芯片的工作速度越来越快，位数越来越多（有 8 位、16 位、32 位、48 位等），RAM 的容量越来越大，集成度越来越高，为了进一步提高 PLC 的可靠性，对一些大型 PLC 还采用双 CPU 构成冗余系统或采用三 CPU 的表决式系统。这样，即使某个 CPU 出现故障，整个系统仍能正常运行。另外，CPU 速度和内存容量是 PLC 的重要参数，它们决定着 PLC 的工作速度、I/O 数量及软件容量等，因此影响着控制规模。

2. 存储器

存储器（简称内存），是具有记忆功能的半导体电路，用来存放系统程序、用户程序、逻辑变量和其他一些信息。

PLC 配有系统程序存储器和用户程序存储器，分别用以存储系统程序和用户程序。系统程序存储器用来存储监控程序、模块化应用功能子程序和各种系统参数等，一般使用 EPROM，包括数据表寄存器和高速暂存存储器；用户程序存储器用作存放用户编制的梯形图等程序，一般使用 RAM，若程序不经常修改，也可写入到 EPROM 中；存储器的容量以字节为单位。系统程序存储器的内容不能由用户直接存取。因此一般在产品样本中所列的存储器型号和容量，均是指用户程序存储器。

3. I/O 接口模块

PLC 与电气回路的接口，是通过输入/输出部分（I/O）完成的。I/O 接口是 PLC 与外围设备传递信息的窗口。PLC 通过输入接口电路将各种主令电器、检测元件输出的开关量或模拟量通过滤波、光电隔离、电平转换等处理转换成 CPU 能接收和处理的信号。输出接口电路是将 CPU 送出的弱电控制信号通过光电隔离、功率放大等处理转换成现场需要的强电信号输出，以驱动被控设备（如继电器、接触器、指示灯等）。I/O 模块可以制成各种标准模块，根据输入、输出点数来增减和组合，还配有各种发光二极管来指示各种运行状态，根据输入输出量不同可分为开关量输入（DI）、开关量输出（DO）、模拟量输入（AI）、模拟量输出（AO）等模块。

1）输入接口电路

输入接口电路是将现场输入设备的控制信号转换成 CPU 能够处理的标准数字信号。其输入端采用光电耦合电路，可以大大减少电磁干扰。

2）输出接口电路

输出接口电路采用光电耦合电路，将 CPU 处理过的信号转换成现场需要的强电信号输出，以驱动接触器、电磁阀等外部设备的通断电，有继电器输出型、晶闸管输出型、晶体管输出型 3 种类型。

3）I/O 模块的外部接线方式

I/O 模块的外部接线方式根据公共点使用情况不同分为汇点式、分组式和分隔式 3 种。一般常用分组式，其 I/O 点分为若干组，每组的 I/O 电路有一个公共点，它们共用一个电源。

各组之间是分隔开的,可以分别使用不同的电
源,如图 5-3 所示。

　　图中 X0、X1、X2 等是 PLC 内部与输入端子
相连的输入继电器,每个输入继电器与一个输
入端子(输入元件,如行程开关、转换开关、按钮
开关、传感器等)相连,通过输入端子收集输入
设备的信息或操作指令。图中输出部分的 Y0、
Y1、Y2 等均为 PLC 内部与输出端子相连的输出
继电器,用于驱动外部负载。PLC 控制系统常
用的外部执行元件有电磁阀、继电器线圈、接触
器线圈、信号灯等。其驱动电源可由 PLC 的电源组件提供(如直流 24 V),也有用独立的交
流电源(如交流 220 V)供给的。

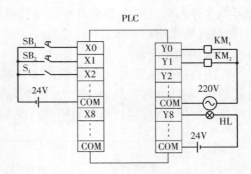

图 5-3　I/O 模块的外部接线示意图

　　4. 电源

　　PLC 电源是指将外部的交流电经过整流、滤波、稳压转换成满足 PLC 中 CPU、存储器、
输入/输出接口等内部电路工作所需要的直流电源或电源模块。许多 PLC 的直流电源采用
直流开关稳压电源,不仅可以提供多路独立的电压供内部电路使用,而且还可为输入设备提
供标准电源。为避免电源干扰,输入、输出接口电路的电源回路彼此相互独立。电源输入类
型有:交流电源(220 V 或 110 V)、直流电源(常用的为 24 V)。

　　5. 编程工具

　　编程器用作用户程序的编制、编辑、调试和监视,还可以通过其键盘去调用和显示 PLC
的一些内部状态和系统参数,它经过接口与 CPU 联系,完成人机对话。编程工具分两种:一
种是手持编程器,只需通过编程电缆与 PLC 相接即可使用;另一种是带有 PLC 专用工具软
件的计算机,它通过 RS－232 通信口与 PLC 连接,若 PLC 用的是 RS－422 通信口,则需另加
适配器。

5.2.2　PLC 的工作原理

　　1. PLC 工作方式

　　PLC 虽然以 CPU 为核心,结构类似微机,但它的工作方式却与微机有很大不同。微机
一般采用等待命令的工作方式,而 PLC 则采用循环扫描的工作方式。所谓循环扫描工作方
式,是指在 PLC 上电后,在系统程序的监控下,周而复始地按固定顺序对系统内部的各种任
务进行查询、判断和执行。实际上是一个不断循环的顺序扫描过程,一个循环扫描过程称为
一个扫描周期,大约几十到几百毫秒。一个完整的工作过程主要分为 3 个阶段(如图 5-4 所
示)。

　　1)输入采样阶段

　　CPU 扫描所有的输入端口,读取其状态并写入输入状态寄存器。完成输入端采样后,
关闭输入端口,转入程序执行阶段。在程序执行期间无论输入端状态如何变化,输入状态寄
存器的内容不会改变,直到下一个扫描周期。

　　2)执行用户程序阶段

　　在执行用户程序阶段,根据用户输入的程序,从第一条开始逐条执行,并将相应的逻辑

运算结果存入对应的内部辅助寄存器和输出状态寄存器。当最后一条控制程序执行完毕后,即转入输出刷新阶段。

3)输出刷新阶段

在所有指令执行完毕后,将输出状态寄存器中的内容依次送到输出锁存电路,通过一定方式输出,驱动外部负载,形成 PLC 的实际输出。

输入采样、执行用户程序和输出刷新 3 个阶段构成 PLC 一个循环工作周期。

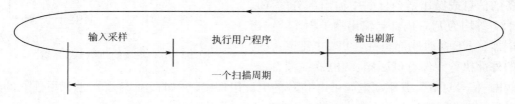

图 5-4　PLC 的扫描工作过程

2. PLC 工作原理

下面结合图 5-5 简要说明 PLC 工作原理。PLC 内部没有传统的实体继电器,仅是一个逻辑概念,因此被称为"软继电器"。这些"软继电器"实质上是由程序的软件功能实现的存储器,它有"1"和"0"两种状态,对应于实体继电器线圈的"ON"(接通)和"OFF"(断开)状态。在编程时,"软继电器"可向 PLC 提供无数常开(动合)触点和常闭(动断)触点。

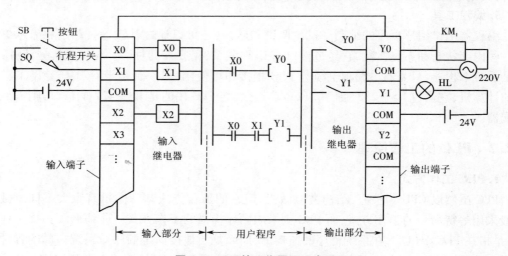

图 5-5　PLC 的工作原理示意图

PLC 进入工作状态后,首先通过其输入端子,将外部输入设备的状态收集并存入对应的输入继电器,如图中的 X0 就是对应于按钮 SB 的输入继电器,当按钮被按下时,X0 被写入"1",当按钮被松开时,X0 被写入"0",并由此时写入的值来决定程序中 X0 触点的状态。输入信号采集后,CPU 会结合输入的状态,根据语句排序逐步进行逻辑运算,产生确定的输出信息,再将其送到输出部分,从而控制执行元件动作。

在图 5-5 中,若 SB 按下,SQ 未被压动,则 X0 被写入"1",X1 被写入"0",则程序中出现的 X0 的常开触点合上,而 X1 的常开触点仍然是断开状态。由此在进行程序运算时,输出继电器 Y0 运算得"1",而 Y1 运算得"0"。最终,外部执行元件中,接触器线圈 KM_1 得电,而指示灯 HL 不亮。关于 PLC 的工作机制,需要注意以下两点。

(1)扫描周期的长短主要取决于以下几个因素:一是 CPU 执行指令的速度;二是执行每条指令占用的时间;三是程序中指令条数的多少。显然,程序越长,扫描周期越长,响应速度越慢。

(2)PLC 输入端子的状态改变要到下一个循环周期才能反映出来,被称为输入/输出滞后现象。这在一定程度上降低了系统的响应速度,但对于一般的开关量控制系统来说是允许的,这不但不会造成不利影响,反而可以增强系统的抗干扰能力。因为输入采样只在输入刷新阶段进行,PLC 在一个工作周期的大部分时间是与外设隔离的。而工业现场的干扰常常是脉冲式的、短时的,由于系统响应慢,要几个扫描周期才响应一次,因瞬时干扰而引起的误动作就会减少,从而提高了它的抗干扰能力。但是对一些快速响应系统则不利,这就要求精心编制程序,必要时采用一些特殊功能,以减少因扫描周期造成的响应滞后。

5.3　PLC 的技术性能及分类

5.3.1　PLC 的技术性能

1. 输入/输出总点数(即 I/O 总点数)

这是 PLC 最重要的一项技术指标。输入/输出点数是指 PLC 外部的输入/输出端子数。有开关量和模拟量两种。其中开关量用最大 I/O 点数表示,模拟量用最大 I/O 通道数表示。

2. 内存容量

内存容量是衡量可存储用户程序多少的指标。在 PLC 中程序是按"步"存放的(一条指令少则 1 步、多则十几步),1 步占用一个地址单元,一个地址单元占两个字节。如一个程序容量为 1 000 步的 PLC,可推知其程序容量为 2 kB。

3. 扫描速度

一般用执行 1 000 步指令所需时间作为衡量 PLC 速度快慢的一项指标,称为扫描速度,单位为 ms/k。扫描速度有时也用执行一步指令所需时间来表示,单位为 μs/步。

4. 指令条数

PLC 指令系统拥有的指令种类和数量的多少决定着其软件功能的强弱。PLC 具有的指令种类越多,说明其软件功能越强。PLC 指令一般分为基本指令和高级指令两部分。

5. 内部继电器和寄存器

内部继电器和寄存器的配置情况是衡量 PLC 硬件功能的一个主要指标。它主要用于存放变量状态、中间结果、数据等,还提供许多辅助继电器和寄存器,如定时器、计数器、系统寄存器、索引寄存器等以便用户编程使用。

6. 编程语言

编程语言是 PLC 厂家为用户设计的用于实现各种控制功能的编程工具。编程语言一般分为梯形图、语句表、顺序功能图等几类,不同厂家的 PLC 编程语言类型有所不同,语句也各异。

7. 高级模块

PLC 除了主控模块外还可以配接各种高级模块。主控模块实现基本控制功能,高级模块则可实现某种特殊功能。高级模块的配置反映了 PLC 功能的强弱,是衡量 PLC 产品档次高低的一个重要标志,主要有 A/D、D/A、高速计数、高速脉冲输出、PID 控制、速度控制、位置控制、温度控制、远程通信、高级语言编辑以及物理量转换模块等。

5.3.2 PLC 的分类

目前各个厂家生产的 PLC 品种、规格及功能各不相同。其分类也没有统一标准,通常有 3 种形式分类。

1. 按结构形式分类

根据结构形式的不同,PLC 可以分为整体式和模块式两种。

1) 整体式

整体式结构是将 PLC 的各部分电路包括 I/O 接口电路、CPU、存储器等安装在一块或少数几块印刷电路板上,并连同稳压电源一起封装在一个机壳内,形成一个单一的整体,称为主机。主机可用电缆与 I/O 扩展单元、智能单元、通信单元相连接。其主要特点是结构紧凑、体积小、质量轻、价格低。一般小型或超小型 PLC 机采用这种结构,常用于单机控制的场合,如松下电工的 FP1 型产品。

2) 模块式

模块式结构是将 PLC 的各基本组成部分做成独立的模块,如 CPU 模块(包括存储器)、电源模块、输入模块、输出模块等。其他各种智能单元和特殊功能单元也制成各自独立的模块,然后通过插槽板以搭积木的方式将它们组装在一个具有标准尺寸的机架内,构成完整的系统。其主要特点是对被控对象应变能力强,便于灵活组装,可随意插拔,便于扩展,易于维修。一般中、大型 PLC 采用这种结构,如松下电工的 FP3 型产品。

2. 按 I/O 点数和程序容量分类

根据 PLC 的 I/O 点数和程序容量的差别,可分为超小型机、小型机、中型机和大型机 4 种,见表 5-2。

表 5-2　按 I/O 点数和程序容量分类表

分类	I/O 点数	程序容量	特点
超小型机	64 点以内	256 ~ 1 000 B	开关量控制为主,体积小,价格低
小型机	64 ~ 256	1 ~ 3.6 kB	开关量为主,适用于小型设备控制
中型机	256 ~ 2 048	3.6 ~ 13 kB	功能较丰富,兼开关量和模拟量的控制功能
大型机	2 048 以上	13 kB 以上	大规模过程控制、集散式控制及工厂自动化网络

3. 按功能分类

根据 PLC 所具有的功能,可分为低档机、中档机、高档机三档。

1) 低档机

低档机具有逻辑运算、定时、计数、移位及自诊断、监控等基本功能,有的还有少量的模拟量 I/O(即 A/D、D/A 转换)、数据传送、运算及通信等功能。

2）中档机

除了具有低档机的功能外，中档机还进一步增强了数制转换、算数运算、数据传送与比较、子程序调用、远程 I/O 以及通信联网等功能，有的还具有中断控制、PID 回路控制等功能。

3）高档机

除了进一步增强以上功能外，高档机还具有较强的数据处理功能、模拟量调节、特殊功能的函数运算、监控等功能以及更强的中断控制、智能控制、过程控制及通信联网功能。高档机适用于更大规模的过程控制系统，并可构成分布式控制系统，形成整个工厂的自动化网络。

5.3.3　PLC 的常用品牌

据统计，全球 PLC 品牌有 200 多种，PLC 生产厂家按地域可分为三大流派：美国、欧洲和日本。美国和欧洲以大中型 PLC 而闻名，但产品的差异性很大，这是由于它们是在相互隔离的情况下独立开发出来的；日本以小型 PLC 著称，它的技术是从美国引进的，因此对美国的产品有一定的继承性。

美国是 PLC 生产大国，有 100 多家 PLC 厂商，著名的有 A-B 公司、通用电气（GE）公司、莫迪康（MODICON）公司、得州仪器（TI）公司、西屋电气公司等。

欧洲著名的 PLC 生产厂商有德国的西门子（SIEMENS）公司、AEG 公司，法国的 TE 公司等。其中西门子公司的 SIMATIC 系列 PLC 由于型号完善、功能强大，在世界各地各工控场合被广泛应用，本书中有章节详细介绍。

日本有许多 PLC 制造商，如松下、三菱、欧姆龙、富士、日立、东芝等。其中松下电工 FP0 系列是体积最小、性能优越、价格低廉的超小型 PLC，在本书中有章节详细介绍。

目前我国 PLC 研制、生产和使用的发展也很快。国内 PLC 生产企业约 30 多家，主要有无锡华光电子工业有限公司、上海香岛机电制造有限公司、杭州机床电器厂、天津中环自动化仪表公司等。

5.3.4　PLC 的编程语言

PLC 通过其内部的用户程序实现对生产装备的控制，用户采用编程语言描述控制要求和任务。编程语言有多种表达形式，主要有梯形图、语句表和顺序功能图，也有一些 PLC 可用 BASIC 等高级语言进行编程，但很少使用。

1. 梯形图（Ladder Diagram, LD）

梯形图编程语言是在继电器－接触器控制系统电路图基础上简化了符号演变而来的，二者具有很多相似点，如图 5-6 所示。作为一种图形语言，梯形图将 PLC 内部的编程元件（如继电器的触点、线圈、定时器、计数器等）和各种具有特定功能的命令用专用图形符号、标号定义，并按逻辑要求及连接规律组合和排列，从而构成了表示 PLC 输入、输出之间控制关系的图形。由于它是在继电器－接触器控制系统电路图的基础上加进了许多功能强大、使用灵活的指令，并将微机的特点结合进去，使逻辑关系清晰直观，编程容易，可读性强，所实现的功能也大大超过传统的继电器－接触器控制电路，所以很受用户欢迎。它是目前使用最为普遍的一种 PLC 编程语言。

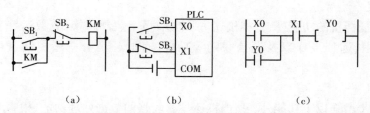

图 5-6　继电器 – 控制器控制电路与某型号 PLC 梯形图对照示意图

(a)继电器 – 控制器电路图;(b)PLC 接线图;(c)梯形图

2. 语句表（Instruction List，IL）

语句表编程语言又称为助记符语言,是类似于计算机汇编语言,但更简单的编程语言。它采用助记符指令（又称语句）,并以程序执行顺序逐句编写成语句表,语句表可直接键入简易编程器。语句表与梯形图完成同样控制功能,两者之间存在一定对应关系,如图 5-7 所示。由于简易编程器既没有大屏幕显示梯形图,也没有梯形图编程功能,所以小型 PLC 采用语句表编程语言更为方便、实用。由于不同型号 PLC 的助记符与指令格式、参数等表示方法各不相同,因此它们的语句表也不相同。

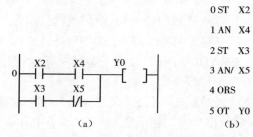

```
0 ST  X2
1 AN  X4
2 ST  X3
3 AN/ X5
4 ORS
5 OT  Y0
```

(a)　　　　　　　　　　　　　　　　　(b)

图 5-7　某型号 PLC 梯形图与相应语句表

(a)梯形图;(b)语句表

3. 顺序功能图（Sequential Function Chart，SFC）

顺序功能图也称为控制系统流程图,英文缩写为 SFC。它是一种位于其他编程语言之上的图形语言,用来编制顺序控制程序。图 5-8 所示是一个采用顺序功能图（SFC）语言编程的例子。图 5-8(a)是表示该任务的示意图,要求控制电动机正反转,实现小车往返行驶。按钮 SB 控制启停。SQ_{11}、SQ_{12}、SQ_{13} 分别为 3 个限位开关,控制小车的行程位置。图5-8(b)是动作要求示意图,图 5-8(c)是按照动作要求画出的流程图。可以看到:整个程序完全按照动作的先后顺序直接编程,直观简便,思路清晰,很适合顺序控制的场合。

应当指出的是,对于目前大多数 PLC 来说,SFC 还仅仅作为组织编程的工具使用,尚需要用其编程语言（如梯形图）将它转换为 PLC 可执行的程序。因此,通常只是将 SFC 作为 PLC 的辅助编程工具,而不是一种独立的编程语言。

4. 其他高级语言

随着 PLC 的快速发展,PLC 可与其他工业控制器组合完成更为复杂的控制系统。为此很多类型 PLC 都支持高级编程语言,如 Basic、Pascal、C 语言等。这种编程方式称为结构文本（Structure Text，ST）,主要用于 PLC 与计算机联合编程或通信等场合。

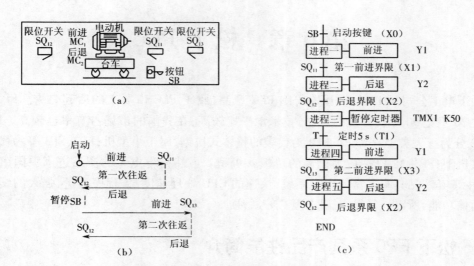

图 5-8　顺序功能图语言示意图

(a)任务示意图;(b)动作示意图;(c)流程图

思考题与习题

5-1　PLC 的主要特点是什么?

5-2　PLC 主要应用在哪些领域?

5-3　PLC 的硬件由哪几部分组成? 各有什么用途?

5-4　PLC 的工作原理是什么?

5-5　什么是 PLC 的扫描周期? 影响 PLC 扫描周期长短的因素是什么?

5-6　PLC 有哪些主要技术参数?

5-7　什么叫 PLC 的输入输出滞后现象? 它主要是由什么原因引起的?

5-8　PLC 常用的编程语言有哪些?

第6章 松下PLC

松下电工公司从1982年开始研制PLC产品,属于PLC市场上的后起之秀。FP系列PLC是20世纪90年代开发的产品,技术水平比较高,在我国的市场占有率也较高。FP系列PLC分为三大类型:以FP1、FP0为代表的整体式机型,属于小型机;FP2、FP3等为代表的模块式机型;FP-M、FP-C为代表的单板式机型。虽然松下电工的产品进入中国市场较晚,但由于其产品具有丰富的指令系统、快速的CPU处理速度、大程序容量、强大的编程工具及通信功能,所以一经推出,就备受用户关注。

6.1 松下FP0系列产品性能简介

与其他同型PLC相比,FP0产品体积小巧但功能十分强大,它增加了许多大型机的功能和指令,如PID指令和PWM脉宽调制输出功能,可以进行过程控制,也可以直接控制变频器。它的编程口为RS-232,可以直接和PC机相连,无须适配器。

6.1.1 FP0的外形结构及特点

1. FP0的主控单元外形结构

FP0机型小巧精致,其外形尺寸高90 mm、长60 mm,一个控制单元只有25 mm宽,甚至I/O扩充至128点,总宽度也只有105 mm。其安装面积在同类产品中是最小的,所以FP0可安装在小型机器、设备及越来越小的控制板上。其主机外形结构如图6-1所示。

2. FP0的特点

FP0系列的产品型号及其含义如图6-2所示。

FP0系列均为整体式超小型机,主机有C10~C32等多种规格,扩展模块也有E8、E16、E32等多种规格,见表6-1和表6-2。最大输入/输出可达128点。并有A/D、D/A、热电偶、I/O链接等丰富的扩展单元可供选择。其特点如下。

表6-1 FP0产品规格(控制单元)

系列	规格						部件号
	程序容量	I/O点	连接方法	操作电压	输入类型	输出类型	
FP0-C10	2 700步	10 输入:6 输出:4	端子型	DC24 V	DC24 V Sink/source	继电器	FP0-C10RS
			MOLEX 连接器型	DC24 V	DC24 V Sink/source	继电器	FP0-C10RM
FP0-C14	2 700步	14 输入:8 输出:6	端子型	DC24 V	DC24 V Sink/source	继电器	FP0-C14RS
			MOLEX 连接器型	DC24 V	DC24 V Sink/source	继电器	FP0-C14RM

续表

系 列	规 格						部件号
	程序容量	I/O点	连接方法	操作电压	输入类型	输出类型	
FP0 – C16	2 700 步	16 输入:8 输出:8	MIL 连接器型	DC24 V	DC24 V Sink/source	晶体管 （NPN）	FP0 – C16T
			MIL 连接器型	DC24 V	DC24 V Sink/source	晶体管 （PNP）	FP0 – C16P
FP0 – C32	5 000 步	32 输入:16 输出:16	MIL 连接器型	DC24 V	DC24 V Sink/source	晶体管 （NPN）	FP0 – C32T
			MIL 连接器型	DC24 V	DC24 V Sink/source	晶体管 （PNP）	FP0 – C32P

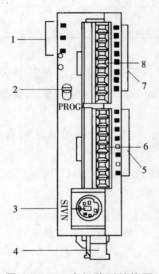

图 6-1　FP0 主机外形结构图

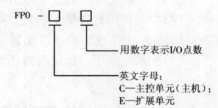

图 6-2　FP0 系列的产品型号及其含义

1—状态指示发光二极管;2—模式开关;3—编程口;4—电源
连接器;5—输出指示发光二极管;6—输出端子;7—输入指
示发光二极管;8—输入端子

表 6-2　FP0 产品规格(扩展单元)

系列	规格					部件号
	I/O 点数	连接方法	操作电压	输入类型	输出类型	
FP0 – E8	8 输入:4 输出:4	端子型	DC24 V	DC24 V Sink/Source	继电器	FP0 – E8RS
		MOLEX 连接器型	DC24 V	DC24 V Sink/Source	继电器	FP0 – E8RM

续表

系列	规格					部件号
	I/O 点数	连接方法	操作电压	输入类型	输出类型	
FP0 - E16	16 输入:8 输出:8	端子型	DC24 V	DC24 V Sink/source	继电器	FP0 - E16RS
		MOLEX 连接器型	DC24 V	DC24 V Sink/source	继电器	FP0 - E16RM
		MIL 连接器型	—	DC24 V Sink/Source	晶体管 (NPN)	FP0 - E16T
		MIL 连接器型	—	DC24 V Sink/source	晶体管 (PNP)	FP0 - E16P
FP0 - E32	32 输入:16 输出:16	MIL 连接器型	—	DC24 V Sink/source	晶体管 (NPN)	FP0 - E32T
		MIL 连接器型	—	DC24 V Sink/source	晶体管 (PNP)	FP0 - E32P

(1)FP0 在尺寸方面优于一般小型 PLC,与其他设备组装时此优点尤其显著,采用无须扩展电缆堆叠扩展方式。扩展 3 单元宽度仅为 105 mm,32 点的控制单元宽度也仅为 30 mm,非常节省空间。

(2)高速 CPU,500 步的程序只需 1 ms 就可处理完毕,可充分满足高速响应要求。

(3)I/O 最大可达 128 点,程序容量达 10 kB。

(4)具备两路脉冲输出功能、双相及双通道高速计数功能、PWM(脉宽调制)输出功能等特殊功能,可实现运动位置控制、温度控制及驱动变频器。

(5)主机配备了日历定时器、RS - 232 端口,与 PC 通信便捷。

6.1.2　FP0 系列主控单元的技术性能

FP0 系列主控单元的技术性能见表6-3。

表6-3　FP0 主控单元技术性能一览表

项　目		继电器输出型		晶体管输出型	
		C10RS/C10RM	C14RS/C14RM	C16T/C16P	C32T/C32P
编程方法/控制方法		继电器符号/循环操作			
可控 I/O 点	仅主控单元	10 输入:6 输出:4	14 输入:8 输出:6	16 输入:8 输出:8	32 输入:16 输出:16
	带扩展单元	最多58	最多62	最多112	最多128
程序存储器		内置 EEPROM(没有电池)			
程序容量		2 720 步			5 000 步
指令条数	基本	83			
	高级	111			

项　目		继电器输出型		晶体管输出型	
		C10RS/C10RM	C14RS/C14RM	C16T/C16P	C32T/C32P
指令执行速度		0.9 μs/步(基本指令)			
操作存储器	继电器	外部输入继电器(X)	208 点(X0～X12F)		
		外部输出继电器(Y)	208 点(Y0～Y12F)		
		通用内部继电器(R)	1 008 点(R0～R62F)		
		特殊内部继电器(R)	64 点(R9000～R903F)		
		定时器/计数器(T/C)	总共 144 个,初始设置为 100 个定时器(TM0～99),44 个计数器(CT100～143)。定时时钟可选:1 ms、10 ms、100 ms、1 s		
	存储器	通用数据寄存器(DT)	1 660 B (DT0～DT1659)		6 144 B (DT0～DT6143)
		特殊数据寄存器(DT)	112B(DT9000～DT9111)		
		变址寄存器(IX,IY)	2 B		
微分点(DF,DF/)		无限多点			
主控点数(MC)		32 点			
标号数(JP,LOOP)		64 点			
步进级数		128 阶			
子程序数		16 个子程序			
中断程序数		7 个中断程序			
特殊功能		脉冲捕捉输入	总共 6 个点(X0～X5)		
		中断输入			
		周期中断	0.5 ms～30 s 间隔		
		定时扫描	有		
		自我诊断功能	如看门狗定时器,程序检查		
		存储器备份	程序、系统寄存器及保持类型数据(内部继电器、数据寄存器和计数器)由内置 EEPROM 备份		
	高速计数功能	计数器模式	加或减(单相)		双相/单个/方向判决(双相)
		输入通道个数	最多四通道		最多两个通道(通道 0 和通道 2)
		最高计数速度	单路输入最大 10 kHz 双相输入每路最大 5 kHz		单路输入最大 10 kHz 双相输入每路最大 2 kHz
		所用的输入接点	X0、X1、X2、X3、X4、X5		X0、X1、X2、X3、X4、X5
		最小输入脉冲宽度	X0、X1　500 μs(10 kHz) X3、X4　100 μs(5 kHz)		—
		脉冲输出功能	—		输出点为 Y0 和 Y1, 频率为 40 Hz～10 kHz
		PWM 输出功能	—		输出点为 Y0 和 Y1, 频率为 0.15～38 Hz

6.1.3 FP0 的内部寄存器及 I/O 配置

PLC 的内部寄存器可视为功能不同的"软继电器",通过对这些软继电器进行编程和逻辑运算,来实现 PLC 的各种控制功能,每个"软继电器"可提供无数对常开和常闭触点供编程使用。FP0 系列 PLC 主控单元所配置的内部寄存器见表 6-4。

表 6-4　FP0 的内部寄存器一览表

符　号	编　号	功　能
X	X0 ~ X12F	输入继电器(位)
Y	Y0 ~ Y12F	输出继电器(位)
R	R0 ~ R62F	通用内部继电器(位)
R	R9000 ~ R903F	特殊内部继电器(位)
T	T0 ~ T99	定时器(位)
C	C100 ~ C143	计数器(位)
WX	WX0 ~ WX12	输入寄存器(字)
WY	WY0 ~ WY12	输出寄存器(字)
WR	WR0 ~ WR62	通用内部寄存器(字)
DT	DT0 ~ DT1659(C10 ~ C16)	通用数据寄存器(字)
DT	DT0 ~ DT6143(C32)	特殊数据寄存器(字)
SV	SV0 ~ SV143	设定值寄存器(字)
EV	EV0 ~ EV143	经过值寄存器(字)
IX	1 个	索引寄存器(字)
IY	1 个	索引寄存器(字)
K	K − 32768 ~ K32767	十进制常数寄存器(字)
K	K − 2147483648 ~ K2147483647	十进制常数寄存器(双字)
H	H0 ~ HFFFF	十六进制常数寄存器(字)
H	H0 ~ HFFFFFFFF	十六进制常数寄存器(双字)

FP0 的内部寄存器使用时可分为两类,一类称为"继电器",以位(bit)寻址,如表中的输入继电器 X 与输出继电器 Y;另一类称为"寄存器",以字(1 word = 16 bit)寻址,如输入寄存器 WX 与输出寄存器 WY 及数据寄存器 DT。FP0 的内部寄存器编号是由寄存器符号、字地址号和位地址号三部分结合起来表示的,如图 6-3 所示。

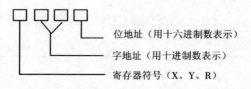

　　　位地址（用十六进制数表示）
　　　字地址（用十进制数表示）
　　　寄存器符号（X、Y、R）

图 6-3　FP0 内部寄存器的地址编号规则

其中,以字寻址的寄存器的编号是由寄存器符号、字地址结合起来表示的,没有位地址,如 WX0、DT100、SV0 等。特别要注意的是,输入、输出和内部寄存器按字寻址时,符号为 WX、WY、WR;而按位寻址时,符号为 X、Y、R。一个字由 16 个位(位号由低到高依次是 0 ~ F)组成,其编号之间存在一定联系,如 X10 表示输入寄存器 WX1 中的第 0 位,而 X1F 则表示输入寄存器 WX1 中的第 F 位,如图 6-4 所示。

寄存器	WX1															
位址	F	E	D	C	B	A	9	8	7	6	5	4	3	2	1	0
编号	X1F							……								X10

图 6-4　寻址示意图

字地址为 0 时,继电器编号时可省略前面字地址编号,只给位地址即可,如输出寄存器 WY0 中的各位则可表示为 Y0 ~ YF。

FP0 中存在专门用途的特殊内部继电器,从地址编号 R9000 开始,这些特殊内部继电器不能用于输出,但可以作为内部触点在程序中使用。其特殊功能使得 FP0 型 PLC 的功能大为加强,编程变得十分灵活。各特殊内部继电器的名称及功能详见表 6-5。

表 6-5　FP0 的特殊内部继电器一览表

编号	名　称	说　明
R9000	自诊断标志	错误发生时,ON 正常时,OFF 结果被储存于 DT9000
R9004	I/O 校验异常标志	检测到 I/O 校验异常时:ON
R9007	运算错误标志(保持型)	运算错误发生时:ON 错误发生地址被存放于 DT9017
R9008	运算错误标志(实时型)	运算错误发生时:ON 错误发生地址被存放于 DT9018
R9009	CY:进位标志	有运算进位时:ON 或由移位指令设定
R900A	> 标志	比较结果为大于时:ON
R900B	= 标志	比较结果为等于时:ON
R900C	< 标志	比较结果为小于时:ON
R900D	辅助定时器	执行 F137 指令,当经过值递减为 0 值时:ON
R900E	RS – 422 异常标志	发生异常时:ON
R900F	扫描周期常数异常标志	发生异常时:ON
R9010	常 ON 继电器	常闭
R9011	常 OFF 继电器	常开
R9012	扫描脉冲继电器	每次扫描交替开闭
R9013	运行初期 ON 脉冲继电器	只在第一个扫描周期闭合,从第二个扫描周期开始断开并保持
R9014	运行初期 OFF 脉冲继电器	只在第一个扫描周期断开,从第二个扫描周期开始闭合并保持

编号	名　称	说　明
R9015	步进初期 ON 脉冲继电器	仅在开始执行步进指令(SSTP)的第一个扫描周期内闭合,其余时间断开并保持
R9018	0.01 s 时钟脉冲继电器	以 0.01 s 为周期重复通/断动作,占空比 1:2
R9019	0.02 s 时钟脉冲继电器	以 0.02 s 为周期重复通/断动作,占空比 1:2
R901A	0.1 s 时钟脉冲继电器	以 0.1 s 为周期重复通/断动作,占空比 1:2
R901B	0.2 s 时钟脉冲继电器	以 0.2 s 为周期重复通/断动作,占空比 1:2
R901C	1 s 时钟脉冲继电器	以 1 s 为周期重复通/断动作,占空比 1:2
R901D	2 s 时钟脉冲继电器	以 2 s 为周期重复通/断动作,占空比 1:2
R901E	1 min 时钟脉冲继电器	以 1 min 为周期重复通/断动作,占空比 1:2
R9020	RUN 模式标志	RUN 模式时:ON PROG 模式时:OFF
R9026	信息显示标志	当 F149(MSG)指令执行时:ON
R9027	遥控模式标志	当 PLC 工作方式转为"REMOTE"时:ON
R9029	强制标志	在强制 I/O 点通断操作期间:ON
R902A	外部中断许可标志	在允许外部中断时:ON
R902B	中断异常标志	当中断发生异常时:ON
R9032	选择 RS-232 口标志	通过系统寄存器 No.412 设置为使用串联通信时:ON
R9033	打印指令执行标志	在 F147(PR)指令执行过程中:ON
R9034	RUN 中程序编辑标志	在 RUN 模式下,执行写入、插入、删除时:ON
R9037	RS-232C 传输错误标志	传输错误发生时:ON 错误码被存放于 DT9059
R9038	RS-232C 接收完毕标志	执行串行通信指令 F144(TRNS) 接收完毕时:ON 接收时:OFF
R9039	RS-232C 传送完毕标志	执行串行通信指令 F144(TRNS) 传送完毕时:ON 传送请求时:OFF
R903A	高速计数器(CH0)控制标志	当高速计数器被 F166~F170 指令控制时:ON
R903B	高速计数器(CH1)控制标志	当高速计数器被 F166~F170 指令控制时:ON
R903C	高速计数器(CH2)控制标志	当高速计数器被 F166~F170 指令控制时:ON
R903D	高速计数器(CH3)控制标志	当高速计数器被 F166~F170 指令控制时:ON

FP0 的 I/O 地址分配见表 6-6 所示。

表 6-6　FP0 的 I/O 地址分配一览表

单元类型		输入编号	输出编号
控制单元	C10RS/C10RM	X0 ~ X5	Y0 ~ Y3
	C14RS/C14RM	X0 ~ X7	Y0 ~ Y5
	C16RS/C16RM	X0 ~ X7	Y0 ~ Y7
	C32T/C32P	X0 ~ XF	Y0 ~ YF
扩展单元	第一扩展 E8R	X20 ~ X23	Y20 ~ Y23
	第一扩展 E16R/E16T/E16P	X20 ~ X27	Y20 ~ Y27
	第一扩展 E32T/E32P	X20 ~ X2F	Y20 ~ Y2F
	第二扩展 E8R	X40 ~ X43	Y40 ~ Y43
	第二扩展 E16R/E16T/E16P	X40 ~ X47	Y40 ~ Y47
	第二扩展 E32T/E32P	X40 ~ X4F	Y40 ~ Y4F
	第三扩展 E8R	X60 ~ X63	Y60 ~ Y63
	第三扩展 E16R/E16T/E16P	X60 ~ X67	Y60 ~ Y67
	第三扩展 E32T/E32P	X60 ~ X6F	Y60 ~ Y6F

6.1.4　FP0 的指令系统

目前,世界上常用的 PLC 不下几百种,尽管其生产厂家、结构形式不尽相同,但共同之处是 PLC 都是按照用户编制的程序来工作的。对用户而言,谁掌握了程序,谁就掌握了使用 PLC 的主动权。而指令系统的丰富程度则直接影响了编制程序的难易。

FP0 指令系统包含 190 多条指令,内容十分丰富,不仅可以实现继电器–接触器控制系统中的基本逻辑操作,还能完成算术运算、数据处理、中断、通信等复杂功能。FP0 的指令按照功能可分为两大类,即基本指令和高级指令。其中基本指令主要是指直接对输入/输出触点进行操作的指令,而扩展功能指令称为高级指令。以下章节将详细介绍基本指令的具体用法,并对高级指令作简单说明。详细用法请参阅 FP0 可编程控制器的技术手册。

在松下 FP0 系列 PLC 中,FP0 – C32 的功能比较具有代表性,而且应用较广,因此,本书主要以该型号 PLC 为例进行介绍。掌握该型号的指令系统之后,其他型号与此大同小异,必要时可参考有关手册即可很快掌握。

6.2　FP0 的基本指令

基本指令是构成继电器顺序控制回路的基本要素,还是 PLC 使用中最常见,也是用得最多的指令。FP0 的基本指令可分为四类,即基本顺序指令、基本功能指令、基本控制指令、条件比较指令。

6.2.1　基本顺序指令

基本顺序指令主要是对软继电器和其触点进行逻辑操作的指令。它是以位(bit)为单位的逻辑操作。FP0 的基本顺序指令共 19 条,下面按照功能分组进行介绍。

1. 输入输出指令:ST、ST/、OT、/

ST(Start,初始加载):用常开触点开始逻辑运算指令。

ST/(Start Not,初始加载非):用常闭触点开始逻辑运算指令。

OT(Out,输出):输出运算结果到指定的输出继电器或通用内部继电器,是软继电器线圈的驱动指令。

/(Not,非):将该指令处的运算结果取反。

【例 6-1】 输入输出指令如图 6-5 所示。

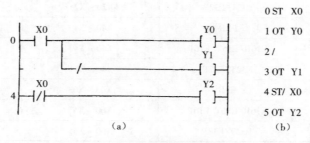

图 6-5 输入输出指令示例
(a)梯形图;(b)语句表

例题说明:当输入 X0 接通时,Y0 接通,因为 Y1 前面有非指令,因此与 Y0 的状态正好相反;当输入 X0 断开时,Y1 接通。对于输出 Y2,也是当输入 X0 断开时,其常闭触点接通,Y2 接通。

注意

(1)/指令为逻辑取反指令,可单独使用,但是一般都与其他指令组合形成新指令使用,如 ST/。

(2)OT 不能直接从左母线开始,但是必须以右母线结束。

(3)OT 指令可以连续使用,构成并联输出。

(4)一般情况下,对于某个输出继电器 Y 或通用内部继电器 R 只能使用一次 OT 指令,否则,PLC 按照出错对待。

2. 逻辑操作指令:AN、AN/、OR、OR/

AN(与):串联一个常开触点。

AN/(与非):串联一个常闭触点。

OR(或):并联一个常开触点。

OR/(或非):并联一个常闭触点。

【例 6-2】 利用基本逻辑指令实现自锁控制如图 6-6 所示。

例题说明:当输入 X1 接通时,Y0 线圈接通,Y0 的常开触点闭合,即使 X1 触点断开,Y0 输出仍能保持接通,实现自锁;当输入 X0 接通时,其常闭触点断开时,Y0 断电,Y0 常开触点也断开。若想再次启动 Y0,只有重新接通 X1。

注意 AN、AN/、OR、OR/可连续使用。

3. 块逻辑操作指令:ANS、ORS

ANS(And Stack,组与):执行多指令块的与操作,即实现多个逻辑块相串联。

(a)

0 ST　X1
1 OR　Y0
2 AN/　X0
3 OT　Y0

(b)

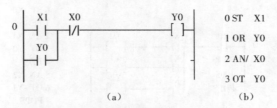

图 6-6　基本逻辑指令实现自锁控制

(a)梯形图;(b)语句表

ORS(Or Stack,组或):执行多指令块的或操作,即实现多个逻辑块相并联。

【例 6-3】　组与指令示例如图 6-7 所示。

(a)

0 ST　X2
1 OR　X3
2 ST　X4
3 OR　X5
4 ANS
5 OT　Y0

(b)

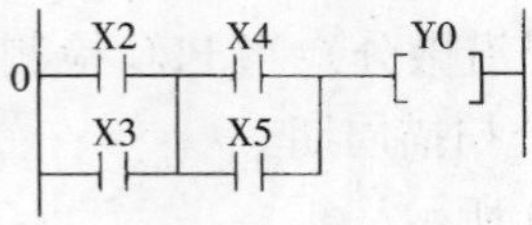

图 6-7　组与指令示例

(a)梯形图;(b)语句表

【例 6-4】　组或指令示例如图 6-8 所示。

(a)

0 ST　X2
1 AN　X4
2 ST　X3
3 AN/　X5
4 ORS
5 OT　Y0

(b)

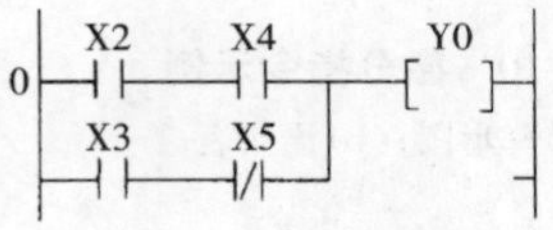

图 6-8　组或指令示例

(a)梯形图;(b)语句表

对于多个触点组进行串联或并联的梯形图程序,助记符指令输入可以有两种不同方法:一种是先逐个输入逻辑块,再连续进行组与(或组或);另一种是先输入两个逻辑块,将其组与(或组或),然后输入第三个逻辑块,再组与(或组或),以此类推,直到将所有逻辑块全部输入完毕。

4. 堆栈指令:PSHS、RDS、POPS

PSHS(Push Stack,压入堆栈):将该指令处的操作结果压入堆栈存储,执行下一步指令。

RDS(Read Stack,读取堆栈):读出 PSHS 指令存储的操作结果,需要时可反复读出,堆栈的内容不变。

POPS(Pop Stack,弹出堆栈):读出并清除由 PSHS 指令存储的操作结果。

【例 6-5】　堆栈指令示例如图 6-9 所示。

5. 微分指令:DF、DF/

DF(Leading Edge Differential,上升沿微分):当 PLC 检测到触发信号上升沿(由 OFF 到

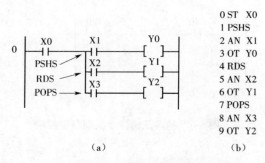

图 6-9　堆栈指令示例

(a)梯形图；(b)语句表

ON 的跳变)时,使指定的对象接通一个扫描周期。

DF/(Trailing Edge Differential,下降沿微分):当 PLC 检测到触发信号下降沿(由 ON 到 OFF 的跳变)时,使指定的对象接通一个扫描周期。

【例 6-6】　微分指令示例如图 6-10 所示。

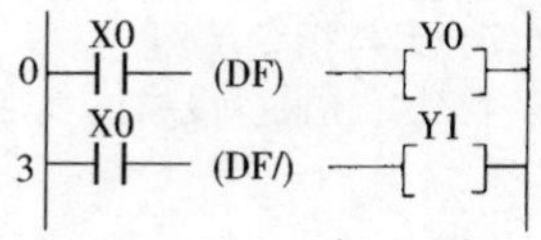

```
     X0              Y0          0 ST  X0
0 ├─┤├─ (DF) ─ ─[ ]─             1 DF
     X0              Y1          2 OT  Y0
3 ├─┤├─ (DF/) ─ ─[ ]─            3 ST  X0
                                4 DF/
                                5 OT  Y1
     (a)            (b)
```

图 6-10　微分指令示例

(a)梯形图；(b)语句表

例题说明:X0 常开触点为微分指令触发信号,当 PLC 检测到 X0 由 OFF→ON(上升沿)时,输出 Y0 接通一个扫描周期;当检测到 X0 由 ON→OFF(下降沿)时,输出 Y1 接通一个扫描周期。

注意

(1)微分指令强调的是在触发信号上升沿或下降沿时刻发生作用,这里的"触发信号"指的是 DF 或 DF/前面指令的运算结果,可以是一个触点的状态,也可以是几个触点运算的结果。

(2)触发信号变化沿出现时,只使指定的对象接通一个扫描周期,在实际应用中特别适用于那些只需触发执行一次的动作。

(3)在程序中,对微分指令的使用次数无限制。

6. 置位、复位指令:SET、RST

SET(Set,置位):当触发信号接通时,使输出继电器 Y 或通用内部继电器 R 接通并保持。

RST(Reset,复位):当触发信号接通时,使输出继电器 Y 或通用内部继电器 R 断开并保持。

【例 6-7】　置、复位指令示例如图 6-11 所示。

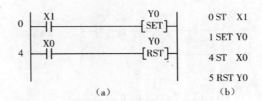

图 6-11　置、复位指令示例

(a)梯形图;(b)语句表

例题说明:X1 接通时 Y0 接通并保持,X0 接通时 Y0 断开。

注意

(1)SET、RST 指令可实现使线圈接通保持或断开的功能,但需要注意的是 RST 指令的复位触发信号需在接通时才有效,因此使用的是 X0 的常开触点。

(2)对于同一序号继电器 Y 或 R 的输出线圈,SET、RST 指令使用次数不限。

(3)对于同一序号的输出线圈,SET、RST 指令后面使用 OT 指令时,其最终状态由 OT 指令确定。

7. 保持指令:KP

KP(Keep,保持):使输出线圈接通并保持。

该指令有两个控制条件:置位条件(S)与复位条件(R)。当满足置位条件,指定继电器(Y 或 R)接通,一旦接通后,无论置位条件如何变化,该继电器仍然保持接通状态,直至复位条件满足时断开。

【例 6-8】　保持指令示例如图 6-12 所示。

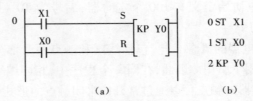

图 6-12　保持指令示例

(a)梯形图;(b)语句表

例题说明:X1 接通,Y0 接通并保持,直至 X0 接通时 Y0 断开。

注意

(1)R 端的优先权高于 S 端,即如果 S 端与 R 端两个信号同时接通,R 端信号优先有效。

(2)对同一序号的输出线圈,KP 指令不能重复使用。

8. 空操作指令:NOP

NOP(No Operation,空操作):在执行 NOP 指令时,不产生任何实质性的操作,只是消耗该指令的执行时间。在程序中常有意地插入 NOP 指令,编程系统会自动对其编号,此时 NOP 指令可用于对程序进行分段,或作为特殊标记,以便于检查、修改和调试程序。

【例 6-9】　空操作指令示例如图 6-13 所示。

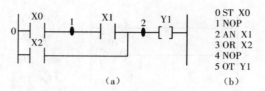

图 6-13　空操作指令示例

(a)梯形图；(b)语句表

6.2.2　基本功能指令

基本功能指令主要包括定时、计数和移位 3 种功能的指令。

1. 定时器指令：TM（Timer）

1）书写格式

TM（Timer）是定时器指令，其书写格式如图 6-14 所示。

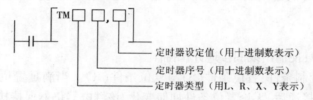

图 6-14　定时器指令书写格式

2）功能说明

（1）在 FP0 型 PLC 中初始定义有 100 个定时器，编号为 T0 ~ T99。通过系统寄存器 No.5 可重新设置定时器的个数。

（2）定时器同输出继电器的概念一样，包括线圈和触点两个部分，采用相同编号，但是线圈用来设置，触点则是用于引用。因此，在同一个程序中，相同编号的定时器只能使用一次，即设置一次，而该定时器的触点可以通过常开或常闭触点的形式被多次引用。

（3）定时器按定时时钟分为 4 种类型：L—0.001 s；R—0.01 s；X—0.1 s；Y—1 s。每个定时器均可通过指令设置为不同定时精度。如"TML 0，K5000"、"TMR 0，K500"、"TMX 0，K50"及"TMY 0，K5"的定时时间均为 5 s，差别仅在于定时的时间精度不同。

（4）定时器的设定值即为时间常数，它只能用十进制或专用寄存器 SV 表示。其范围是 1 ~ 32 767 内的任意值。在编程格式中时间常数前要加一个大写字母"K"。

（5）定时器的设定值和经过值会自动存入相同编号的专用寄存器 SV 和 EV 中，可通过查看同一编号的 SV 和 EV 内容来监控该定时器的工作情况。

（6）由于定时器在定时过程中需持续接通，所以在程序中定时器的控制信号后面不能串联微分指令。

3）工作原理

定时器为减 1 计数。当程序进入运行状态后，输入触点接通瞬间定时器开始工作，先将设定值寄存器 SV 的内容装入经过值寄存器 EV 中，然后开始计数。每来一个时钟脉冲，经过值减 1，直至 EV 中内容减为 0 时，该定时器对应触点动作，即常开触点闭合，常闭触点断开。而当输入触点断开时,定时器复位,对应触点恢复原来状态,经过值寄存器 EV 清零,但 SV 不变。若在定时器未达到设定时间时断开其输入触点,则定时器停止计时,其 EV 被清零,定时器对应触点不动作,直至输入触点再接通,重新开始定时。

【例 6-10】　定时器指令示例如图 6-15 所示。

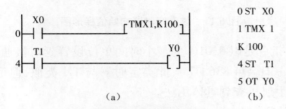

图 6-15　定时器指令示例
(a)梯形图;(b)语句表

例题说明:当 X0 接通时,定时器 T1 开始定时,10 s 后,定时时间到,定时器对应的常开触点 T1 接通,使输出继电器 Y0 导通;当 X0 断开时,定时器复位,对应的常开触点 T1 断开,输出继电器 Y0 断开。

另外,定时器可以串联也可以并联使用。串联时,后面定时器的延时时间等于前面各定时器延时时间的总和;并联时,各定时器的延时时间互不影响。

【例 6-11】　定时器串联与并联梯形图如图 6-16 所示。

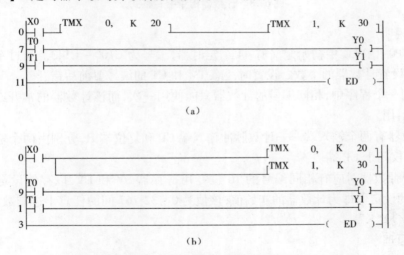

图 6-16　定时器串联与并联梯形图
(a)定时器串联梯形图;(b)定时器并联梯形图

定时器初始设定值可以通过 F0(MV)指令改变如图 6-17 示。

【例 6-12】　改变定时器初始值梯形图如图 6-17 所示。

例题说明:X0 未动作,X1 得电时,定时器的延时时间为 3 s;当 X0 得电、X1 也得电时,定时器的延时时间改为 5 s。此时再断开 X0,延时时间仍为 5 s。

另外高级指令里有两个辅助定时器指令 F137(STMR)和 F183(DSTM),F137(STMR)是以 0.01 s 为最小时间单位设置延时接通的 16 位减数型定时器,其延时范围为 0.01 ～

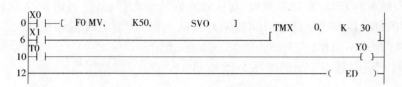

图 6-17　改变定时器初始值梯形图

327.67 s;F183(DSTM)指令是以 0.01 s 为最小时间单位设置延时接通的 32 位减数型定时器,其延时范围为 0.01 ~ 21 474 836.47 s,此类定时器与 TM 类似,但是设置方式上有所区别,可在 FP0 编程说明手册里查到具体用法。

2. 计数器指令:CT(Counter)

1)书写格式

CT(Counter)指令是一个减计数型的预置计数器,其书写格式如图 6-18 所示。

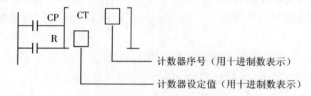

图 6-18　计数器指令书写格式

2)功能说明

(1)在 FP0 型 PLC 中初始定义有 44 个定时器,编号为 C100 ~ C143。通过系统寄存器 No.5 可重新设置计数器的个数。设置时注意 TM 和 CT 的编号要前后错开。

(2)在同一个程序中,相同编号的计数器只能使用一次,而该计数器的常开或常闭触点可以被多次引用。

(3)计数器有两个输入端——计数脉冲输入端 CP 和复位端 R,分别由两个输入触点控制,R 端优先权高于 CP 端。

(4)每个计数器对应有相同编号的 16 位专用寄存器 SV 和 EV,以存储设定值和经过值。计数器的设定值即为计数器的初始值,该值为 0 ~ 32 767 间的任意十进制数,书写时前面一定要加字母"K"。

3)工作原理

计数器为减 1 计数。程序一进入"运行"方式,计数器就自动进入初始状态,此时 SV 的值被自动装入 EV,当计数器的计数输入端 CP 检测到一个脉冲上升沿时,经过值 EV 被减 1,当经过值被减为 0 时,计数器相应的触点动作,即常开触点闭合、常闭触点断开。计数器的另一输入端为复位输入端 R,当 R 端接收到一个脉冲上升沿时计数器复位,经过值寄存器 EV 被清零,其常开触点断开,常闭触点闭合;当 R 端接收到脉冲下降沿时,将设定值数据再次从 SV 传送到 EV 中,计数器重新开始工作。

【例 6-13】　计数器指令示例如图 6-19 所示。

例题说明:程序开始运行时,计数器自动进入计数状态。当检测到 X0 的上升沿 500 次时,计数器对应的常开触点 C101 接通,使输出继电器 Y0 导通;当 X1 接通时,计数器复位清零,对应的常开触点 C101 断开,输出继电器 Y0 断开。

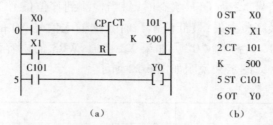

(a)　　　　　　　　(b)

图 6-19　计数器指令示例

(a)梯形图;(b)语句表

计数器初始设定值可以通过 F0(MV)指令改变,如图 6-20 所示。

【例 6-14】　改变计数器初始值梯形图如图 6-20 所示。

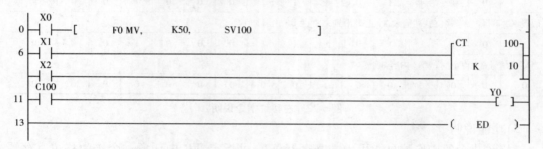

图 6-20　改变计数器初始值梯形图

例题说明:当 X0 未动作时,计数器的计数值为 10;当 X0 闭合后,计数器的计数值改为 50。此时再断开 X0,计数设定值仍为 50。

FP0 高级指令中有一条 F118(UDC)指令,也起到计数器的作用。与 CT 不同的是:该指令可以根据参数设置,分别实现加/减计数的功能,可在 FP0 编程说明手册里查到具体用法。

3. 移位指令:SR、F119(LRSR)

1)书写格式

SR(Shift register):左移移位指令,其书写格式如图 6-20 所示。图中 IN 为数据输入端,CP 为移位脉冲输入端,R 为移位寄存器的复位端。

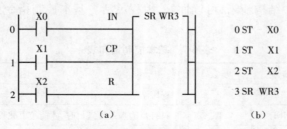

(a)　　　　　　　　(b)

图 6-21　左移位指令示例

(a)梯形图;(b)语句表

【例 6-15】 左移位指令示例如图 6-21 所示。

例题说明:当复位信号 X2 为 OFF 状态时,每当检测到移位信号 X1 的上升沿,WR3 寄存器的数据左移 1 位,最高位丢失;最低位由当时数据输入信号 X0 的状态决定,如果当时 X0 处于接通状态则补"1",否则补"0"。如果 X2 接通,WR3 的内容清零,这时 X1 信号无效,移位指令停止工作。以图示来说明如图 6-22 所示。

R3F															R30
F	E	D	C	B	A	9	8	7	6	5	4	3	2	1	0

假设 WR3 初始内容如下:

1	1	0	1	1	1	0	1	1	0	0	0	0	1	0	0

假设 X0 得电,当移位脉冲输入 X1 上升沿到来时,WR3 内容如下:

1	0	1	1	1	0	1	1	0	0	0	0	1	0	0	1

假设 X0 不得电,当移位脉冲输入 X1 上升沿到来时,WR3 内容如下:

1	0	1	1	1	0	1	1	0	0	0	0	1	0	0	0

当复位信号 X2 得电时,WR3 内容如下:

0	0	0	0	0	0	0	0	0	0	0	0	0	0	0	0

图 6-22　左移位指令说明

2)功能说明

(1)该指令的操作数只能用内部寄存器 WR,可指定 WR 中任意一个作为移位寄存器使用。

(2)IN 端是数据输入端,移位发生时,该端接通则移入"1",该端断开则移入"0"。

(3)CP 端是移位脉冲输入端,该端每接通一次(上升沿有效),指定寄存器的内容左移 1 位。

(4)R 比 CP 端优先权高,该端为 OFF 时,移位有效。

FP0 高级指令中有一条 F119 指令,其作用是使指定内部寄存器区域 D1 ~ D2 中的数据向左或向右移动 1 位,可在 FP0 编程说明手册里查到具体用法。

6.2.3　基本控制指令

基本控制指令在 PLC 指令系统中占有重要地位,它们用来决定程序执行的顺序和流程。这类指令可使程序结构清晰,可读性好,编程灵活。基本控制指令见表 6-7。

表 6-7　基本控制语句表

名　称	助记符	步数	说　明
结束	ED	1	程序结束
条件结束	CNDE	1	只有当输入条件满足时,才能结束此程序
主控继电器开始	MC	2	当输入条件满足时,执行 MC 到 MCE 间的指令
主控继电器结束	MCE	2	
跳转	JP	2	当输入条件满足时,跳转执行同一编号 LBL 指令后面的指令

名　称	助记符	步数	说　明
跳转标记	LBL	1	与 JP 和 LOOP 指令配对使用,标记跳转程序的起始位置
循环跳转	LOOP	4	当输入条件满足时,跳转到同一编号 LBL 指令处,并重复执行 LBL 指令后面的程序,直至指定寄存器中的数减为 0
调用子程序	CALL	2	调用指定的子程序
子程序入口	SUB	1	标记子程序的起始位置
子程序返回	RET	1	由子程序返回原主程序
步进开始	SSTP	3	标记第 n 段步进程序的起始位置
脉冲式转入步进	NSTP	3	输入条件接通瞬间(上升沿)转入第 n 段步进程序,并将此前的步进过程复位
扫描式转入步进	NSTL	3	输入条件接通后,转入第 n 段步进程序,并将此前的步进过程复位
步进清除	CSTP	3	清除与第 n 段步进程序有关的数据
步进结束指令	STPE	1	标记整个步进程序区结束
中断控制	ICTL	5	执行中断的控制命令
中断入口	INT	1	标记中断处理程序的起始位置
中断返回	IRET	1	中断处理程序返回原主程序

1. 结束指令:ED(无条件结束指令)、CNDE(条件结束指令)

1)书写格式

结束指令书写格式如图 6-23 所示。

2)功能说明

(1)当控制触点 X0 断开时,CPU 执行完程序段 1 后并不结束,继续执行下方程序段 2,当遇到 ED 指令,才结束当前的扫描周期。

(2)当控制触点 X0 闭合时,条件结束指令 CNDE 起作用,CPU 执行完程序段 1 后,返回程序起始地址,当前的扫描周期结束,进入下一次扫描,不再扫描程序段 2。

2. 主控继电器指令:MC(主控继电器指令)、MCE(主控继电器结束指令)

1)书写格式

主控继电器指令书写格式如图 6-24 所示。

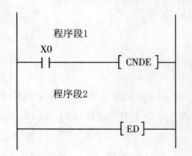

图 6-23　结束指令书写格式

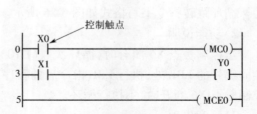

图 6-24　主控继电器指令示例

2）功能说明

当控制触点 X0 接通时，执行 MC0 到 MCE0 之间的程序；否则，不执行 MC0 到 MCE0 之间的程序。

3）注意事项

（1）MC 和 MCE 在程序中应成对出现，每对编号相同，编号范围为 0～31 的整数，当程序中出现多对主控指令时，编号不能重复。

（2）MC 和 MCE 的顺序不能颠倒。

（3）MC 指令不能直接从母线开始，即必须有控制触点。

（4）在一对主控继电器指令之间可以嵌套另一对主控继电器指令。

（5）当 MC 指令前面的控制触点断开时，MC 与 MCE 之间的程序遵循扫描但不执行的特点，所有输出（OT）均处于断开状态，KP、SET、RST 指令呈保持状态，定时器 TM 复位，计数器 CT 和左移位 SR 保持原有经过值且停止工作，微分指令无效。

3. 跳转指令：JP（跳转指令）、LBL（跳转标记指令）

1）书写格式

跳转指令书写格式如图 6-25 所示。

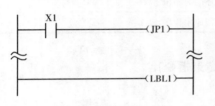

图 6-25 跳转指令示例

2）功能说明

当控制触点 X1 闭合时，跳转到和 JP 指令编号相同的 LBL 处，不执行 JP 和 LBL 之间的程序，转而执行 LBL 指令之后的程序。

3）注意事项

（1）JP 和 LBL 指令应成对使用，其放置位置先后顺序不限。

（2）可以使用多个编号相同的 JP 指令，即允许设置多个跳向一处的跳转点，编号可以为 0～63 的任意整数，但不能出现相同编号的 LBL 指令。

（3）JP 指令不能直接从母线开始。

（4）在一对跳转指令之间可以嵌套另一对跳转指令。

（5）不能从结束指令 ED 以前的程序跳转到 ED 以后的程序中去，不能在子程序或中断程序与主程序之间跳转，不能在步进区和非步进区之间进行跳转。

（6）在执行跳转指令时，在 JP 和 LBL 之间程序遵循不扫描不执行的原则。

4. 循环跳转指令：LOOP（循环跳转指令）、LBL（循环标记指令）

1）书写格式

循环跳转指令书写格式如图 6-26 所示。

2）功能说明

当控制触点 X6 闭合时，循环次数（DT0）减 1，如果 DT0 中内容不为 0，跳转到与 LOOP 相同编号的 LBL 处，执行 LBL 指令后的程序。重复上述过程，直至 DT0 为 0，停止循环；当控制触点 X6 断开时，不执行循环。

3）注意事项

（1）LOOP 和 LBL 指令必须成对使用，且编号应相同，编号可以为 0～63 的任意整数，但不能出现相同编号的 LBL 指令。

（2）LBL 指令与同编号的 LOOP 指令的前后顺序不限。一般将 LBL 指令放于 LOOP 指令的上面,此时,执行循环指令的整个过程都是在一个扫描周期内完成的。

（3）LOOP 指令不能直接从母线开始。

（4）循环跳转指令可以嵌套使用。

（5）不能从结束指令 ED 以前的程序跳转到 ED 以后的程序中去,也不能在子程序或中断程序与主程序之间跳转,不能在步进区和非步进区进行跳转。

5. 子程序调用指令:CALL(子程序调用指令)、SUB(子程序开始标志指令)、RET(子程序结束指令)

1）书写格式

子程序调用指令书写格式如图 6-27 所示。

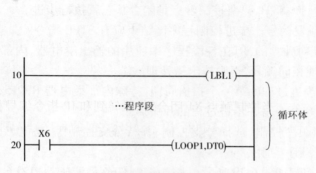

图 6-26　循环跳转指令示例

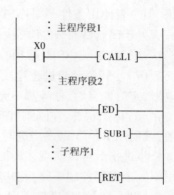

图 6-27　子程序调用指令示例

2）功能说明

CPU 执行到主程序段 1 中(CALL1)指令处时,若调用子程序条件 X0 成立,程序转至子程序起始指令(SUB1)处,执行(SUB1)到 RET 之间的第 1 号子程序。当执行到 RET 指令,子程序结束并返回到 CALL1 的下一条指令处,继续执行主程序段 2。若 X0 断开,则不调用子程序,按顺序继续执行主程序段 2。

3）注意事项

（1）FP0 – C32 可用子程序的个数为 16 个,其编号范围为 SUB0 ~ SUB15,程序中子程序的编号不能重复。

（2）子程序必须编写在主程序的 ED 指令后面,由子程序入口标志 SUB 开始,最后由 RET 语句表示返回主程序,SUB 和 RET 必须成对使用。

（3）子程序调用指令 CALL 可以在主程序、子程序或中断程序中使用,多个相同标号的 CALL 指令可以调用同一子程序。

（4）子程序可以嵌套调用,但最多不超过 5 层。

6. 步进指令:SSTP(步进开始指令)、NSTP(脉冲式转入步进指令)、NSTL(扫描式转入步进指令)、CSTP(步进复位指令)、STPE(步进结束指令)

1）书写格式

步进指令书写格式如图 6-28 所示。

2）功能说明

当检测到 X0 的上升沿时,执行步进过程 1,输出 Y10 接通;当 X1 接通时,清除步进过程 1(Y10 复位),并执行步进过程 2……当 X3 接通时,清除步进过程 50,步进程序执行完毕。

3）注意事项

(1)步进程序必须严格按照图 6-28 格式书写。

(2)步进程序编号可以取 0 ~ 127 中的任意数字,但各段编号不能相同。步进指令可以不按编号顺序进行书写,PLC 按梯形图排列的顺序来执行各段程序。

(3)步进程序中允许输出 OT 直接同左母线相连。

(4)步进程序中不能使用 MC 和 MCE,JP 和 LBL,LOOP 和 LBL,ED 和 CNDE 指令。

(5)当 NSTP 或 NSTL 前面的触点闭合时执行步进程序,此时 PLC 将清空上一次步进结果,但二者使用条件不同:NSTP 只在触点由断到通的一瞬间即上升沿时执行,此后即使触点一直处于闭合状态,也不再执行步进;而 NSTL 只要控制触点是闭合状态就执行步进。

(6)NSTP 或 NSTL 必须有控制触发信号。步进控制程序区结束应有 STPE 指令。

(7)尽管每个步进程序段都是相对独立的,但在各段程序中所用的输出继电器、内部继电器、定时器、计数器等都不允许出现相同编号,否则按出错处理。

(8)标志状态:在刚刚打开一个步进过程的第一个扫描周期,特殊内部继电器 R9015 接通,若使用 R9015 触发步进时,应将 R9015 写在步进过程的开头。

步进指令可以实现多种控制,如顺序控制、选择分支控制、并行分支控制等,是 PLC 应用中一个重要控制手段,尤其适合于顺序控制。

【例 6-16】　步进指令用于顺序控制如图 6-29 所示。顺序控制任务是液压动力滑台的自动工作控制,包括 3 个步进过程 0 ~ 2,每个过程实现的动作分别是快进(Y0)、工进(Y1)、快退(Y2),由按钮 SB1(X1)作为步进启动信号,行程开关 SQ1(X4)作为步进结束信号,SQ2(X2)、SQ3(X3)作为过程 0、过程 1、过程 2 之间的转换控制信号。实现这一步进控制的流程图如图 6-30 所示,梯形图程序如图 6-31 所示。

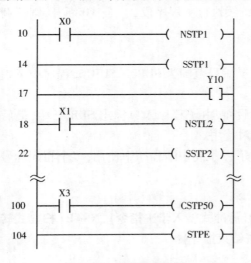

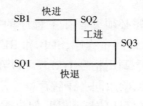

图 6-28　步进指令示例　　　　　　　图 6-29　顺序控制任务示意图

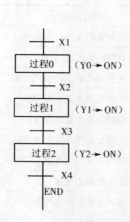

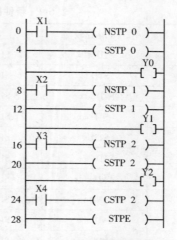

图 6-30　顺序控制流程图　　　　　　图 6-31　顺序控制梯形图程序

6.2.4　条件比较指令

条件比较指令是带有逻辑运算功能的比较指令,包括单字(16 位)比较和双字(32 位)比较。它们既有基本指令的逻辑功能,又有高级指令的运算功能,这些指令在程序中非常有用。

1. 书写格式

条件比较指令书写格式如图 6-32 所示。

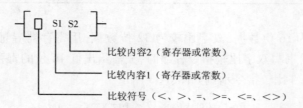

图 6-32　条件比较指令书写格式

2. 功能说明

(1)比较指令中的比较运算符,主要有等于 = 、大于 > 、小于 < 、大于等于 > = 、小于等于 < = 和不等于 < > 共 6 种关系,满足关系为真,不满足则为假。

(2)指令中的比较操作数,可以为常数,也可以为寄存器的值。FP0 中条件比较指令中可使用的寄存器见表 6-8。

表 6-8　　FP0 中条件比较指令中可使用的寄存器

继　电　器			定时/计数器		寄存器	索引寄存器		常　数	
WX	WY	WR	SV	EV	DT	IX	IY	K	H

(3)条件比较指令可以直接从母线引出,作为逻辑运算开始,也可以与其他触点或条件比较指令进行随意串、并联,进行逻辑运算。具体指令见表 6-9。

表 6-9　条件比较指令符号及功能

单字比较	双字比较	功能说明
ST < >	STD < >	S1 不等于 S2 时,初始加载的条件触点接通
ST >	STD >	S1 大于 S2 时,初始加载的条件触点接通
ST > =	STD > =	S1 大于等于 S2 时,初始加载的条件触点接通
ST =	STD =	S1 等于 S2 时,初始加载的条件触点接通
ST <	STD <	S1 小于 S2 时,初始加载的条件触点接通
ST < =	STD < =	S1 小于等于 S2 时,初始加载的条件触点接通
AN < >	AND < >	S1 不等于 S2 时,串联的条件触点接通
AN >	AND >	S1 大于 S2 时,串联的条件触点接通
AN > =	AND > =	S1 大于等于 S2 时,串联的条件触点接通
AN =	AND =	S1 等于 S2 时,串联的条件触点接通
AN <	AND <	S1 小于 S2 时,串联的条件触点接通
AN < =	AND < =	S1 小于等于 S2 时,串联的条件触点接通
OR < >	ORD < >	S1 不等于 S2 时,并联的条件触点接通
OR >	ORD >	S1 大于 S2 时,并联的条件触点接通
OR > =	ORD > =	S1 大于等于 S2 时,并联的条件触点接通
OR =	ORD =	S1 等于 S2 时,并联的条件触点接通
OR <	ORD <	S1 小于 S2 时,并联的条件触点接通
OR < =	ORD < =	S1 小于等于 S2 时,并联的条件触点接通

（4）单字比较为 16 位数据,双字比较为 32 位数据,用寄存器寻址时,后者采用两个相邻寄存器联合取值,书写双字比较指令程序时,只需给出低 16 位的寄存器名即可。

【例 6-17】　条件比较指令示例如图 6-33 所示。

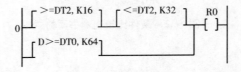

图 6-33　条件比较指令示例

该程序中,设 DT2 中数据用 x 表示,（DT1,DT0）中数据用 y 表示,则当 $16 \leqslant x \leqslant 32$,或者 $y \geqslant 64$ 时,R0 导通,输出为 ON;否则,R0 断开,输出为 OFF。

6.3　FP0 的高级指令

高级指令又称为扩展功能指令,有 F 和 P 两种类型。F 型是当触发信号闭合时每个扫描周期都执行的指令,P 型是当检测到触发信号闭合的上升沿时执行一次,等效于触发信号的 DF 指令和 F 型指令相串联,因此 P 型指令很少应用。

1. 书写格式

高级指令用功能编号表示,由大写字母"F"、指令功能号、助记符和操作数组成,其书写格式如图 6-34 所示。

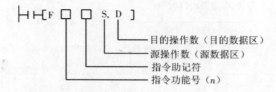

图 6-34　FP0 高级指令书写格式

图 6-34 中 Fn 是指令功能号;指令助记符用指令功能的英文缩写表示,如高级指令 F0,助记符 MV 是英文 MOVE(移动)的缩写;S 是源操作数或源数据区,D 是目的操作数或目的数据区,分别指定操作数或其地址、性质和内容。

2. 注意事项

(1)高级指令的源操作数 S 可以是寄存器,也可以是常数,而目标操作数 D 只能是寄存器。

(2)高级指令的操作数可以是一个、两个或者三个。操作数可以是单字(16 位)和双字(32 位)的数据;若为位操作指令,还可以是位(1 位)数据。对于处理双字的指令,只需给出低 16 位的寄存器名即可。

(3)高级指令不能直接从左母线引出,前面必须加控制触点,当控制触点闭合时,每个扫描周期执行一次高级指令。高级指令后边不能再串接控制触点,只能并接输出点或其他高级指令。

(4)如果指令只在触发信号触发时执行一次,可用微分指令 DF 或 DF/。

3. 高级指令的类型

高级指令内容很多,而同一类指令的功能和用法却大同小异。为了节省篇幅,下面每类指令均给出列表。

按照指令的功能,高级指令可分为以下 8 种类型。

(1)数据传送指令:具有 16 位、32 位数据以及位数据的传送、复制、交换等功能。其详细情况见表 6-10 所示。

表 6-10　数据传输指令

指令格式	步数	操作数定义	功能说明	可使用的寄存器
[F0 MV,S,D]	5	S:被传输数据(地址) D:传输数据的目的地址	16 位数传输	S:所有寄存器均能用 D:除 WX 和常数外均能用
[F1 DMV,S,D]	7	S:被传输数据(首地址) D:传输数据的目的地址(首地址)	32 位数传输	S:除 IY 外均能用 D:除 WX、IY 和常数外均能用

指令格式	步数	操作数定义	功能说明	可使用的寄存器
［F2 MV/,S,D］	5	S:被传输数据（地址） D:传输数据的目的地址	16 位数取反传输	S:所有寄存器均能用 D:除 WX 和常数外均能用
［F3 DMV/,S,D］	7	S:被传输数据（首地址） D:传输数据的目的地址 （首地址）	32 位数取反传输	S:除 IY 外均能用 D:除 WX、IY 和常数外均能用
［F5 BTM,S,n,D］	7	S:被传输数据（地址） D:传输数据的目的地址 n:指定原 bit 号和目的 bit 号	二进制位传输	S:所有寄存器均能用 D:除 WX 和常数外均能用
［F6 DGT,S,n,D］	7	S:被传输数据（地址） D:传输数据的目的地址 n:指定原 digit 号和目的 digit 号	十六进制位传输	S:所有寄存器均能用 D:除 WX 和常数外均能用
［F10 BKMV,S1,S2,D］	7	S1:被传输数据（首地址） S2:被传输数据（末地址） D:传输数据的目的地址 （首地址）	区块传输	S1,S2:除 IX、IY 和常数外均能用 D:除 WX、IX、IY 和常数外均能用
［F11 COPY,S,D1,D2］	7	S:被传输数据（地址） D1:传输数据的目的首地址 D2:传输数据的目的末地址	块复制	S:所有寄存器均能用 D1,D2:除 WX、IX、IY 和常数外均能用
［F15 XCH,D1,D2］	5	D1:待交换的数据 1（地址） D2:待交换的数据 2（地址）	两个单字数据交换	D1:除 WX、IY 外均能用 D2:除 WX、IY 和常数外均能用
［F16 DXCH,D1,D2］	5	D1:待交换的数据 1（首地址） D2:待交换的数据 2（首地址）	两个双字数据交换	D1,D2:除 WX、IY 和常数外均能用
［F17 SWAP,D］	3	D:待交换高低字节的数据 （地址）	16 位数据高低字节互换	D:除 WX 和常数外均能用

（2）算术运算指令:二进制数和 BCD 码的加、减、乘、除算术运算。详细指令见表 6-11 和表 6-12。

表 6-11　二进制（BIN）算术运算指令

指令格式	步数	操作数定义	功能说明	可使用的寄存器
［F20 + ,S,D］	5	S:加数（地址） D:被加数及结果（地址）	$(S)+(D)\rightarrow D$	S:所有寄存器均能用 D:除 WX 和常数外均能用
［F21 D + ,S,D］	7	S:加数（首地址） D:被加数及结果（首地址）	$(S+1,S)+(D+1,D)\rightarrow(D+1,D)$	S:除 IY 外均能用 D:除 WX、IY 和常数外均能用

续表

指令格式	步数	操作数定义	功能说明	可使用的寄存器
[F22 + ,S1,S2,D]	7	S1:被加数(地址) S2:加数(地址) D:结果(地址)	(S1) + (S2)→D	S1,S2:所有寄存器均能用 　D:除 WX 和常数外均能用
[F23 D + ,S1,S2,D]	11	S1:被加数(首地址) S2:加数(首地址) D:结果(首地址)	(S1 + 1,S1) + (S2 + 1,S2)→(D + 1,D)	S1,S2:除 IY 外均能用 D:除 WX、IY 和常数外均能用
[F25 - ,S,D]	5	S:减数(地址) D:被减数及结果(地址)	(D) - (S)→D	S:所有寄存器均能用 D:除 WX 和常数外均能用
[F26 D - ,S,D]	7	S:减数(首地址) D:被减数及结果(首地址)	(D + 1,D) - (S + 1,S)→(D + 1,D)	S:除 IY 外均能用 D:除 WX、IY 和常数外均能用
[F27 - ,S1,S2,D]	7	S1:被减数(地址) S2:减数(地址) D:结果(地址)	(S1) - (S2)→D	S1,S2:除 IY 外均能用 D:除 WX、IY 和常数外均能用
[F28 D - ,S1,S2,D]	11	S1:被减数(首地址) S2:减数(首地址) D:结果(首地址)	(S1 + 1,S1) + (S2 + 1,S2)→(D + 1,D)	S1,S2:除 IY 外均能用 D:除 WX、IY 和常数外均能用
[F30 * ,S1,S2,D]	7	S1:被乘数(地址) S2:乘数(地址) D:结果(首地址)	(S1) × (S2)→(D + 1,D)	S1,S2:所有寄存器均能用 D:除 WX 和常数外均能用
[F31 D * ,S1,S2,D]	11	S1:被乘数(首地址) S2:乘数(首地址) D:结果(首地址)	(S1 + 1,S1) × (S2 + 1,S2)→(D + 3 ~ D)	S1,S2:除 IY 外均能用 D:除 WX、IY 和常数外均能用
[F32 % ,S1,S2,D]	7	S1:被除数(地址) S2:除数(地址) D:结果(地址)	(S1) ÷ (S2)→D 余数→DT9015	S1,S2:所有寄存器均能用 D:除 WX 和常数外均能用
[F33 D% ,S1,S2,D]	11	S1:被除数(首地址) S2:除数(首地址) D:结果(首地址)	(S1 + 1,S1)/(S2 + 1,S2)→(D + 1,D) 余数 → (DT9016,DT9015)	S1,S2:除 IY 外均能用 D:除 WX、IY 和常数外均能用
[F35 + 1,D]	3	D: + 1 的数值及结果(地址)	(D) + 1→D	D:除 WX 和常数外均能用
[F36 D + 1,D]	3	D: + 1 的数值及结果(首地址)	(D + 1,D) + 1→(D + 1,D)	D:除 WX、IY 和常数外均能用
[F37 - 1,D]	3	D: - 1 的数值及结果(地址)	(D) - 1→ D	D:除 WX 和常数外均能用
[F38 D - 1,D]	3	D: - 1 的数值及结果(首地址)	(D + 1,D) - 1→(D + 1,D)	D:除 WX、IY 和常数外均能用

表 6-12　BCD 码算术运算指令

指令格式	步数	操作数定义	功能说明	可使用的寄存器
[F40 B + , S, D]	5	S:加数(地址) D:被加数及结果(地址)	$(S)_B + (D)_B \rightarrow D$	S:所有寄存器均能用 D:除 WX 和常数外均能用
[F41 BD + , S, D]	7	S:加数(首地址) D:被加数及结果(首地址)	$(S+1, S)_B + (D+1, D)_B \rightarrow (D+1, D)$	S:除 IY 外均能用 D:除 WX、IY 和常数外均能用
[F42 B + , S1, S2, D]	7	S1:被加数(地址) S2:加数(地址) D:结果(地址)	$(S1)_B + (S2)_B \rightarrow D$	S1, S2:所有寄存器均能用 D:除 WX 和常数外均能用
[F43 BD + , S1, S2, D]	11	S1:被加数(首地址) S2:加数(首地址) D:结果(首地址)	$(S1+1, S1)_B + (S2+1, S2)_B \rightarrow (D+1, D)$	S1, S2:除 IY 外均能用 D:除 WX、IY 和常数外均能用
[F45 B − , S, D]	5	S:减数(地址) D:被减数及结果(地址)	$(D)_B - (S)_B \rightarrow D$	S:所有寄存器均能用 D:除 WX 和常数外均能用
[F46 BD − , S, D]	7	S:减数(首地址) D:被减数及结果(首地址)	$(D+1, D)_B - (S+1, S)_B \rightarrow (D+1, D)$	S:除 IY 外均能用 D:除 WX、IY 和常数外均能用
[F47 B − , S1, S2, D]	7	S1:被减数(地址) S2:减数(地址) D:结果(地址)	$(S1)_B - (S2)_B \rightarrow D$	S1, S2:除 IY 外均能用 D:除 WX、IY 和常数外均能用
[F48 BD − , S1, S2, D]	11	S1:被减数(首地址) S2:减数(首地址) D:结果(首地址)	$(S1+1, S1)_B + (S2+1, S2)_B \rightarrow (D+1, D)$	S1, S2:除 IY 外均能用 D:除 WX、IY 和常数外均能用
[F50 B * , S1, S2, D]	7	S1:被乘数(地址) S2:乘数(地址) D:结果(首地址)	$(S1)_B \times (S2)_B \rightarrow (D+1, D)$	S1, S2:所有寄存器均能用 D:除 WX 和常数外均能用
[F51 BD * , S1, S2, D]	11	S1:被乘数(首地址) S2:乘数(首地址) D:结果(首地址)	$(S1+1, S1)_B \times (S2+1, S2)_B \rightarrow (D+3 \sim D)$	S1, S2:除 IY 外均能用 D:除 WX、IY 和常数外均能用
[F52 B% , S1, S2, D]	7	S1:被除数(地址) S2:除数(地址) D:结果(地址)	$(S1)_B \div (S2)_B \rightarrow D$ 余数 $\rightarrow$ DT9015	S1, S2;所有寄存器均能用 D:除 WX 和常数外均能用
[F53 BD% , S1, S2, D]	11	S1:被除数(首地址) S2:除数(首地址) D:结果(首地址)	$(S1+1, S1)_B / (S2+1, S2)_B \rightarrow (D+1, D)$ 余数 $\rightarrow$ (DT9016, DT9015)	S1, S2:除 IY 外均能用 D:除 WX、IY 和常数外均能用
[F55 B + 1, D]	3	D: +1 的数值及结果(地址)	$(D)_B + 1 \rightarrow D$	D:除 WX 和常数外均能用

指令格式	步数	操作数定义	功能说明	可使用的寄存器
[F56 BD +1,D]	3	D：+1 的数值及结果（首地址）	$(D+1,D)_B +1 \rightarrow$ $(D+1,D)$	D：除 WX、IY 和常数外均能用
[F57 B −1,D]	3	D：−1 的数值及结果（地址）	$(D)_B -1 \rightarrow D$	D：除 WX 和常数外均能用
[F58 BD −1,D]	3	D：−1 的数值及结果（首地址）	$(D+1,D)_B -1 \rightarrow$ $(D+1,D)$	D：除 WX、IY 和常数外均能用

（3）数据比较指令：16 位或 32 位数据的比较。详细指令见表6-13。

表6-13　数据比较指令

指令格式	步数	操作数定义	功能说明	可使用的寄存器
[F60 CMP S1,S2]	5	S1：比较数据 1（地址） S2：比较数据 2（地址）	S1 > S2 → R900A = ON S1 = S2 → R900B = ON S1 < S2 → R900C = ON	S1,S2：所有寄存器均能用
[F61 DCMP S1,S2]	9	S1：比较数据 1（首地址） S2：比较数据 2（首地址）	(S1+1,S1) > (S2+1,S2)→R900A = ON (S1+1,S1) = (S2+1,S2)→R900B = ON (S1+1,S1) < (S2+1,S2)→R900C = ON	S1,S2：除 IY 外均能用
[F62 WIN S1,S2,S3]	7	S1：比较数据 1（地址） S2：比较数据 2 区段下限（地址） S3：比较数据 2 区段上限（地址）	S1 > S3 → R900A = ON S2 ≤ S1 ≤ S3→900B = ON S1 < S2 → R900C = ON	S1,S2,S3：所有寄存器均能用
[F63 DWIN S1,S2,S3]	13	S1：比较数据 1（首地址） S2：比较数据 2 区段下限（首地址） S3：比较数据 2 区段上限（首地址）	(S1+1,S1) > (S3+1,S3)→R900A = ON (S2+1,S2) ≤ (S1+1,S1) ≤ (S3+1,S3)→R900B = ON (S1+1,S1) < (S2+1,S2)→R900C = ON	S1,S2,S3：除 IY 外均能用
[F64 BCMP S1,S2,S3]	7	S1：digit0 和 digit1—指定比较的字节数 　digit2—指定 S2 起始字节位置 　digit3—指定 S3 起始字节位置 S2：比较数据块 1 的首地址 S3：比较数据块 2 的首地址	S2 = S3 → R900B = ON	S1：所有寄存器均能用 S2,S3：除 IX、IY 和常数外均能用

（4）逻辑运算指令：16 位数据的与、或、异或和异或非运算。详细指令见表 6-14。

表 6-14　逻辑运算语句表

指令格式	步数	操作数定义	功能说明	可使用的寄存器
［F65 WAN,S1,S2,D］	7	S1:运算数据 1（地址） S2:运算数据 2（地址） D:运算结果（地址）	$(S1)\cdot(S2)\rightarrow D$ 16 位各自对应进行 逻辑与运算	S1,S2:所有寄存器均 能用 D:除 WX 和常数外均 能用
［F66 WOR,S1,S2,D］	7	S1:运算数据 1（地址） S2:运算数据 2（地址） D:运算结果（地址）	$(S1)+(S2)\rightarrow D$ 16 位各自对应进行 逻辑或运算	S1,S2:所有寄存器均 能用 D:除 WX 和常数外均 能用
［F67 XOR,S1,S2,D］	7	S1:运算数据 1（地址） S2:运算数据 2（地址） D:运算结果（地址）	$(S1)\oplus(S2)\rightarrow D$ 16 位各自对应进行 逻辑异或运算	S1,S2:所有寄存器均 能用 D:除 WX 和常数外均 能用
［F68 XNR,S1,S2,D］	7	S1:运算数据 1（地址） S2:运算数据 2（地址） D:运算结果（地址）	$\overline{(S1)\oplus(S2)}\rightarrow D$ 16 位各自对应进行 逻辑异或非运算	S1,S2:所有寄存器均 能用 D:除 WX 和常数外均 能用

（5）数据转换指令：16 位或 32 位数据按指定的格式进行转换。详细指令见表 6-15。

表 6-15　数据转换指令

指令格式	步数	操作数定义	功能说明	可使用的寄存器
［F70 BCC,S1,S2,S3,D］	9	S1:指定计算方法的数据 （地址） S2:计算区域的起始地址 S3:指定计算的字节数 （地址） D:计算结果（地址）	根据 S1 中的计算方 法,在 S2 所指定的区 域中对 S3 所指定的位 数进行计算,结果存入 D 中	S1,S3:所有寄存器均 能用 S2:除 IX、IY 和常数外 能用 D:除 WX、IX、IY 和常数 外均能用
［F71 HEXA,Si,S2,D］	7	S1:数制转换的原数据 （地址） S2:指定转换字节数（地 址） D:转换结果（地址）	十六进制→ASCII 码	S1:除 IX、IY 和常数外 能用 S2:所有寄存器均能用 D:除 WX、IX、IY 和常数 外均能用
［F72 AHEX,S1,S2,D］	7	S1:数制转换的原数据 （地址） S2:指定转换字节数（地 址） D:转换结果（地址）	ASCII 码→十六进制	S1:除 IX、IY 和常数外 能用 S2:所有寄存器均能用 D:除 WX、IX、IY 和常数 外均能用

续表

指令格式	步数	操作数定义	功能说明	可使用的寄存器
[F73 BCDA, S1, S2, D]	7	S1：数制转换的原数据（地址） S2：指定转换字节数（地址） D：转换结果（地址）	BCD 数据→ASCII 码	S1：除 IX、IY 和常数外均能用 S2：所有寄存器均能用 D：除 WX、IX、IY 和常数外均能用
[F74 ABCD, S1, S2, D]	9	S1：数制转换的原数据（地址） S2：指定转换字节数（地址） D：转换结果（地址）	ASCII 码→BCD 数据	S1：除 IX、IY 和常数外均能用 S2：所有寄存器均能用 D：除 WX、IX、IY 和常数外均能用
[F75 BINA, S1, S2, D]	7	S1：数制转换的原数据（地址） S2：指定转换字节数（地址） D：转换结果（地址）	16 位二进制数→ASCII 码	S1，S2：所有寄存器均能用 D：除 WX、IX、IY 和常数外均能用
[F76 ABIN, S1, S2, D]	7	S1：数制转换的原数据（地址） S2：指定转换字节数（地址） D：转换结果（地址）	ASCII 码→16 位二进制数	S1：除 IX、IY 和常数外均能用 S2：所有寄存器均能用 D：除 WX、IX、IY 和常数外均能用
[F77 DBIA, S1, S2, D]	11	S1：数制转换的原数据（地址） S2：指定转换字节数（地址） D：转换结果（地址）	32 位二进制数→ASCII 码	S1，S2：除 IY 外均能用 D：除 WX、IX、IY 和常数外均能用
[F78 DABI, S1, S2, D]	11	S1：数制转换的原数据（地址） S2：指定转换字节数（地址） D：转换结果（地址）	ASCII 码→32 位二进制数	S1：除 IX、IY 和常数外均能用 S2：所有寄存器均能用 D：除 WX、IX、IY 和常数外均能用
[F80 BCD, S, D]	5	S：数制转换原数据（地址） D：转换结果（地址）	16 位二进制数→4 位 BCD 数据	S：所有寄存器均能用 D：除 WX 和常数外均能用
[F81 BIN, S, D]	5	S：数制转换原数据（地址） D：转换结果（地址）	4 位 BCD 数据→16 位二进制数	S：所有寄存器均能用 D：除 WX 和常数外均能用
[F82 DBCD, S, D]	7	S：数制转换原数据（地址） D：转换结果（地址）	32 位二进制数→8 位 BCD 数据	S：除 IY 外均能用 D：除 WX、IY 和常数外均能用
[F83 DBIN, S, D]	7	S：数制转换原数据（地址） D：转换结果（地址）	8 位 BCD 数据→32 位二进制数	S：除 IY 外均能用 D：除 WX、IY 和常数外均能用（常数范围：K0 ~ K99999999）

指令格式	步数	操作数定义	功能说明	可使用的寄存器
[F84 INV,D]	3	D:转换源数据及结果的地址	16 位数求反	D:除 WX 和常数外均能用
[F85 NEG,D]	3	D:转换源数据及结果的地址	16 位数求补	D:除 WX 和常数外均能用
[F86 DNEG,D]	3	D:转换源数据及结果的首地址	32 位数求补	D:除 WX、IY 和常数外均能用
[F87 ABS,D]	3	D:转换源数据及结果的地址	16 位数取绝对值	D:除 WX 和常数外均能用
[F88 DABS,D]	3	D:转换源数据及结果的首地址	32 位数取绝对值	D:除 WX、IY 和常数外均能用
[F89 EXT,D]	3	D:转换源数据及结果的地址	16 位数据位数扩展 $D \to (D+1, D)$ $(D+1)$ 中各位均等于 D 中的符号位	D:除 WX、IY 和常数外均能用
[F90 DECO,S,n,D]	7	S:待解码数据(首地址) n:规定待解码的起始位和位数的 16 位常数或 16 位区 D:解码结果(首地址)	解码 $S \to (\cdots, D)$ 若 S 中待解码范围对应的数为 m,则解码结果 D 中只有第 m 位为"1",其余为"0"	S,n:所有寄存器均能用 D:除 WX 和常数外均能用
[F91 SEGT,S,D]	5	S:待解码数据(地址) D:七段显示解码结果(首地址)	16 位数据七段显示解码	S:除 IY 外均能用 D:除 WX、IY 和常数外均能用
[F92 ENCO,S,n,D]	7	S:待编码数据(首地址) n:digit0—指定待编码区的有效长度(2 的幂值 H0 ~ H8) digit2—指定存放编码区的起始位(H0 ~ HF) digit1 和 digit3—任意值 D:编码结果(首地址)	编码 $(\cdots, S) \to (\cdots, D)$ 若 S 待编码范围内为"1"的最高位号为 m,则从 D 的指定位开始写入 m 值(二进制)	S:除 IX、IY 和常数外均能用 n:所有寄存器均能用 D:除 WX 和常数外均能用
[F93 UNIT,S,n,D]	7	S:待组合数据(首地址) n:指定被组合数据的个数(K0 ~ K4) D:存放组合结果(地址)	16 位数据组合	S:除 IX、IY 和常数外均能用 n:所有寄存器均能用 D:除 WX 和常数外均能用
[F94 DIST,S,n,D]	7	S:待分离数据(地址) n:指定分离数据的个数(K0 ~ K4) D:存放分离数据(首地址)	16 位数据分离	S,n:所有寄存器均能用 D:除 WX、IX、IY 和常数外均能用

指令格式	步数	操作数定义	功能说明	可使用的寄存器
[F95 ASC,S,D]	15	S:字符常数(最多 12 个字符) D:存放 6 个字 ASCII 码(首地址)	字符→ASCII 码 (每个字符对应 D 中 8 个十六进制位)	S:只有十六进制常数能用 D:除 WX、IY 和常数外均能用
[F96 SRC,S1,S2,S3]	7	S1:要查找的数据(地址) S2:待查找区域的首地址 S3:待查找区域的末地址	表数据查找 查找(S3…S2)区域中等于 S1 数据的个数→DT9037	S1:所有寄存器均能用 S2,S3:除 WX、IX、IY 和常数外均能用

(6)数据移位指令:16 位数据左移、右移、循环移位和数据块移位等。详细指令见表 6-16。

表 6-16　数据移位指令

指令格式	步数	操作数定义	功能说明	可使用的寄存器
[F100 SHR,D,n]	5	D:移位源数据和结果的存放地址 n:指定移位的位数(地址)	16 位数右移 n 位	D:除 WX 和常数外均能用 n:所有寄存器均能用
[F101 SHL,D,n]	5	D:移位源数据和结果的存放地址 n:指定移位的位数(地址)	16 位数左移 n 位	D:除 WX 和常数外均能用 n:所有寄存器均能用
[F105 BSR,D]	3	D:移位源数据和结果的存放地址	16 位数据右移 1 个十六进制位	D:除 WX 和常数外均能用
[F106 BSL,D]	3	D:移位源数据和结果的存放地址	16 位数据左移 1 个十六进制位	D:除 WX 和常数外均能用
[F110 WSHR,D1,D2]	5	D1:待移位数据的首地址 D2:待移位数据的末地址 (要求:D1≤D2 且同属一种寄存器)	16 位数据区右移 1 个字	D1,D2:除 WX、IX、IY 和常数外均能用
[F111 WSHL,D1,D2]	5	D1:待移位数据的首地址 D2:待移位数据的末地址 (要求:D1≤D2 且同属一种寄存器)	16 位数据区左移 1 个字	D1,D2:除 WX、IX、IY 和常数外均能用
[F112 WBSR,D1,D2]	5	D1:待移位数据的首地址 D2:待移位数据的末地址 (要求:D1≤D2 且同属一种寄存器)	16 位数据区右移 1 个十六进制位	D1,D2:除 WX、IX、IY 和常数外均能用
[F113 WBSL,D1,D2]	5	D1:待移位数据的首地址 D2:待移位数据的末地址 (要求:D1≤D2 且同属一种寄存器)	16 位数据区左移 1 个十六进制位	D1,D2:除 WX、IX、IY 和常数外均能用

指令格式	步数	操作数定义	功能说明	可使用的寄存器
[F118 UDC,S,D]	5	S:计数初始值(地址) D:计数经过值(地址)	可逆计数	S:除 IX、IY 外均能用 D:除 WX、IX、IY 和常数外均能用
[F119 LRSR,D1,D2]	5	D1:待移位数据的首地址 D2:待移位数据的末地址 (要求:D1≤D2 且同属一种寄存器)	双向移位(1 位)	D1,D2:除 WX、IX、IY 和常数外均能用
[F120 ROR,D,n]	5	D:循环移位源数据和结果的地址 n:指定要移位的位数(地址)	16 位数循环右移 n 位	D:除 WX 和常数外均能用 n:所有寄存器均能用
[F121 ROL,D,n]	5	D:循环移位源数据和结果的地址 n:指定要移位的位数(地址)	16 位数循环左移 n 位	D:除 WX 和常数外均能用 n:所有寄存器均能用
[F122 RCR,D,n]	5	D:循环移位源数据和结果的地址 n:指定要移位的位数(地址)	16 位数循环右移 n 位(包括进位标志位)	D:除 WX 和常数外均能用 n:所有寄存器均能用
[F123 RCL,D,n]	5	D:循环移位源数据和结果的地址 n:指定要移位的位数(地址)	16 位数循环左移 n 位(包括进位标志位)	D:除 WX 和常数外均能用 n:所有寄存器均能用

(7)位操作指令:16 位数据以位为单位,进行置位、复位、求反、测试以及位状态统计等操作。详细指令见表 6-17。

表 6-17　位操作指令

指令格式	步数	操作数定义	功能说明	可使用的寄存器
[F130 BTS,D,n]	5	D:位操作源数据和结果的地址 n:低 4 位指定位操作的位置(地址)	位设置	D:除 WX 和常数外均能用 n:所有寄存器均能用
[F131 BTR,D,n]	5	D:位操作源数据和结果的地址 n:低 4 位指定位操作的位置(地址)	位清除	D:除 WX 和常数外均能用 n:所有寄存器均能用

续表

指令格式	步数	操作数定义	功能说明	可使用的寄存器
[F132 BTI,D,n]	5	D:位操作源数据和结果的地址 n:低 4 位指定位操作的位置(地址)	位求反	D:除 WX 和常数外均能用 n:所有寄存器均能用
[F133 BTT,D,n]	5	D:位操作源数据和结果的地址 n:低 4 位指定位操作的位置(地址)	位测试	D:除 WX 和常数外均能用 n:所有寄存器均能用
[F135 BCU,S,D]	5	S:位计算原数据(地址) D:计算结果的存放地址	16 位数据位计算 计算 S 中为"1"的位个数→D	S:所有寄存器均能用 D:除 WX 和常数外均能用
[F136 DBCU,S,D]	7	S:位计算原数据(地址) D:计算结果的存放地址	32 位数据位计算 计算(S + 1,S)中为"1"的位个数→D	S:除 IY 外均能用 D:除 WX、IY 和常数外均能用

(8)特殊功能指令:包括时间单位的变换、I/O 刷新、进位标志的置位和复位、串口通信及高速计数器指令等。详细指令见表 6-18。

表 6-18　特殊指令

指令格式	步数	操作数定义	功能说明	可使用的寄存器
[F137 STMR,S,D]	5	S:设定值寄存器 D:经过值寄存器	设定值×0.01 s 后,将指定输出和 R900D 置 ON	S:所有寄存器均能用 D:WY、WR、SV、EV、DT
[F138 DSTM,S,D]	7	S:设定值寄存器(首地址) D:经过值寄存器(末地址)	设定值×0.01 s 后,将指定输出和 R900D 置 ON	S:除 IY 外均能用 D:WY、WR、SV、EV、DT
[F140 STC]	1	R9009:CY 进位标志位的专用寄存器	进位标志位置位:令 R9009 = ON	
[F141 CLC]	1	R9009:CY 进位标志位的专用寄存器	进位标志位复位:令 R9009 = OFF	
[F143 IORF,D1,D2]	5	D1:待刷新 I/O 的首地址 D2:待刷新 I/O 的末地址 (要求 D1,D2 为同一类寄存器且 D1≤D2)	刷新指定编号的 WX、WY 中的内容	D1,D2:只有 WX、WY 可用
[F144 TRNS,S,n]	3	S:存储被传送数据的首地址 n:指定被传送字的字节数(地址)	通过 RS-232C 串行口与外设通信	S:只有 DT 可用 n:所有寄存器均能用

续表

指令格式	步数	操作数定义	功能说明	可使用的寄存器
[F147 PR,S,D]	5	S:存储 12 个字节 ASCII 码（6 字）的首地址 D:用于输出 ASCII 码的字输出继电器	将（S+5…S）中 12 个字符的 ASCII 码→（…,D）输出	S:除 IX、IY 和常数外均能用 D:只有 WY 可用
[F148 ERR,n]	3	n:指定自诊断错误代码号（有效范围:0 和 100～299）	自诊断错误设定	n:只有常数可用
[F149 MSG,S]	13	S:将作为信息显示的字符	在手持编程器上显示指定字符,并将其存入 DT9030～DT9035（只有编程器上无显示时方可执行）	S:只能用带有 M 的字符常数

6.4　FP0 PLC 的编程及应用

通过前面介绍,可以看到,PLC 的各种功能主要是通过软件实现的。随着可编程控制技术的不断发展,尤其是高级指令的使用,PLC 与继电器－接触器控制逻辑的工作原理有了很大区别。在使用 PLC 梯形图编程的时候,要充分注意梯形图的编程基本原则和方法。

6.4.1　梯形图的编程基本原则和注意事项

1.编程的基本原则

(1)梯形图的每条逻辑线始于左母线,线圈接在最右边,线圈右边不允许有任何触点,如图 6-35 所示。

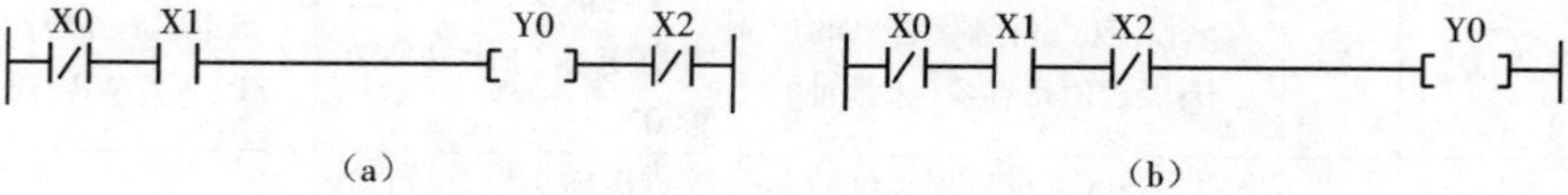

图 6-35　规则(1)说明

(a)不正确电路;(b)正确电路

(2)各种继电器、定时器、计数器的触点可以反复使用,使用次数不限。

(3)线圈不能直接与左母线相连,如果需要,可在前面加一个未用过的内部继电器的常闭触点或使用特殊内部继电器 R9010 的常开触点来连接,如图 6-36 所示。

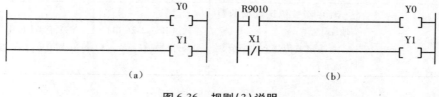

图 6-36　规则(3)说明

(a)不正确电路;(b)正确电路

（4）同一编号的线圈在同一程序中不允许输出两次，否则进行软件编程时，将以逻辑错误对待。

（5）梯形图程序按照从左到右、从上到下的顺序执行。若不符合此顺序，则应进行等效变换。如图 6-37 所示的桥式电路就不能直接编程，可改画成图 6-38 所示梯形图。

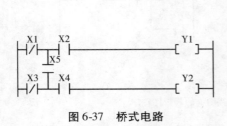

图 6-37　桥式电路

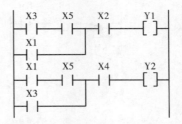

图 6-38　改画后的桥式电路梯形图

（6）梯形图中串、并联一个触点的次数没有限制。

（7）两个或两个以上线圈可并联输出。

2. 编程的注意事项

PLC 编程应在满足功能的同时力求准确简洁，既操作方便又便于阅读。在进行梯形图变换时应遵循"上沉下轻"、"左沉右轻"的原则，即把串联触点较多的电路放在梯形图上方（如图 6-39 所示），把并联触点较多的电路放在梯形图最左边（如图 6-40 所示）。经验证明，这样可以缩短程序总步数，减少程序所占内存空间。

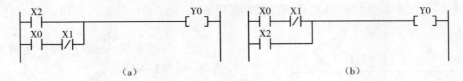

图 6-41　电路安排 1
（a）电路安排不当；（b）电路安排得当

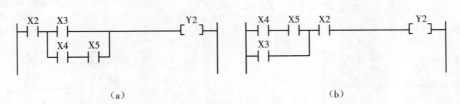

图 6-40　电路安排 2
（a）电路安排不当；（b）电路安排得当

另外，编程时应尽量使梯形图逻辑关系清楚，便于阅读检查，必要时，可增加相关触点。

6.4.2　常闭触点输入信号的处理

在 PLC 实际编程时，要注意常闭触点输入信号的处理。

图 6-41（a）是控制电动机运行的继电器－接触器电路图。SB_1 和 SB_2 分别是启动按钮和停止按钮，在 I/O 接线时，如果接入 PLC 的是 SB_1 的常开触点和 SB_2 的常闭触点（见图 6-41（b）），按下 SB_2，其常闭触点断开，X1 变为"0"状态，它的常开触点断开，显然在梯形图

中应将 X1 的常开触点与 Y0 的线圈串联(见图 6-41(c))。但是这时在梯形图中所用的 X1 的触点类型与 PLC 外接 SB₂ 的常开触点时刚好相反。由此可见,应尽可能用常开触点给 PLC 提供输入信号。

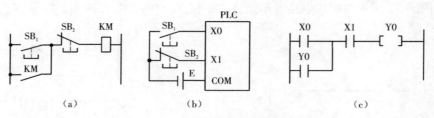

图 6-41　常闭触点输入
(a)继电器-接触器电路图;(b)PLC 接线图;(c)梯形图程序

如果某些信号只能用常闭触点输入,可以按输入全部为常开触点来设计,然后将梯形图中相应的输入继电器的触点改为相反的触点,即常开触点改为常闭触点,常闭触点改为常开触点,也能保证程序功能的正确性。

6.4.3　PLC 的基本应用程序

在 PLC 程序设计中,常用一些基本程序,这些典型、简单的基本程序可作为基本模块,在编制大型复杂程序时可随意调用,从而缩短编程时间。下面介绍一些典型基本应用程序。

1. 启动复位控制

这是梯形图中最常用的基本环节。控制要求:X0 闭合,Y0 得电并保持;X1 闭合,Y0 失电。可以通过以下 3 种方法实现。

方法一:基本输入、输出指令实现启动复位控制,如图 6-42 所示。

方法二:置位、复位指令实现启动复位控制,如图 6-43 所示。

方法三:保持指令实现启动复位控制,如图 6-44 所示。

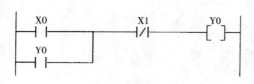

图 6-42　方法一

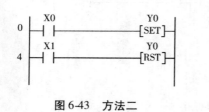

图 6-43　方法二

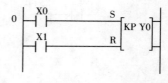

图 6-44　方法三

2. 时间控制

时间控制在 PLC 控制系统中应用非常多,大部分用于延时、定时和脉冲控制。

1)延时控制

编程时可通过定时器或计数器指令实现延时控制。在图 6-45 所示电路中,时间继电器 TMX1 起到延时 $30 \times 0.1 = 3$ s 的作用。即当 X1 闭合 3 s 后,Y1 线圈得电。此外,可以利用多个时间继电器的组合来实现更长时间的延时,图 6-46 为利用两个时间继电器组合以实现 30 s 的延时,即 Y0 在 X0 闭合 30 s 后得电。

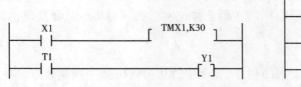

图 6-45　延时电路

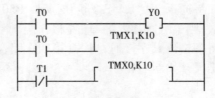

图 6-46　两个定时器组合实现长延时

2）脉冲电路

利用定时器可方便地产生脉冲序列,可通过改变定时器时间常数灵活调节方波脉冲的周期和占空比。图 6-47 为两个定时器产生方波的程序,周期为 2 s,占空比为 1∶2。

3. 顺序控制

在生产机械的控制领域中,顺序控制应用广泛。利用 PLC 不同指令均可实现顺序控制,且简洁清晰,易于阅读。下面介绍几种常用的顺序控制程序。

1）用步进指令实现顺序控制

步进指令因表达程序流程清晰,逻辑简单,应作为顺序控制的首选指令。图 6-48 为用步进指令编写的顺序控制程序。功能为:当 X1 得电,Y0 输出;当 X2 得电,Y1 输出,同时 Y0 断开;当 X3 得电,Y2 输出,同时 Y1 断开;当 X4 得电,复位步进 2,即 Y2 断开。

2）用定时器实现顺序控制

图 6-49 是用定时器编写的梯形图程序。程序功能为:当 X0 总启动开关闭合后,Y0 先接通;经过 5 s 后 Y1 接通,同时将 Y0 断开;再经过 5 s 后 Y2 接通,同时将 Y1 断开;又经过 5 s 则 Y3 接通,同时将 Y2 断开;再经过 5 s 又将 Y0 接通,同时将 Y3 断开;如此往复循环,实现了顺序启动/停止的控制。

图 6-47　脉冲发生器

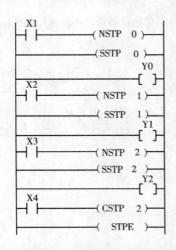
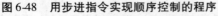

图 6-48　用步进指令实现顺序控制的程序

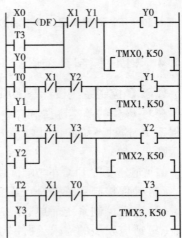

图 6-49　用定时器实现顺序控制的程序

3）用计数器实现顺序控制

图 6-50 是用计数器编写的梯形图程序,此程序利用减 1 计数器进行计数,由控制触点

X0 闭合的次数来控制各输出接通的顺序。程序功能为：当 X0 第一次闭合时 Y0 接通；第二次闭合时 Y1 接通；第三次闭合时 Y2 接通；第四次闭合时 Y3 接通，同时将计数器复位，又开始下一轮计数；如此往复，实现了顺序控制。

　　（4）用移位指令实现顺序控制

　　图 6-51 是用左移移位指令编写的梯形图程序，程序中，X0 为移位脉冲控制触点，X0 每闭合一次 WR0 左移一位。R50 和 R51 是内部继电器，R50 用作移位数据输入，R51 用作复位，初始 WR0 各位全是 0。程序功能为：当 X0 第一次闭合时移入一个 1，于是 R0 接通，Y0 被接通，同时"R0/"被断开，所以 R50 也被断开，此时移位输入变为"0"。此后 X0 每闭合一次，则第一次移入的"1"左移一位，使 WR0 的一位接通，从而接通一个输出端，如此实现了将各输出顺序接通；当 X0 第四次闭合时，将 R51 接通，于是 Y3 接通，同时使 WR0 复位，于是又开始新一轮循环。

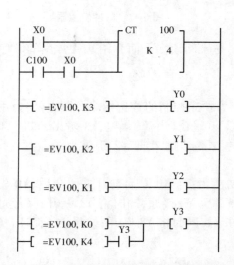

图 6-50　用计数器实现顺序控制的程序

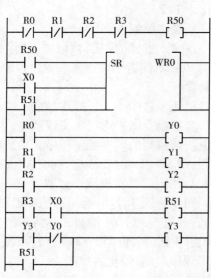

图 6-51　用移位指令实现顺序控制的程序

6.4.4　PLC 控制系统设计

1. PLC 控制系统设计基本原则

　　在对 PLC 的基本配置和指令系统有了一定的了解之后，就可以用 PLC 构成一个实际的控制系统，这种系统的设计就是 PLC 的应用设计。在设计 PLC 应用系统时，应遵循以下基本原则。

　　（1）充分发挥 PLC 的功能，最大限度地满足用户提出的各项性能指标。

　　（2）确保控制系统安全可靠、稳定运行。

　　（3）力求控制系统简单、经济、易操作、维护方便。

　　（4）适应发展的需求，硬件软件具有可扩展性。

2. PLC 控制系统设计的主要内容

　　（1）深入了解、分析被控对象，如受控的机械、电气设备、生产过程等以及控制的基本方式、完成的动作、必要的保护等，明确设计任务和技术条件。

　　（2）确定用户输入设备和输出设备。

（3）选择 PLC 机型，包括容量的选择、I/O 模块选择等，在满足功能前提下注意经济性。

（4）分配 I/O。

（5）设计梯形图控制程序。要正确、可靠地设计梯形图程序，这是 PLC 控制系统设计中最关键、最核心的部分。

（6）编制控制系统相关技术文件，如说明书、电气原理图、电器布线图、原件明细表、PLC 梯形图等。

3. PLC 控制系统设计的一般步骤

PLC 控制系统设计的一般步骤如图 6-52 所示。

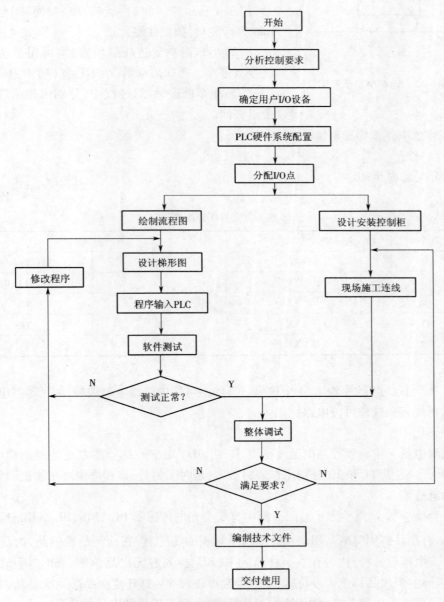

图 6-52　PLC 控制系统设计一般步骤

6.4.5 PLC 编程实例

1. 运料小车控制

运料小车如图 6-53 所示,动作要求如下。

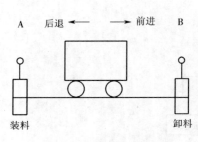

图 6-53 运料小车示意图

（1）小车可在 A、B 两地分别启动。A 地启动后,小车后退先返回 A 地,停车 1 min 等待装料;然后自动驶向 B 地;到达 B 地后停车 1 min 等待卸料;然后返回 A 地,如此往复。若从 B 地启动,小车前进先驶向 B 地,停车 1 min 等待卸料;然后自动驶向 A 地,停车 1 min 等待装料;如此往复。

（2）小车运动到达任意位置,均可用手动停车开关令其停车。再次启动后,小车重复（1）中内容。

（3）小车前进、后退过程中,分别由指示灯指示其行进方向。

下面将此电路改为梯形图。

1）I/O 分配

I/O 分配见表 6-20。

表 6-20 I/O 分配表

输 入		输 出	
SBP	X0	K1	Y1（驶向 A）
SB1	X1	K2	Y2（驶向 B）
SB2	X2	H1	Y3
ST1	X3	H2	Y4
ST2	X4		

共需 9 个 I/O 点:5 个输入、4 个输出。其他均可用内部继电器代替,如延时继电器可用内部定时器代替。这样可使电路简化。

2）梯形图

按照继电器 – 接触器控制电路图的要求,用 PLC 规定的符号能方便地画出梯形图,如图 6-54 所示。这里 T1 和 T2 分别用作装料、卸料延时。另外,该程序也可用步进语句编写。

2. 物流检测

图 6-55 是一个物流检测示意图。图中有 3 个光电传感器 BL_1、BL_2、BL_3。BL_1 检测有无次品到来,有次品到则"ON";BL_2 为检测物品到来的传感器,它检测凸轮的凸起,凸轮每转一圈则发一个移位脉冲,代表有一个物品到来;BL_3 检测有无次品落下。SB 是手动复位按钮,图中未画。当次品移至 4 号位时,要求控制电磁阀 YV 打开使次品落到次品箱内。若无次品则物品移至传送带右端,自动掉入正品箱内,实现了正品和次品的分开。

根据此任务可设计该检测系统如下。

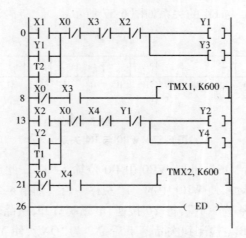

图 6-54　运料小车控制梯形图

1）I/O 分配

I/O 分配见表 6-21。

表 6-21　I/O 分配表

输　入		输　出	
BL$_1$	X0	YV	Y0
BL$_2$	X1		
BL$_3$	X2		
SB	X3		

2）梯形图

梯形图如图 6-56 所示。

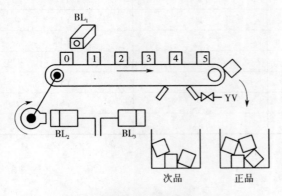

图 6-55　物流检测示意图

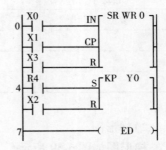

图 6-56　物流检测梯形图

说明：当无次品来时，X0 总是"OFF"，于是当移位发生时 WR0 中 R0 位输入"0"。每来一个次品，X1 则"ON"一次，即发一次移位脉冲，于是 WR0 中左移一位。但因输入全是"0"，故移位后各位也全是"0"，于是 R4 总是"OFF"，此时 Y0 不得电，电磁阀闭合，正品全部落入正品箱里面。WR0 与 R4 的关系如图 6-57 所示。

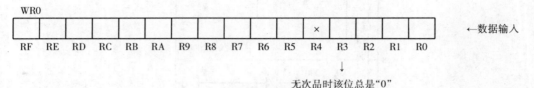

WR0

| RF | RE | RD | RC | RB | RA | R9 | R8 | R7 | R6 | R5 | R4 | R3 | R2 | R1 | R0 |

←数据输入

↓
无次品时该位总是"0"

图 6-57 WR0 与 R4 关系

当有次品来时，X0 为"ON"，此时 WR0 中 R0 位输入"1"。此后每来一个物品则 X1 为"ON"一次，发一个移位脉冲，使 WR0 中的"1"左移一位。到第 4 个移位脉冲来时恰好这个"1"移至 R4 位上，于是 R4 为"ON"，将 Y0 接通，电磁阀打开，次品落下（此时次品也恰好移到传送带的 4 号位上）。BL₃ 检测到次品落下后，X2 为"ON"，使 Y0 为"OFF"，电磁阀重新关闭。

3. 四组抢答器

图 6-58 八段码显示

一个四组抢答器，任意一组抢先按下按键后，显示器能及时显示该组的编号并使蜂鸣器发出响声，同时锁住抢答器，使其他组按键无效。抢答器有复位开关，复位后可重新抢答。

显示器上通过八段码来显示抢答组的组号，如图 6-58 所示。

根据此任务可设计该检测系统如下。

1）I/O 分配

I/O 分配见表 6-22。

表 6-22 I/O 分配表

输　入		输　出	
按键 1	X0	蜂鸣器	Y0
按键 2	X1	a	Y1
按键 3	X2	b	Y2
按键 4	X3	c	Y3
复位开关	X5	d	Y4
		e	Y5
		f	Y6
		g	Y7

2）梯形图

梯形图如图 6-59 所示。

假设 1 组抢先按下抢答键，X0 得电，内部继电器 R1 得电并保持。此时 R1 常闭触点断开，若 2、3、4 组再按下各自抢答键（X1、X2、X3 得电），R2、R3、R4 也无法得电，保证了首先按动抢答键之后其他组按键无效。R1 常开触点闭合，使得 Y0、Y2、Y3 得电，八段码显示屏上 b、c 两段得电，显示为数字 1，同时蜂鸣器发出声响。当回答问题结束，按动复位按钮 X5，

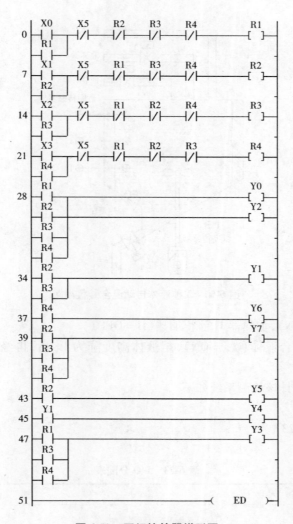

图 6-59　四组抢答器梯形图

R1 失电,Y0、Y2、Y3 失电,八段码显示屏无任何显示。

当 2、3、4 组抢先按下抢答键时,程序分析与上类似。

4. 液体自动混合

有一个 3 种液体自动混合装置,如图 6-60 所示。初始状态下,容器是空的,Y_1、Y_2、Y_3、Y_4 电磁阀和搅拌机均为 OFF,液面传感器 L_1、L_2、L_3 均为 OFF。按下启动按钮,开始下列操作。

(1)控制液体 A 的电磁阀 Y_1 闭合(Y_1 = ON),开始注入液体 A,至液面高度为 L_3(L_3 = ON)时,停止注入液体 A(Y_1 = OFF),同时开启控制液体 B 的电磁阀 Y_2(Y_2 = ON)注入液体 B,当液面高度为 L_2(L_2 = ON)时,停止注入液体 B(Y_2 = OFF),同时开启控制液体 C 的电磁阀 Y_3(Y_3 = ON)注入液体 C,当液面高度为 L_1(L_1 = ON)时,停止注入液体 C(Y_3 = OFF)。

(2)停止液体 C 注入时,开启搅拌电动机 M(M = ON),搅拌混合时间为 10 s。

(3)停止搅拌后加热器 H 开始加热(H = ON)。当混合液温度达到某一指定值时,温度

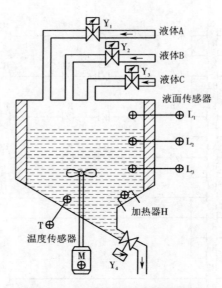

液体A
液体B
液体C
液面传感器
L_1
L_2
L_3
加热器H
温度传感器

图 6-60　3 种液体自动混合装置简图

传感器 T 动作（T = ON），加热器 H 停止加热（H = OFF）。

（4）开始放出混合液体（Y_4 = ON），至液体高度降为 L_3 后，再经 5 s 停止放出（Y_4 = OFF）。

根据此任务可设计该检测系统如下。

1）I/O 分配

I/O 分配见表 6-23。

表 6-23　I/O 分配表

输　　入		输　　出	
启动按钮	X0	M	Y0
L_1	X1	Y_1	Y1
L_2	X2	Y_2	Y2
L_3	X3	Y_3	Y3
T	X4	Y_4	Y4
停止按钮	X5	H	Y5

2）梯形图

梯形图如图 6-61 所示。

5. 机械手控制

在自动生产流水线中，有一机械手，负责将物品由传送带 A 传送至传送带 B 上。其工作示意图如图 6-62 所示。

工作过程描述：初始状态下机械手位置如图 6-62 所示。按动启动按钮 X0，机械手手臂上升，至上限位后左旋，至左限位后下降，至下限位后停止，此时传送带 A 运行。当光电传

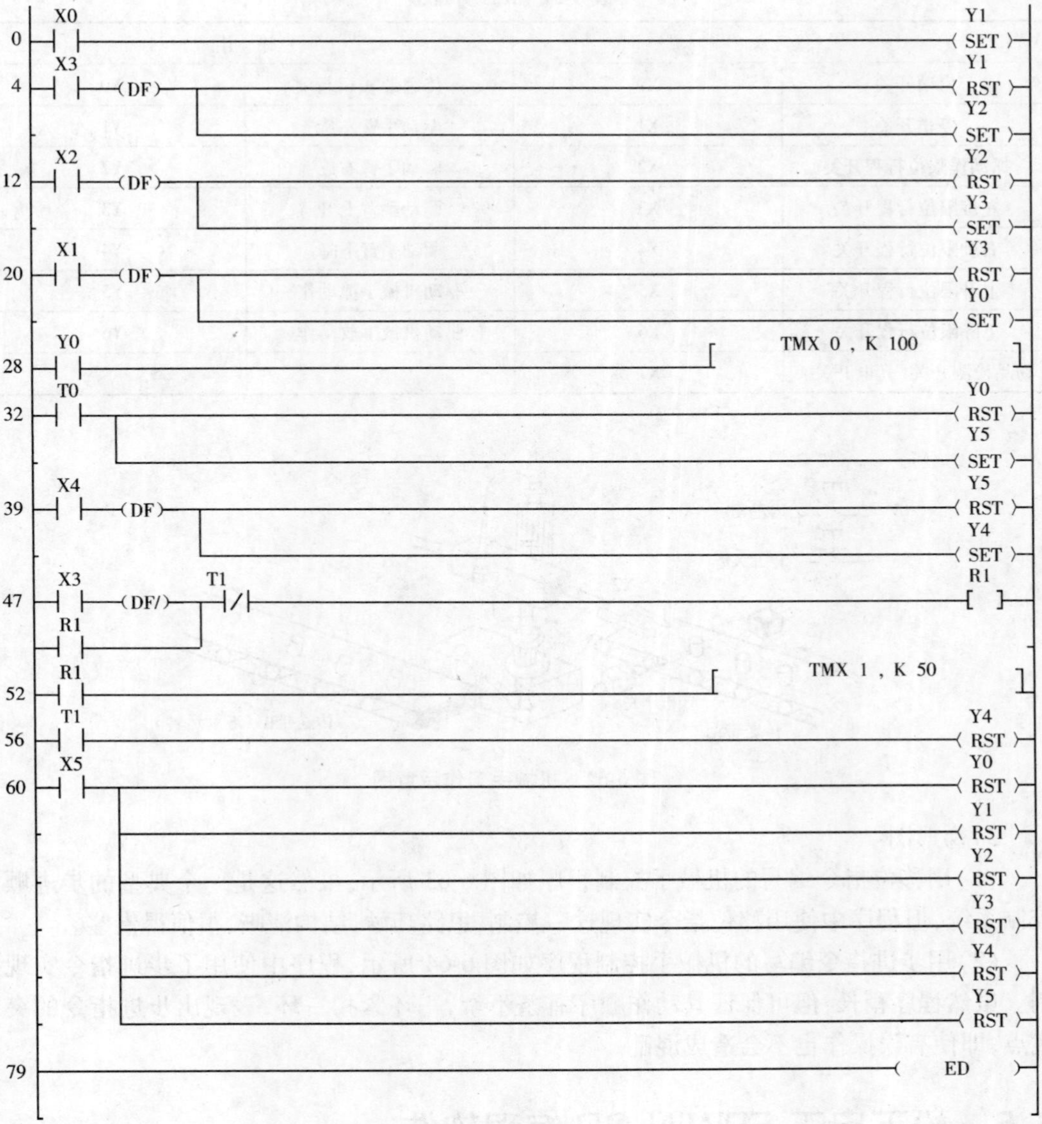

图 6-61　3 种液体自动混合梯形图

感器 X7 检测到物品时,传送带 A 停止,机械手实现"抓"动作,至抓限位后上升,至上限位后右旋,至右限位后下降,至下限位后机械手实现"放"动作,2 s 后机械手再次上升,以此循环。当按动停止按钮 X1,机械手停止工作。

根据此任务可设计该检测系统如下。

1)I/O 分配

I/O 分配见表 6-24。

表 6-24 I/O 分配表

输　入		输　出	
启动开关	X0	传送带 A 运行	Y0
停止开关	X1	驱动手臂左旋	Y1
抓动作限位行程开关	X2	驱动手臂右旋	Y2
左旋限位行程开关	X3	驱动手臂上升	Y3
右旋限位行程开关	X4	驱动手臂下降	Y4
上升限位行程开关	X5	驱动机械手抓动作	Y5
下降限位行程开关	X6	驱动机械手放动作	Y6
物品检测开关（光电开关）	X7		

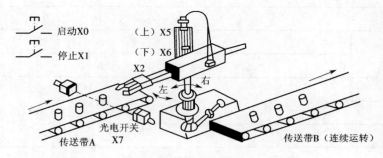

图 6-62 机械手工作示意图

2）梯形图

（1）用移位指令编写的机械手控制程序如图 6-63 所示，虽然这是一个典型的步进顺序控制系统，但程序中使用移位指令实现这一控制，思路巧妙，结构清晰，很值得借鉴。

（2）用步进指令编写的机械手控制程序如图 6-64 所示，程序中使用了步进指令实现控制。虽然程序稍长，但可保证其动作顺序有条不紊，一环紧扣一环，表现出步进指令的突出优点，即使有误操作也不会造成混乱。

6.5 松下电工 FPWIN GR 编程软件

6.5.1 概述

日本松下电工公司开发的 FPWIN GR 是 Window 环境下使用的编程软件，有中、英文两个版本，能够支持所有松下电工生产的 PLC 产品，其中包括 FP0、FP1、FP2、FP3、FP5、FP10、FP－M 和 FP－C。用户可以用它实现以下功能：对 PLC 程序的输入及编辑，程序检查，运行状态和数据的监控及测试，系统寄存器和 PLC 各种系统参数的设置，程序清单和监控结果等文档的打印，数据传输和文件管理等。

FPWIN GR 编程软件的基本使用流程如图 6-65 所示。

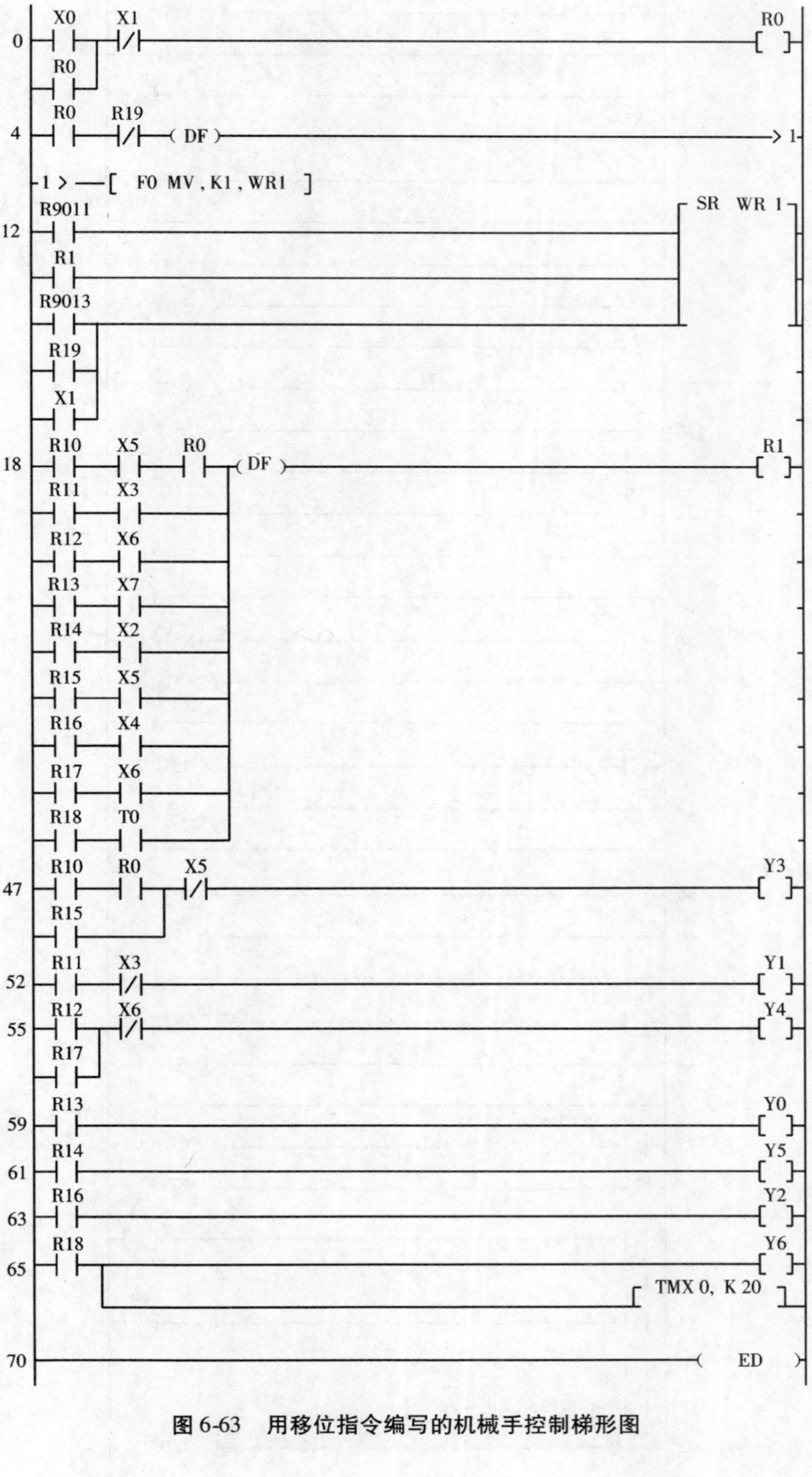

图 6-63　用移位指令编写的机械手控制梯形图

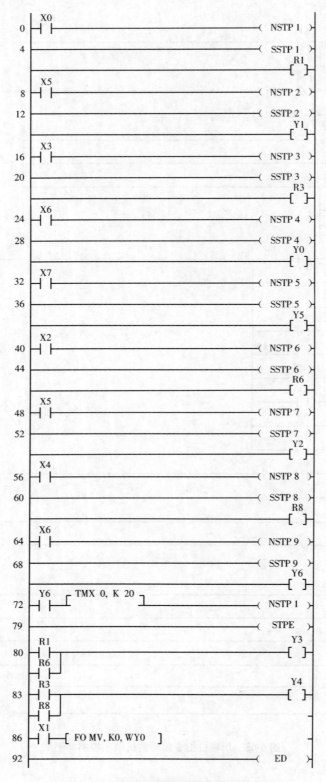

图 6-64　用步进指令编写的机械手控制梯形图

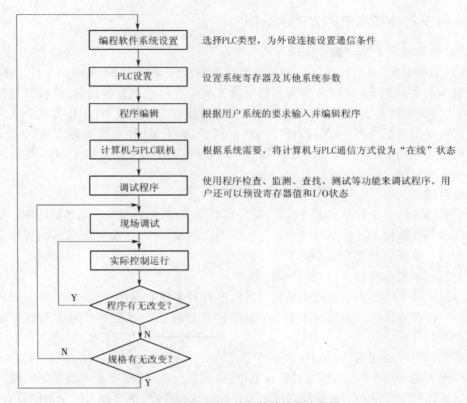

图 6-65　松下 PLC 编程软件使用流程图

6.5.2　软件安装

对于 FPWIN GR 的编程软件,将安装 CD 盘插入光驱(或打开安装文件),运行"setup"文件,按照屏幕提示操作,如输入用户名、公司名、序列号等。序列号存于安装盘目录下的"序列号.txt"文件中。

6.5.3　编程软件的特点

FPWIN GR 软件采用的是典型的 Windows 界面,菜单界面、编程界面、监控界面等可同时以窗口形式相叠或平铺显示,可以把两个不同的程序在一个屏幕上同时显示,也可以通过"Ctrl + Tab"键或"Ctrl + F6"键在各个窗口之间进行移动切换,这给调试程序和现场监控带来了便利。各种功能切换和指令的输入既可用键盘上的快捷操作键操作,也可用鼠标点击图标操作。其他功能也更趋合理、使用更加方便。

在软件的"帮助"菜单中增加了软件操作方法和指令、特殊内部继电器、特殊数据寄存器等一览表。这样在没有手册的情况下,用户也能方便地使用。另外,它的显示分辨率也大大提高了。但这一软件对计算机的要求相对要高一些,其操作系统为中文 Windows 95/98/2000/NT(Ver4.0 以上),硬盘可用空间要在 15 MB 以上。为了使使用效果达到最佳,还对计算机的配置做以下建议:CPU 为 Pentium 100 MHz 以上、内存 32 MB 以上、画面分辨率 800 ×600 以上、显示色 High Color(16 bit)以上。

6.5.4　关于几种基本使用方法的说明

1."在线编辑方式"与"离线编辑方式"

"在线编辑方式"是指计算机与 PLC 连机状态下,进行程序编辑、调试的一种工作方式。使用在线编辑方式时,由软件所编辑的程序或系统寄存器的设置等内容,将被直接传送到 PLC 中。"离线编辑方式"则是指在脱机状态下进行编程、调试的一种工作方式。使用何种工作方式可根据情况选用。要监控程序的运行状态,必须采用"在线编辑方式",而要编辑程序注释一般只能采用"离线编辑方式"。对于两种方式的转换,FPWIN – GR 是通过点击工具图标来实现的。

2. 编程模式

编程软件提供了 3 种基本编程模式:符号梯形图、布尔梯形图和布尔非梯形图。所有这些编程模式都支持松下各种型号的 PLC。选择不同的编程模式,编程屏显示的程序形式和用于编程的指令提示符号有所不同。

1)符号梯形图编程模式(LDS)

用户通过输入一些表示逻辑关系的元素图形符号来建立程序,程序在屏幕上用梯形图形式显示。在符号梯形图编辑方式下,必须进行"程序转换",才能使已输入的程序编译为可执行程序。

2)布尔梯形图编程模式(BLD)

用户通过输入指令的助记符(或称布尔符号)来建立程序,程序在屏幕上仍以梯形图的形式显示。这种编程模式不需编译即可直接生成可执行程序,所以输入指令快捷且直观。

3)布尔非梯形图编程模式(BNL)

用户通过输入指令助记符建立程序,并在屏幕上也按指令地址的顺序列出。虽然模式不能直观地显示出梯形图的结构,但它能在出现语法错误时照例逐条显示指令,以便查找错误进行修改。通过打开布尔非梯形图编程方式便可找出哪条指令出现了错误。此外,与上面两种编程模式配合使用,它还能显示出梯形图与助记符之间的关系,便于学习掌握。

6.5.5　编程屏介绍

FPWIN GR 软件的编程屏自上而下大致分为 10 个栏目,图 6-66 是其编程的实例图。

1)标题栏

标题栏包括软件名称、文件名称以及编程方式名称。

2)菜单栏

菜单栏将 FPWIN GR 全部的操作及功能,按各种不同用途组合起来,以菜单的形式显示。通过点击主菜单名及下拉子菜单栏中的功能名,可选择其相应功能。

3)注释显示栏

注释显示栏显示光标所在位置的触点、寄存器等对象的注释内容,其中包括 I/O 注释、输出说明等。

4)工具栏

工具栏将在 FPWIN GR 中经常使用的功能以图标按钮的形式集中显示(参见附录)。点击这些图标可以简化通过菜单一级一级选功能的步骤。

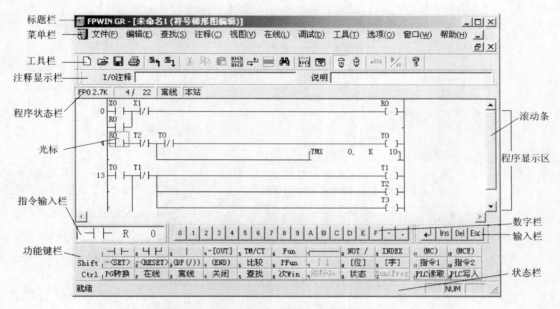

图 6-66　FPWIN GR 软件的编程屏

5）程序状态栏

程序状态栏显示出所选用的 PLC 机型、程序步数、FPWIN GR 与 PLC 之间的通信状态等信息。

6）光标

可以通过键"↑"、"↓"、"←"、"→"或鼠标的点击操作，在程序显示区域内移动光标。新输入的指令，会被显示到光标所处的位置。可以利用"Home"键将光标移至行头、利用"End"键移至行末。利用"Ctrl + Home"键可以将光标移至程序的起始位置，利用"Ctrl + End"键则可将其移至程序的最末一行。

7）指令输入栏

指令输入栏包括以下几部分。

（1）功能键栏：在输入程序时，利用鼠标点击或按快捷功能键，选择所需指令或功能。

（2）输入栏：利用鼠标操作输入"Enter"、"Ins"、"Del"、"Esc"键。

（3）数字栏：利用鼠标操作输入 0 ~ 9、A ~ F 等。

（4）输入区段栏：在通常情况下显示光标所在位置的指令或操作数。在程序编辑状态下，显示正在输入的指令或操作数。

8）滚动条

在编程屏的右侧和下侧均附有滚动条，通过点击滚动条的上下箭头和左右箭头，即可将屏幕中的内容向所需方向扩展。

9）程序显示区

程序显示区显示正在编辑或监控的程序。

10）状态栏

状态栏显示 FPWIN GR 的动作状态。

图 6-67 是 FPWIN GR 软件编程屏中各种程序注释的显示示意图。

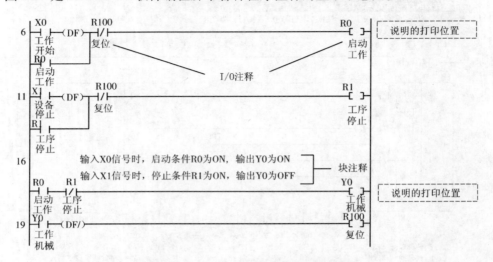

图 6-67　FPWIN GR 软件的程序注释示意图

6.5.6　编程软件功能

1. 程序的输入

1）输入指令

（1）输入功能键栏中显示的指令。点击功能键,功能键栏将转换成该指令相应的操作数类型,再点击操作数类型及数字,点击"Enter",即在光标处输入了该指令。

（2）输入功能键栏中没有的指令。当要输入在功能键栏中没有相应操作显示的指令时,点击功能键栏中的"指令1"或"指令2"键,调出"功能键栏指令输入"对话框,从中选择相应的指令进行输入。

（3）输入高级指令。点击功能键栏中的"FUN"键,画面中出现"高级指令列表"。可在序号输入栏中输入高级指令编号或从"高级指令列表"中进行选择。

2）输入连线

点击功能键栏中的横线"—"键即在光标处画上横线。点击竖线"|"键则在当前光标位置的左侧输入竖线。

3）折回输入

在符号梯形图编辑方式下,当输入在一行内无法编写完的梯形图程序时,需要在换行处输入"折回"。位于右端母线前的符号被称为"折回输出",下一行起始处的符号则被称为"折回输入"。

在折回输入中,有"折回匹配输入"和"折回单点输入"两种类型。

折回匹配输入:折回输出与折回输入称匹配指定。

折回单点输入:折回输出或折回输入分别单独指定。

折回匹配输入的操作步骤:在"折回输出"与"折回输入"中输入相同的编号,指明由何处折返到何处。需要中断正在进行的输入时,按"ESC"键。

折回单点输入的操作步骤:在指定了"折回单点输入"时,将光标移动到相应位置,确定折回输出位置(右端)以及折回输入位置(左端)。

2. 程序的修改

1)删除指令和横、竖线

(1)删除指令或横线。当要删除指令或横线时,将光标移动到想要删除的指令或横线的位置,再按"Del"键。

(2)删除竖线。当要删除竖线时,将光标移动到要删除的竖线右侧,点击功能键栏中的竖线"|"键。

2)追加指令

当要在横线上追加触点时,不必先将该处的横线删除,而只需按与通常操作相同的步骤在横线上输入触点即可。

3)修改触点编号及定时器设定值

(1)修改触点编号。将光标移动到想要修改的触点的位置上并按与通常操作相同的步骤输入触点。

(2)修改定时器设定值。将光标移动到设定值处,输入区段中会显示当前的设定值,同时功能键栏变为字显示,此时输入修改值,按"Enter"键即可。

4)插入指令

在光标之前进行插入时,按"Ins"键;在光标之后插入时,按"Shift + Ins"键对指令进行确认。

5)插入空行

(1)将光标移到要插入空行的位置。

(2)执行空行插入操作。通过菜单操作选择"编辑(E)"→"输入空行(I)",或点击工具栏中"插入空行"图标。

6)删除空行

将光标移动到所要删除的空行处,通过菜单操作选择"编辑(E)"→"删除空行"。

3. 程序转换

在符号梯形图模式下编写的程序,必须进行程序转换。未转换前,程序显示区将被反显为灰色,在程序状态栏中将显示出"正在转换"的提示。进行程序转换时,用鼠标点击功能键栏中的"PG 转换"键或按"Ctrl + F1"键。生成或编辑程序一次最多只能进行 33 行的处理。

4. 恢复程序到修改前

在程序输入过程中出现误操作等情况时,若通过选择"编辑(E)"菜单中的"程序转换(Q)"或按"Ctrl + H"键操作,则可以将正在编辑的程序恢复到程序修改前(刚执行完的前一次 PG 转换后)的状态。

5. PLC 系统寄存器的设置

在 FPWIN GR 中,PLC 的运行环境(系统寄存器设置)也与程序一起同时被保存。在启动菜单中选择了"创建新文件"时,FPWIN GR 将根据不同的机型,自动进行相应的设置;当用户需要对所设置的值进行修改时,可以由"选项"菜单中选择"PLC 系统寄存器",然后改变系统寄存器中的内容。

6. 向 PLC 传输程序

将利用 FPWIN GR 生成、编辑的程序传送到 PLC 中。此时将计算机与 PLC 的编程口通过编程电缆相连接。

当下载或上载等对程序进行传送时,由于 FPWIN GR 与 PLC 之间必须要进行通信,FPWIN GR 将会自动切换到"在线编辑"模式。

具体操作步骤如下。

(1)选择向 PLC 下载。利用菜单操作选择"文件(F)"→"下载到 PLC"或点击工具栏中的"下载"图标。

(2)确认对话框信息。

(3)确认 PLC 动作模式切换。如果 PLC 当前处于 RUN 模式,画面会显示模式切换对话框。单击"是(Y)"按钮,将 PLC 切换到 PROG 模式。

(4)程序下载过程中的显示。执行程序下载后,画面将显示程序下载流程窗口。

(5)确认 PLC 动作模式切换。程序下载正常结束后,画面中将显示下载结束、模式切换对话框。当需要将 PLC 切换到 RUN 模式时,单击"是(Y)"按钮。

(6)结束程序下载。当结束向 PLC 的下载、PLC 切换到 RUN 模式后,画面中的程序状态栏显示切换到遥控 RUN 状态,程序部分的显示也将切换到监控状态。

7. 保存程序

在 FPWIN GR 中是将程序、PLC 的系统寄存器、注释等内容的数据作为一个文件进行保存的。当需要对已经存在的文件进行覆盖保存时,请选择"保存",而需要初次保存一个新建的程序或需要将文件重新命名后保存时,请选择"另存为…"。

8. 打印程序

打印程序、I/O 列表以及系统寄存器等信息,打印输出的操作步骤如下。

(1)选择打印。利用菜单操作选择"文件(F)"→"打印(P)"或点击工具栏中的"打印"图标。

(2)显示打印对话框。选择"打印(P)"之后,画面中会出现打印对话框。确认所使用的打印机,设置打印范围、打印份数等内容,然后单击"OK"按钮。

思考题与习题

6-1 松下 FP0 型 PLC 有什么特点?

6-2 软继电器的含义是什么?编程中如何使用?

6-3 如何理解"位"与"字"之间的关系?WX0、X0、X10 表示的意义有何不同?

6-4 使用 OT、SET、RST、KP 指令时应注意哪些问题?

6-5 简述 TM 指令和 CT 指令的工作原理。

6-6 何谓"顺序控制"?如何利用步进指令实现顺序控制?

6-7 高级指令的操作数分为几类?在使用时有什么要求?

6-8 梯形图与继电器 - 接触器控制图之间有哪些差异?

6-9 单按钮控制的要求是只用一个按钮就能控制一台电动机的启动和停止。控制过程是按一次按钮电动机启动,并保持运行,再按一次按钮,电动机就停止。

（1）利用计数指令实现单按钮控制电动机的启动。

（2）利用置位和复位指令实现单按钮控制电动机的启动。

（3）利用高级指令 F132 实现单按钮控制电动机的启动。

6-10　设有 4 个设备分别由输出继电器 Y0、Y1、Y2 和 Y3 启动，当闭合启动控制点 X0 后，输出继电器 Y0 接通，延时 5 s 后，Y1 接通，同时关断 Y0；再延时 5 s 后，Y2 接通，同时又关断 Y1；又延时 5 s 后，最后 Y3 接通，同时关断 Y2；Y3 接通并保持 5 s 后，Y0 又接通，Y0 接通使得 Y3 关断。以后周而复始，按顺序执行下去。按下停止按钮 X1 时系统停止运行。试用定时器实现上述功能。

第7章 西门子 PLC

7.1 S7-200 PLC 系统构成

S7-200 PLC 是德国西门子公司生产的一种小型 PLC,它能够控制各种设备以满足自动化控制需求。由于 S7-200 PLC 具有多种功能模块可供选择,所以有系统集成方便、易于组成网络等特点,使得控制系统设计更加简单,应用也更加广泛。本章以 S7-200 PLC 为主进行介绍。

S7-200 PLC 模块是将一个中央处理器(CPU)、一个集成电源和数字量 I/O 点集成在一个紧凑的封装中,从而形成了一个功能强大的微型 PLC,如图 7-1 所示。在下载了程序之后,S7-200 PLC 将保留所需的逻辑,用于监控应用程序中的输入输出设备。

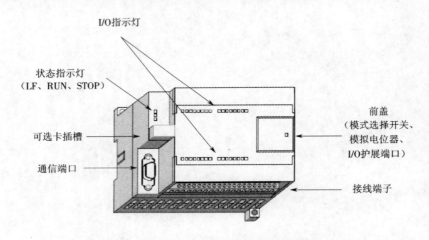

图 7-1 S7-200 PLC 外形结构图

CPU 负责执行程序和存储数据,以便对工业自动控制任务或过程进行控制。

输入输出部分的控制点(I/O 点):输入部分从现场设备中(例如传感器或开关)采集信号,输出部分则控制泵、电动机、指示灯以及工业过程中的其他设备。

电源向 CPU 及所连接的任何模块提供电力支持。通信端口用于连接 CPU 与上位机或其他工业设备。状态指示灯显示了 CPU 工作模式、本机 I/O 的当前状态以及检查出的系统错误。

7.1.1 S7-200 PLC 内部资源

S7-200 PLC 将用户信息(用户程序和用户数据)存于不同的存储器单元,每个单元都有唯一的地址,可以通过寻找存储器地址来直接存取用户信息。存储器单元包括用户程序存储器区域和用户数据存储器区域。用户数据存储器区域是用户程序执行过程中的 PLC

内部存储区域,该区域主要存放输入信号、运算结果、计时/计数值等。它包括输入继电器 I、输出继电器 Q、变量寄存器 V、辅助继电器 M、特殊继电器 SM、状态继电器 S、定时器 T、计数器 C、高速计数器 HSC、累加器 AC、局部变量存储器 L、模拟量输入 AI、模拟量输出 AQ。这些组成了 PLC 的各种内部器件,但它们并不是真正的物理器件,在 PLC 系统软件的管理下,这些内部器件只是 PLC 的编程元件,与其对应的是存储器中的存储单元。这些编程元件只是沿用了传统继电器控制电路中继电器的名称。

1. S7 – 200 PLC 的数据存储器

1)数据长度

在 PLC 中,通常使用位、字节、字、双字来表示数据占用的连续数据位数,称为数据长度。

在计算机中,位(bit)指二进制中的一位,是最基本的存储单位,只有"0"和"1"两种状态。在 PLC 中,一个位对应一个继电器。若继电器线圈得电,相应位的状态为"1";若继电器线圈失电,相应位的状态为"0"。8 位二进制数构成一个字节(Byte),两个字节构成一个字(Word),两个字构成一个双字(Double Word)。在 PLC 中,字又称为通道,一个字含有 16 位,即一个通道由 16 个继电器组成;双字含有 32 位,即由 32 个继电器组成。

2)数据类型

不同的数据对象具有不同的数据类型。在 S7 – 200 PLC 中,主要的数据类型有布尔型(BOOL)、整数型(INT)和实数型(REAL)。布尔型由"0"和"1"构成的字节型无符号整数表示,整数型包括 16 位单字和 32 位双字的带符号整数,实数型以 32 位的单精度数表示。每种数据类型都有一定的范围,见表 7-1。

表 7-1　S7 – 200 PLC 的数据类型及范围

数据类型	无符号整数	有符号整数	实　数
字节	0 ~ 255(十进制)	– 128 ~ 127(十进制)	
	0 ~ FF(十六进制)	80 ~ 7F(十六进制)	
字	0 ~ 65 535(十进制)	– 32 768 ~ 32 767(十进制)	
	0 ~ FFFF(十六进制)	8 000 ~ 7FFF(十六进制)	
双字	$0 ~ 2^{32} - 1$(十进制)	$- 2^{31} ~ 2^{31} - 1$(十进制)	正数 1. 175 495E – 38 ~ 3. 402 823E + 38(十进制)
	0 ~ FFFFFFFF(十六进制)	80 000 000 ~ 7FFFFFFF(十六进制)	负数 – 1. 175 495E – 38 ~ – 3. 402 823E + 38(十进制)

3)编址方式

在 S7 – 200 PLC 中对数据存储器的编址主要是进行位、字节、字、双字编址。

(1)位编址方式:(存储区域标志符)字节地址. 位地址,如 I0.1、Q0.2。

(2)字节编址方式:(存储区域标志符)B 字节地址,如 IB1 表示输入继电器 I1.0 ~ I1.7 这 8 位组成的字节,QB0 表示输出继电器 Q0.0 ~ Q0.7 这 8 位组成的字节。

(3)字编址方式:(存储区域标志符)W 起始字节地址,最高有效字节为起始字节,如 VW0 表示由 VB0 和 VB1 这两个字节组成的字。

（4）双字编址方式：（存储区域标志符）D 起始字节地址最高有效字节为起始字节,如 VD100 表示由 VB100、VB101、VB102、VB103 这 4 个字节组成的双字。

2. S7 - 200 PLC 的内部器件（编程元件）

1）输入继电器 I

输入继电器 I 是 PLC 的输入映像寄存器,用来接收外部控制按钮、开关及各种传感器等的输入信号。S7 - 200 PLC 的输入映像寄存器是以字节为单位的寄存器,它的每一位对应一个数字量输入点,CPU 一般按位编址来读取一个输入继电器状态,当然也可以按字节、字、双字方式进行编址,如 I0.1、IB2、IW2、ID10。S7 - 200 PLC 的输入映像寄存器有 I0 ~ I15 共 16 个字节单元,因此输入映像寄存器能存储 16 × 8 共计 128 个输入点信息。

2）输出继电器 Q

输出继电器 Q 是 PLC 的输出映像寄存器。通过输出继电器,将 PLC 存储系统与外部输出端子相连,用来将 PLC 的输出信号传递给负载。S7 - 200 PLC 的输出映像寄存器是以字节为单位的寄存器,它的每一位对应一个数字量输出点,CPU 一般按位编址来读取一个输出继电器状态,当然也可以按字节、字、双字方式进行编址,如 Q0.1、QB2、QW2、QD10。S7 - 200 PLC 的输出映像寄存器有 Q0 ~ Q15 共 16 个字节单元,因此输出映像寄存器能存储 16 × 8 共计 128 个输出点信息。

3）变量寄存器 V

S7 - 200 PLC 中有大量的变量寄存器,用来存储全局变量、存放数据运算的中间结果。它可以按位、字节、字、双字方式使用。变量寄存器的数量与 CPU 型号有关,CPU 222 为 V0.0 ~ V2 047.7,CPU 224/226 为 V0.0 ~ V5 119.7。

4）辅助继电器 M

在 S7 - 200 PLC 中辅助继电器 M 也称为内部标志位寄存器,它相当于传统的继电器 - 接触器控制电路中的中间继电器。辅助继电器与外部输入输出端没有任何对应,不能直接驱动外部负载,它用来存储中间操作数或建立输入输出之间复杂的逻辑关系。S7 - 200 PLC 的 CPU 22X 系列的辅助继电器的数量为 256 个（32B,256 位）,可按位、字节、字、双字方式使用,如 M21.2、MB11、MW12、MD22。

5）特殊继电器 SM

在 S7 - 200 PLC 中特殊继电器 SM 也称为特殊标志位寄存器,它用于 CPU 与用户程序之间信息的交换,用这些位可选择和控制 PLC 的一些特殊控制功能。特殊标志位寄存器可按位、字节、字、双字方式使用。常用的特殊标志位寄存器的功能如下。

SM0.0：运行监控,当 PLC 运行时,SM0.0 接通。

SM0.1：初始化脉冲,首次扫描为 1,以后为 0。

SM0.2：当 RAM 中保存的数据丢失时,SM0.2 ON 一个扫描周期。

SM0.3：PLC 上电进入 RUN 状态时,SM0.3 ON 一个扫描周期。

SM0.4：分脉冲,其占空比为 50%,系周期 1 min 的脉冲串。

SM0.5：秒脉冲,其占空比为 50%,系周期 1 s 的脉冲串。

SM0.6：该位为扫描时钟脉冲,本次扫描为 1,下次扫描为 0,可以作为扫描计数器的输入。

SM0.7：工作方式开关位置指示。开关放置在 RUN 时为 1,PLC 为运行状态;开关放置在 TERM 时为 0,PLC 可进行通信编程。

SM1.0:当执行某些指令,其结果为 0 时,将该位置 1。

SM1.1:当执行某些指令,其结果溢出或为非法数值时,将该位置 1。

SM1.2:当执行数学运算指令,其结果为负数时,将该位置 1。

SM1.3:试图除以 0 时,将该位置 1。

其他常用特殊标志继电器的功能可以参见 S7 - 200 系统手册。特殊继电器波形图如图 7-2 所示。

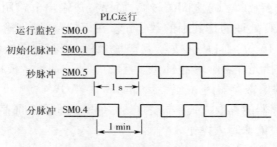

图 7-2　特殊继电器波形图

6)状态继电器 S

状态继电器 S 也称为顺序控制继电器,它是使用顺序控制指令编程时的重要元件,可按位、字节、字、双字方式使用,有效编址范围是 S0.0 ~ S31.7。

7)定时器 T

PLC 中的定时器相当于时间继电器,用于延时控制,是对内部时钟累计时间的重要编程元件。通常,定时器的设定值由程序设定,当定时器的当前值大于或等于设定值,定时器位被置 1,其常开触点闭合、常闭触点断开。PLC 中每个定时器都有 1 个 16 位有符号的当前值寄存器,用于存储定时器累计值(1 ~ 32 767)。S7 - 200 PLC 定时器的时基有 3 种:1 ms、10 ms、100 ms,有效范围为 T0 ~ T255。

8)计数器 C

计数器用来对输入脉冲的个数进行累计,实现计数操作。使用计数器时要预设计数的设定值,当输入触发条件满足时,相应计数器开始对输入端的脉冲进行计数,若当前计数值大于或等于设定值,计数器状态位置 1,其常开触点闭合、常闭触点断开。PLC 中每个计数器都有 1 个 16 位有符号的当前值寄存器,用于存储计数器累计的脉冲个数(1 ~ 32 767)。S7 - 200 PLC 计数器有 3 种类型:加计数器、减计数器、加减计数器,有效范围为 C0 ~ C255。

9)高速计数器 HSC

高速计数器用来计数比 CPU 扫描速度更快的高速脉冲,工作原理与普通计数器相同。在这里不作介绍,本章后面有详细介绍。

10)累加器 AC

累加器用来暂存数据、计算的中间结果、子程序传递参数等,可以像存储器一样使用读写存储区。S7 - 200 PLC 共有 4 个 32 位的累加器 AC0 ~ AC3,可按字节、字或双字形式存取。以字节或字为单位存取时,累加器只使用了低 8 位或低 16 位。

11）局部变量存储器 L

局部变量存储器用于存储局部变量。S7 - 200 PLC 共有 64 个局部变量存储器,其中 60 个可以用在暂时存储器或者给子程序传递参数。如果用梯形图或功能块图编程,STEP 7 - Micro/win32 保留这些局部变量存储器的最后 4 个字节。如果用语句表编程,可以寻址到全部 64 个字节,但不要使用最后的 4 个字节。

12）模拟量输入 AI、模拟量输出 AQ

其全称为模拟量输入映像寄存器(AI)、模拟量输出映像寄存器(AQ)。模拟量输入电路用以实现模拟量/数字量(A/D)之间的转换,而模拟量输出电路用以实现数字量/模拟量(D/A)之间的转换,PLC 处理的是其中的数字量。在模拟量输入/输出映像寄存器中,数字量的长度为 1 个字长(16 位),且从偶数号字节进行编址来存取转换前后的模拟量值,如 0、2、4、6、8。编址内容包括元件名称、数据长度和起始字节的地址。模拟量输入映像寄存器用 AI 表示、模拟量输出映像寄存器用 AQ 表示,如 AIW10、AQW4 等。

PLC 对这两种寄存器的存取方式不同之处是,对模拟量输入寄存器只能作读取操作,而对模拟量输出寄存器只能作写入操作。

7.1.2　S7 - 200 PLC 的主要技术性能

1. S7 - 200 PLC CPU 的技术指标

西门子公司提供多种类型的 CPU 以适应各种应用,S7 - 200 PLC 的 CPU 系列包括 CPU 221、CPU 222、CPU 224、CPU 224XP 和 CPU 226 等型号,它们的主要技术性能有所不同,见表 7-2。

表 7-2　CPU 22X 的主要技术性能

技术指标	CPU 221	CPU 222	CPU 224	CPU 226
外形尺寸/mm	$90 \times 80 \times 62$	$90 \times 80 \times 62$	$120.5 \times 80 \times 62$	$190 \times 80 \times 62$
存储器				
用户程序/B	2 048	2 048	4 096	4 096
用户数据/B	1 024	1 024	2 560	2 560
用户存储器类型	EEPROM	EEPROM	EEPROM	EEPROM
数据后备(超级电容)/h	50	50	50	50
输入/输出				
本机 I/O	6 入/4 出	8 入/6 出	14 入/10 出	24 入/16 出
可扩展模块数量	无	2	7	7
数字量 I/O 映像区	128 入/128 出	128 入/128 出	128 入/128 出	128 入/128 出
模拟量 I/O 映像区	无	16 入/16 出	32 入/32 出	32 入/32 出
布尔指令执行速度（μs/指令）	0.37	0.37	0.37	0.37
主要内部继电器				
I/O 映像寄存器	128I,128Q	128I,128Q	128I,128Q	128I,128Q
内部通用继电器	256	256	256	256

续表

计数器/定时器	256/256	256/256	256/256	256/256
顺序控制继电器	256	256	256	256
附加功能				
内置高速计数器	4 H/2 W(20 kHz)	4 H/2 W(20 kHz)	6 H/4 W(20 kHz)	6 H/4 W(20 kHz)
模拟量调节电位器	1	1	2	2
高速脉冲输出	2(20 kHz,DC)	2(20 kHz,DC)	2(20 kHz,DC)	2(20 kHz,DC)
通信中断	1 发送/2 接受	1 发送/2 接受	1 发送/2 接受	1 发送/2 接受
硬件输入中断	4,输入滤波器	4,输入滤波器	4,输入滤波器	4,输入滤波器
定时中断	2(1~255 ms)	2(1~255 ms)	2(1~255 ms)	2(1~255 ms)
实时时钟	有(时钟卡)	有(时钟卡)	有(内置)	有(内置)
口令保护	有	有	有	有
通信功能				
通信口数量	1(RS-485)	1(RS-485)	1(RS-485)	2(RS-485)
支持协议	PPI,DP/T	PPI,DP/T	PPI,DP/T	PPI,DP/T
0 号口	自由口	自由口	自由口	自由口
1 号口	N/A	N/A	N/A	(同0号口)
PPI 主站点到点	NETR/NETW	NETR/NETW	NETR/NETW	NETR/NETW

2. S7 - 200 的扩展模块

输入和输出点是系统与被控制对象的连接点。用户可以使用主机 I/O 和扩展 I/O。S7 - 200 PLC 的 CPU 提供一定数量的主机数字量 I/O 点,但在主机点数不够的情况下,就必须使用扩展模块的 I/O 点。有时需要完成过程量控制时,可以扩展模拟量的输入/输出模块。当需要完成某些特殊功能的控制任务时,S7 - 200 PLC 主机可以扩展特殊功能模块。所以 S7 - 200 PLC 扩展模块包括数字量输入/输出扩展模块、模拟量输入/输出扩展模块和功能扩展模块。典型的输入/输出模块和特殊功能模块有如下几种。

1) 数字量 I/O 扩展模块

S7 - 200 PLC 目前总共可以提供下述几类数字量输入/输出扩展模块。输入扩展模块 EM 221 有 3 种:8 点 DC24 V 输入;16 点 DC24 V 输入;8 点光电隔离输入,交直流通用,可直接输入交流 220 V。输出扩展模块 EM 222 有 5 种:4 点 DC24 V 输出,4 点继电器输出,8 点 DC24 V 输出,8 点继电器输出,8 点光电隔离晶闸管输出。输入/输出混合扩展模块 EM 223 有 6 种:分别为 4 点、8 点、16 点输入/4 点、8 点、16 点输出的各种组合,3 种为 DC24 V 输出,另 3 种为继电器输出。

2) 模拟量 I/O 扩展模块

模拟量输入扩展模块 EM 231 有 3 种:4 路模拟量输入,输入量程可配置为 4~20 mA、0~5 V、0~10 V、±5 V 或 ±10 V 等;2 路热电阻输入;4 路热电偶输入。12 位精度。模拟量输出扩展模块 EM 232,具有 2 路模拟量输出,12 位精度。模拟量输入/输出扩展模块 EM 235,具有 4 路模拟量输入和 1 路模拟量输出(占用 2 路输出地址),12 位精度。

3）功能扩展模块

功能扩展模块有 EM 253 位置控制模块、EM 277 PROFIBUS – DP 模块、EM 241 调制解调器模块、CP 243 – 1 以太网模块和 CP 243 – 2AS – i 接口模块等。扩展模块时，通过 CPU 模块和扩展模块上的扩展电缆把各个扩展模块依次串接起来，形成一个扩展链。在进行最大 I/O 配置的预算时要考虑以下几个因素的限制：允许的扩展模块数、映像寄存器的数量、CPU 为扩展模块所能提供的最大电流和每种扩展模块消耗的电流。

7.1.3　S7 – 200 PLC 的工作原理

PLC 是采用循环扫描的方式进行工作的，即在 PLC 运行时，CPU 根据用户按控制要求编制好并存于用户存储器中的程序，按指令步序号（或地址号）作周期性循环扫描，如无跳转指令，则从第一条指令开始逐条顺序执行用户程序，直至程序结束。然后重新返回第一条指令，开始下一轮新的扫描。在每次扫描过程中，还要完成对输入信号的采样和对输出状态的刷新等工作。

PLC 的一个扫描周期分为输入采样、程序执行和输出刷新 3 个阶段。

PLC 在输入采样阶段，首先以扫描方式按顺序将所有暂存在输入锁存器中的输入端子的通断状态或输入数据读入，并将其写入各对应的输入状态寄存器中，即刷新输入。随即关闭输入端口，进入程序执行阶段。

PLC 在程序执行阶段，按用户程序指令存放的先后顺序扫描执行每条指令，执行的结果再写入输出状态寄存器中，输出状态寄存器中所有的内容随着程序的执行而改变。

PLC 在输出刷新阶段，当所有指令执行完毕，输出状态寄存器的通断状态在输出刷新阶段送至输出锁存器中，并通过一定的方式（继电器、晶体管或晶闸管）输出，驱动相应输出设备工作。

7.1.4　系统设计过程及梯形图设计规则

在这里，首先了解 PLC 系统的设计过程及梯形图的设计规则。在我们学习了 PLC 的工作原理和指令系统后，就可以结合实际问题进行 PLC 控制系统的设计，并将其应用于实际。

1. PLC 系统设计步骤

1）分析被控对象

分析被控对象的工艺过程及工作特点，了解被控对象机电之间的配合，确定被控对象对 PLC 控制系统的控制要求。根据生产的工艺过程分析控制要求，如需要完成的动作（动作顺序、动作条件、必需的保护和连锁等）、操作方式（手动、自动、连续、单周期、单步等）。

2）确定输入/输出设备

根据系统的控制要求，确定系统所需的输入设备（如按钮、位置开关、转换开关等）和输出设备（如接触器、电磁阀、信号指示灯等）。据此确定 PLC 的 I/O 点数。

3）选择 PLC

选择 PLC 的机型、容量、I/O 模块及电源。

4）分配 I/O 点

分配 PLC 的 I/O 点，画出 PLC 的 I/O 端子与输入/输出设备的连接图或对应表。（可结合第 2 步进行）

5）设计软件及硬件

进行 PLC 程序设计,进行控制柜(台)等硬件及现场施工。由于程序与硬件设计可同时进行,因此 PLC 控制系统的设计周期可大大缩短,而对于继电器－接触器系统必须先设计出全部的电气控制电路后才能进行施工设计。其中硬件设计及现场施工的步骤如下。

(1)设计控制柜及操作面板电器布置图及安装接线图。

(2)设计控制系统各部分的电气互连图。

(3)根据图纸进行现场接线,并检查。

6）联机调试

联机调试是指将模拟调试通过的程序进行在线统调。

7）整理技术文件

技术文件包括设计说明书、电气安装图、电器元件明细表及使用说明书等。

2. 梯形图设计规则

1）触点的安排

梯形图的触点应画在水平线上,不能画在垂直分支上。

2）串、并联的处理

在有几个串联回路相并联时,应将触点最多的那个串联回路放在梯形图最上面。在有几个并联回路相串联时,应将触点最多的并联回路放在梯形图的最左面。

3）线圈的安排

不能将触点画在线圈右边,只能在触点的右边接线圈。

4）不准双线圈输出

如果在同一程序中同一元件的线圈使用两次或多次,则称为双线圈输出。这时前面的输出无效,只有最后一次才有效,所以不应出现双线圈输出。

5）重新编排电路

如果电路结构比较复杂,可重复使用一些触点画出它的等效电路,然后再进行编程就比较容易。

6）编程顺序

对复杂的程序可先将程序分成几个简单的程序段,每一段从最左边触点开始,由上至下向右进行编程,再把程序逐段连接起来。

7.2　S7 – 200 PLC 基本指令

PLC 有 3 种最基本的编程语言:梯形图语言、语句表、逻辑功能图,其中梯形图语言直接来源于传统的继电器控制系统,其符号及规则充分体现了电气技术人员的读图及思维习惯,简洁直观,即使没有学过计算机技术的人也很容易接受。因此,本节重点说明梯形图的编制方法。

正如前面所述,PLC 内部元件沿用传统继电器控制电路中"继电器"概念,它利用内部电路的通断状态模拟对应物理继电器实际的接通与断开,因此,在 PLC 内部把它叫做"软继电器"。一个软继电器实际上是一个内部存储单元,存储"0"或"1"两个数据,与物理继电器的线圈对应,称之为"得电"或"失电"状态。一个软继电器的线圈与常开触点及常闭触点的状态的关系完全等同于物理继电器。

梯形图程序中常用的符号如下。

1）左母线

在梯形图程序的左边，有一条从上到下的竖线，称为左母线。所有的程序支路都连接在左母线上，并起始于左母线。

左母线上有一个始终存在，由上而下从左到右的电流（能流），称为假象电流。今后将利用能流概念进行梯形图程序的分析。

2）触点

常开触点　├┤bit├

常闭触点　├/┤bit├

触点符号代表输入条件，如外部开关、按钮及内部条件等。位 bit 对应 PLC 内部的各个编程元件，该位数据（状态）为 1 时，表示"能流"能通过，即该点接通。由于计算机读操作的次数不受限制，用户程序中，常开触点、常闭触点可以使用无数次。

3）线圈

├(bit)

线圈表示输出结果，通过输出接口电路来控制外部的指示灯、接触器等。线圈左侧接点组成的逻辑运算结果为"1"时，能流可以达到线圈，使线圈得电动作，PLC 将 bit 位地址指定的编程元件置位为"1"；逻辑运算结果为"0"，线圈不通电，编程元件的位置为 0。即线圈代表 PLC 对编程元件的写操作。PLC 采用循环扫描的工作方式，所以在用户程序中，每个线圈只允许使用一次。

4）指令盒

指令盒代表一些较复杂的功能，如定时器、计数器或数据传输指令等。当能流通过指令盒时，执行指令盒的功能。

7.2.1　常用逻辑指令

1. 逻辑取及线圈驱动

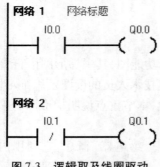

图 7-3　逻辑取及线圈驱动

常开触点与左母线相连，即常开触点逻辑运算起始。

常闭触点与左母线相连，即常闭触点逻辑运算起始。

线圈驱动指令功能是将运算结果输出到位地址指定的继电器，使其线圈状态发生变化，从而改变其常开触点与常闭触点的状态。线圈驱动不能操作输入继电器 I。图 7-3 表示上述 3 条基本指令的用法。

2. 触点串联与并联

图 7-4 表示触点的串联与并联。

3. 串联电路块并联

图 7-5 表示串联电路块的并联。

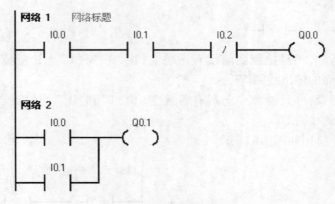

图 7-4　触点的串联与并联

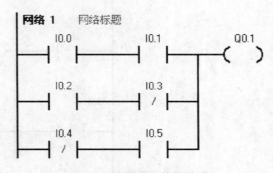

图 7-5　串联电路块的并联

4.并联电路块串联

图 7-6 表示并联电路块的串联。

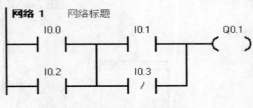

图 7-6　并联电路块的串联

5.置位、复位指令

$$-(\,{}^{bit}_{\,S}\,)\qquad-(\,{}^{Bit}_{\,R}\,)$$

S 为置位指令,接通并保持;R 为复位指令,使操作断开。置位(S)和复位(R)指令将从指定地址开始的 N 个点置位或者复位,可以一次置位或者复位 N = 1 ~ 255 个点。

如果复位指令指定的是一个定时器位(T)或计数器位(C),指令不但复位定时器或计数器位,而且清除定时器或计数器的当前值。

S/R 操作数:Q、M、SM、V、S。

置位、复位指令应用如图 7-7 所示。

6. 正、负跳变指令

对于正跳变指令,一旦检测到前端有正跳变(由"0"到"1"),让能流接通一个扫描周期,用于驱动其后面的输出线圈等。

对于负跳变指令,一旦检测到前端有负跳变(由"1"到"0"),让能流接通一个扫描周期,用于驱动后面的线圈等。

正负跳变指令应用如图7-8所示。

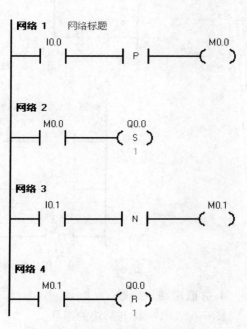

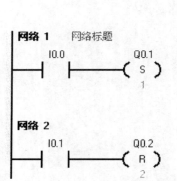

图 7-7 置位、复位指令应用

图 7-8 正负跳变指令应用

7. RS/SR 触发器指令

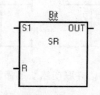

置位优先触发器是一个置位优先的锁存器。当置位信号(S1)和复位信号(R)都为真时,输出为真。

复位优先触发器是一个复位优先的锁存器。当置位信号(S)和复位信号(R1)都为真时,输出为假。

Bit 参数用于指定被置位或者复位的布尔参数,可选的输出反映 Bit 参数的信号状态。

7.2.2 定时器指令

S7 – 200 PLC 有 3 类定时器:延时接通定时器(TON)、有记忆的延时接通定时器(TONR)、延时断开定时器(TOF)。

　　TON 和 TONR 在使能输入接通时开始计时,TOF 用于在输入断开后延时一段时间断开输出。定时器的分辨率也称为时基,有 3 种:1 ms、10 ms、100 ms。在选用定时器时,先选择定时器号(Txx),定时器号决定了定时器的分辨率,并且分辨率已经在指令盒上标出了。定时器总的定时时间 = 预设值(PT) × 时基。定时器的有效操作数见表 7-3,定时器号和分辨率见表 7-4。

表 7-3　定时器的有效操作数

输入/输出	数据类型	操作数
Txx	WORD	常数(T0 到 T255)
IN	BOOL	I、Q、V、M、SM、S、T、C、L、能流
PT	INT	IW、QW、VW、MW、SMW、SW、LW、T、C、AC、AIW、* VD、* LD、* AC、常数

表 7-4　定时器号和分辨率

定时器类型	用毫秒(ms)表示的分辨率	用秒(s)表示的最大值	定时器号
TONR	1	32. 767	T0、T64
	10	327. 67	T1 ~ T4、T65 ~ T68
	100	3 276. 7	T5 ~ T31、T69 ~ T95
TON、TOF	1	32. 767	T32、T96
	10	327. 67	T33 ~ T36、T97 ~ T100
	100	3 276. 7	T37 ~ T63、T101 ~ T255

1. 延时接通定时器(TON)

　　每个定时器都有一个 16 位有符号的当前值寄存器及一个 1 bit 的状态位。在图 7-9 所示的例子中,当 I0.0 接通并保持时,T37 即开始计数;计时到设定值 PT 时,T37 状态位置 1,其对应的常开触点闭合,驱动 Q0.0 有输出;其后当前值仍增加,但不影响状态位。当 I0.0 断开时,T37 复位,当前值清零,状态位清零,即回复到初始状态。若 I0.0 接通后未达到设定值时就断开,则 T37 跟随复位,即状态位为 0,当前值也清零,Q0.0 也不会有输出。对于 16 位的当前值寄存器,最大值是 $2^{15} - 1$,也即预设值最大为 32 767。

2. 有记忆的延时接通定时器(TONR)

　　对于图 7-10 中定时器 T1,当输入 I0.0 为 1 时,定时器开始计时;当 I0.0 为 0 时,当前值保持(不像 TON 一样清零);当下次 I0.0 再为 1 时,T1 的当前值从上次保持值开始往上加,当达到预定值时,T1 状态位置 1,对应的常开触点闭合,驱动 Q0.0 有输出。以后即使 I0.0 再为 0 也不会使 T1 复位,要使 T1 复位必须用复位指令。I0.1 闭合,T1 及 Q0.0 都复位。

3. 延时断开定时器(TOF)

　　延时断开定时器(TOF)用于在输入断开后,延时一段时间后断开输出。在图 7-11 中,当 I0.0 断开后,使定时器 T33 开始计时,当 T33 计时 100 ms 后,Q0.0 才有输出。

7.2.3　计数器指令

　　S7 - 200 PLC 的计数器分为内部计数器和高速计数器两大类。内部计数器用来累计输

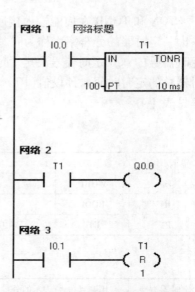

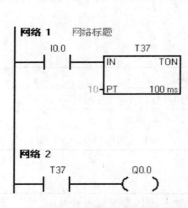

图 7-9　延时接通定时器应用　　　　　　　　　图 7-10　有记忆的延时接通定时器应用

入脉冲的个数,其计数速度较慢,其输入脉冲频率必须小于 PLC 程序扫描频率,一般最高为几百赫兹,所以在实际应用中主要用来对产品进行计数等控制任务。高速计数器主要用于对外部高速脉冲输入信号进行计数,例如在定位控制系统中,编码器的位置反馈脉冲信号一般高达几千赫兹,有时甚至达几十千赫兹,远远高于 PLC 程序扫描频率,这时一般的内部计数器已经无能为力。本节只介绍内部计数器,高速计数器在后面章节有介绍。

S7 - 200 PLC 提供了 256 个内部计数器(C0 ~ C255),共分为 3 种类型:增计数器(CTU)、减计数器(CTD)和增/减计数器(CTUD)。每个计数器都有一个 16 位有符号的当前值寄存器和计数器状态位,最大计数值为 32 767。

计数器用来累计输入脉冲的个数,与定时器的使用类似。编程时先设定计数器的预设值,计数器累计脉冲输入端上升沿的个数。当计数器的当前值达到预设值时,状态位被置位为“1”,完成计数器控制的任务。计数器的设定值输入数据类型为 INT 型。寻址范围为VW、IW、QW、MW、SW、SMW、LW、AIW、T、C、AC、* VD、* AC、* LD 和常数。一般情况下使用常数作为计数器的设定值。

1. 增计数器(CTU)

增计数器应用如图 7-12 所示。首次扫描时,计数器位为 OFF,当前值为 0。在计数脉冲CU 输入端 I0. 0 的每个上升沿,C20 计数 1 次,当前值增加 1。当前值达到预设值 PV 为 3时,计数器状态位置 1,C20 常开触点闭合,线圈 Q0. 0 有输出。当前值可继续计数到 32 767后停止计数。当复位(R)输入端 I0. 1 接通或执行复位指令时,计数器 C20 复位,计数器状态位置 0,当前值清零,C20 触点复位,Q0. 0 复位。

2. 减计数器(CTD)

减计数指令从当前计数值开始,在每一个(CD)输入状态的低到高时递减计数。当 Cxx的当前值等于 0 时,计数器 Cxx 置位。当装载输入端(LD)接通时,计数器位被复位,并将计数器的当前值设为预置值 PV。当计数值到 0 时,计数器停止计数,计数器 Cxx 接通。图7-13 为减计数器指令的应用示例。

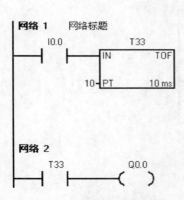

图 7-11　延时断开定时器应用

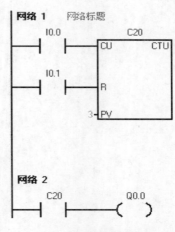

图 7-12　增计数器应用

3. 增/减计数器(CTUD)

增/减计数指令在每一个计数输入(CU)的低到高时增计数,在每一个减计数输入(CD)的低到高时减计数。计数器的当前值 Cxx 保存当前计数值。在每一次计数器执行时,预置值 PV 与当前值作比较。

当达到最大值(32 767)时,在增计数输入处的下一个上升沿导致当前计数值变为最小值(-32 768)。当达到最小值(-32 768)时,在减计数输入端的下一个上升沿导致当前计数值变为最大值(32 767)。当 Cxx 的当前值大于等于预置值 PV 时,计数器 Cxx 置位。否则,计数器关断。当复位端(R)接通或者执行复位指令后,计数器被复位。当达到预置值 PV 时,CTUD 计数器停止计数。增减计数器应用示例如图 7-14 所示。

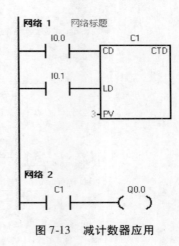

图 7-13　减计数器应用

7.2.4　长时定时器与长计数器

1. 长时定时器

已经知道内部定时器都有一个 16 位的有符号当前值寄存器,所以其最长的定时时间是 3 276.7 s,即不到一个小时。这样问题就产生了,如果需要定时 1 h 以上的时间,该如何实现。

当然可以考虑将多个定时器串联起来使用,但当要求的延时时间更长的话(比如 10 h)这种做法就会使程序变得很冗长。因此,为了产生更长的延时时间,可以将多个定时器、计数器联合起来使用,以扩大延时时间。例如现在需要延时 2 h,如图 7-15 是一种应用方法。

结合 PLC 的工作原理,具体的分析如下。

第 1 周期:I1.0 常开闭合,T37 开始计时;C0 复位端 R 有效,计数器复位,当前值为 0;Q1.0 无输出。

第 2 周期:T37 继续计时,C0 复位端 R 无效,但 C0 当前值仍为 0;Q1.0 无输出。

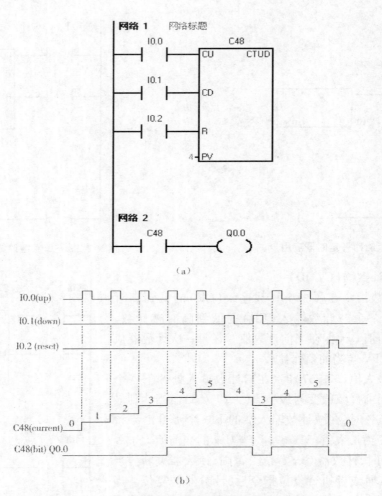

图 7-14　增减计数器应用

(a)梯形图;(b)时序图

……

第 N 周期:当这个周期到来时,T37 计时达到 20 s 时,T37 的常开触点闭合,产生正跳变,C0 加 1,当前值变为 1;T37 常闭触点断开,T37 复位,当前值清零;Q1.0 无输出。

第 N + 1 周期:I1.0 常开仍闭合,T37 常闭复位,T37 又从零开始计时,C0 当前值为 1。

……

当 C0 计数达到预设值后,C0 常开闭合,Q1.0 有输出,即定时时间为 T37 的定时时间 × C0 的计数值 = (200 × 100 ms) × 360 = 2 h 后,Q1.0 有输出。

2. 长计数器

同定时器一样,计数器的最大计数值为 32 767。为了产生更长的计数值,可以将多个计数器连接等效为更大的计数值。图 7-16 为长计数器的应用。具体的工作过程读者可自行分析。

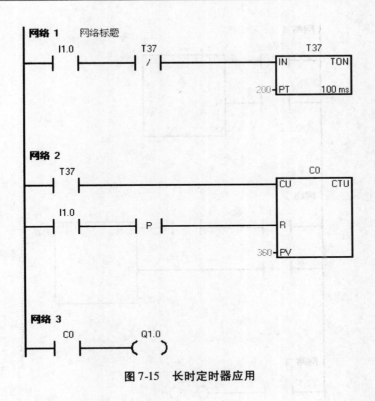

图 7-15　长时定时器应用

7.2.5　比较指令

比较指令用于比较两个数值 IN1 和 IN2 或字符串的大小。在梯形图中,比较符有等于(＝＝)、大于(＞)、小于(＜)、不等于(＜＞)、大于等于(＞＝)、小于等于(＜＝),相应的梯形图格式如图 7-17 所示。

比较指令的功能:当比较数 IN1 和比较数 IN2 的关系符合比较符的条件时,比较触点闭合,后面的电路被接通。否则比较触点断开,后面的电路不接通。

比较指令有 5 种类型:字节比较、整数比较、双字比较、实数比较和字符串比较,在触点中间分别用 B、I、D、R、S 表示。其中字符比较是无符号的,整数、双字、实数的比较是有符号的。数值比较指令的运算符有 ＝＝、＞、＜、＜＞、＞＝和＜＝ 6 种;而字符串的比较指令只有 ＝＝ 和 ＜＞ 两种。比较指令应用如图 7-18 所示。

7.2.6　基本指令应用举例

1. 单按钮启停控制

在传统的继电器控制系统中,控制电动机的启停往往需要两只按钮,在这里利用 PLC 逐行扫描的特点,使用一只按钮来控制电动机的启停。

将启动/停止的输入信号 I0.0 接按钮的常开触点,并通过输出点 Q1.0 连接接触器线圈来控制电动机。操作方法是:按一下该按钮,输入的是启动信号,再按一下该按钮,输入的则是停止信号,以此形成单数次时为启动,双数次时为停止。能够实现这个控制目的的方案有很多,以下是其中 3 个方案。

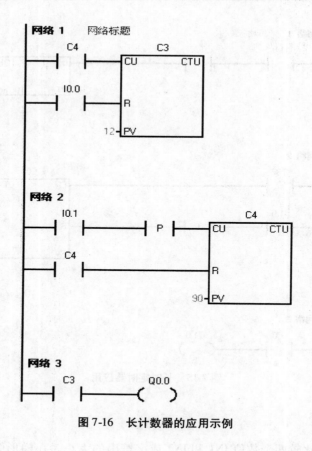

图 7-16　长计数器的应用示例

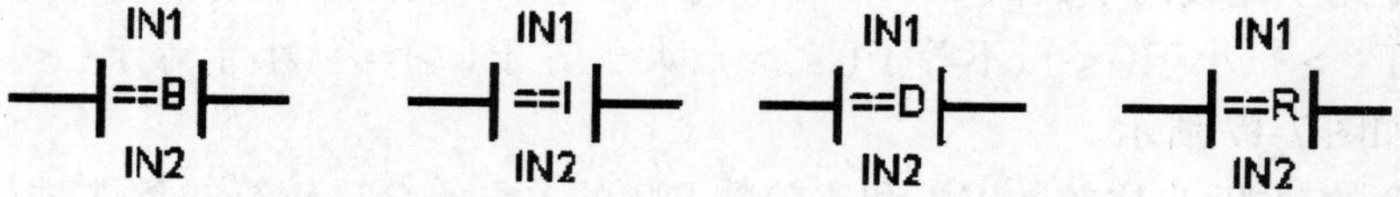

图 7-17　比较操作指令(比较符为"等于"时)

方案 1 如图 7-19 所示。

当第一次按下按钮时,在当前周期内,I0.0 使辅助继电器 M0.0、M0.1 为 ON 状态,Q1.0 为 ON;第二个周期内,辅助继电器 M0.1 的常闭触点为 OFF 状态,使得 M0.0 为 OFF,辅助继电器 M0.2 仍为 OFF,M0.2 的常闭触点仍为 ON,Q1.0 的自锁起作用,Q1.0 仍为 ON,从此不管经过多少扫描周期,这种状态亦不会改变。第一次松开按钮后到第二次按下按钮前,读入 I0.0 的状态为 OFF,辅助继电器 M0.0、M0.1、M0.2 均为 OFF 状态,Q1.0 也继续保持 ON 状态,当第二次按下按钮时,在当前扫描周期时,辅助继电器 M0.0、M0.1、M0.2 均为 ON 状态,M0.2 的常闭触点为 OFF,使 Q1.0 由 ON 变为 OFF;到下一个扫描周期假如未松开按钮,M0.1 的常闭触点使 M0.0 为 OFF,使 M0.2 为 OFF,Q1.0 不具备吸合条件,仍为 OFF。第二次松开按钮后到第三次按下按钮前,M0.0、M0.1、M0.2、Q1.0 均为 OFF 状态,控制程序恢复到原始状态。所以,当第三次按下按钮时,又开始了启动操作,由此进行启停电动机。

方案 2 如图 7-20 所示。

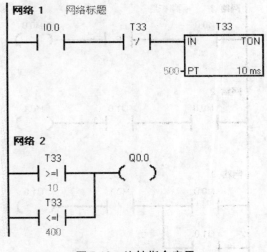

图 7-18　比较指令应用

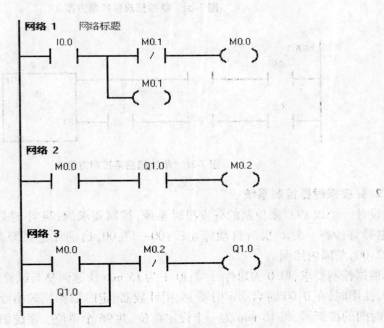

图 7-19　单按钮启停方案 1

　　结合 PLC 的扫描周期,自行分析控制方案 2。

　　方案 3 如图 7-21 所示。在这里,利用 RS 触发器及上升沿触发来实现单按钮控制电动机的启停。当第一次按下按钮:在第一个扫描周期,I0.0 由 0 变成"1",产生正跳变,触发器置位端有效,Q1.0 为 ON 状态,电动机启动;第二个扫描周期,由于 P 指令的作用,无论继续按住或松开按钮,RS 触发器的置位端和复位端都为 0,Q1.0 继续保持 ON 状态。当第二次按下按钮:由于 Q1.0 已经是 ON 状态了,所以此时 RS 触发器的置位端和复位端会同时为"1",由于 RS 触发器的复位端优先,就会使得 Q1.0 复位,变成 OFF 状态,电动机就停止运行了。以此就形成了单数次按下为启动,双数次按下为停止。

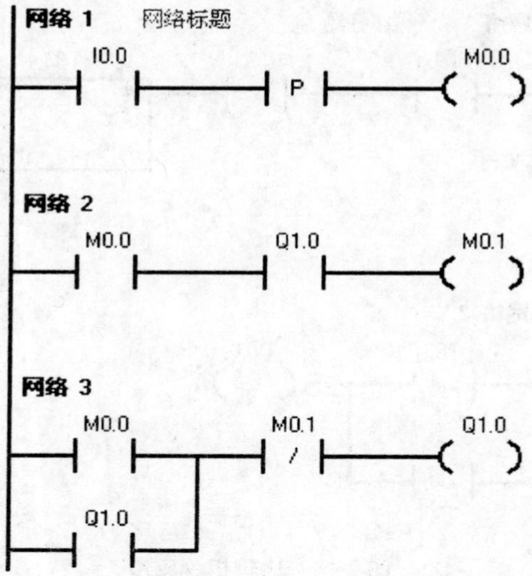

图 7-20　单按钮启停控制方案 2

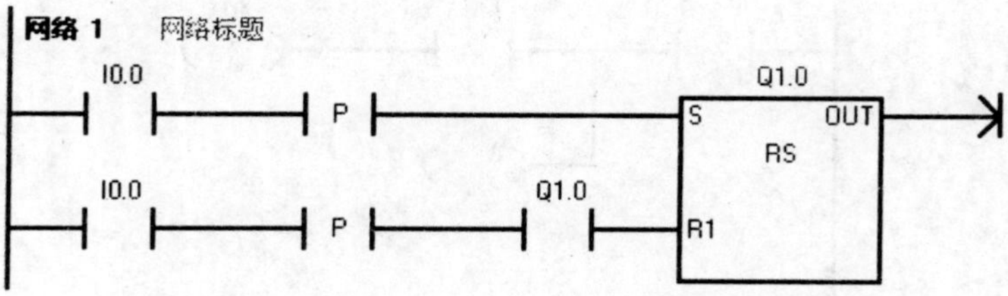

图 7-21　单按钮启停控制方案 3

2. 昼夜报时器控制系统

设计一个以 PLC 来控制的昼夜报时系统,控制要求为:24 小时昼夜定时报警,早上 6:30,电铃每秒响一次,6 次后自动停止;9:00—17:00,启动住宅报警系统;18:00,开园内照明;22:00,关园内照明。

根据控制要求,I0.0 为启停开关;I0.1 为 15 min 快速调整与试验开关;I0.2 为快速试验开关,使用时,在 0:00 时启动定时器,应用计数器、定时器和比较指令,构成 24 小时可设定定时时间的控制器,每 15 min 为一个设定单位,共 96 个单位。系统的 I/O 分配见表 7-5,梯形图如图 7-22 所示。

表 7-5　昼夜报时系统的 I/O 分配表

输　入		输　出	
启停开关	I0.0	电铃	Q0.0
15 min 快速调整与试验开关	I0.1	园内照明系统	Q0.1
快速试验开关	I0.2	住宅报警系统	Q0.2

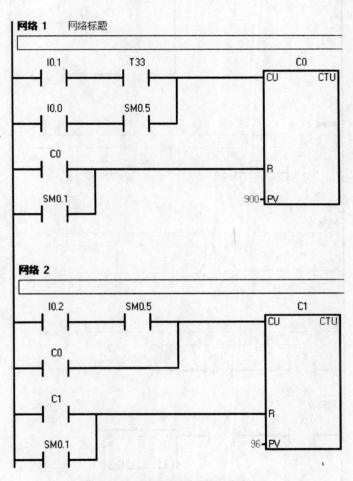

图 7-22　昼夜报时器梯形图

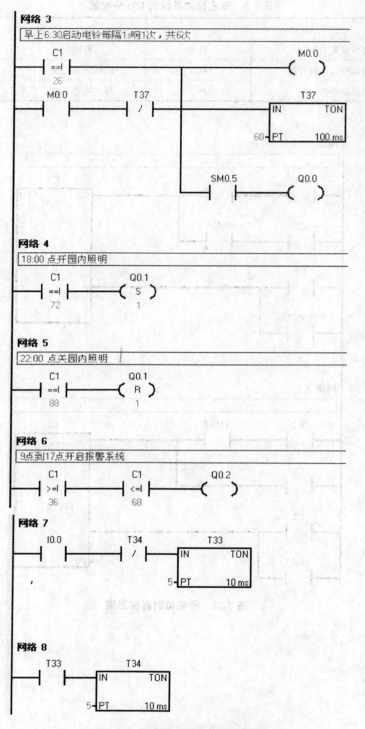

网络 3

早上6:30启动电铃每隔1s响1次，共6次

```
    C1                                      M0.0
  ==|                                      ( )
   26

  M0.0       T37                            T37
  | |       |/|                     IN        TON
                              60 -PT      100 ms

                        SM0.5            Q0.0
                        | |              ( )
```

网络 4

18:00 点开园内照明

```
    C1        Q0.1
  ==|        ( S )
   72          1
```

网络 5

22:00 点关园内照明

```
    C1        Q0.1
  ==|        ( R )
   88          1
```

网络 6

9点到17点开启报警系统

```
    C1        C1        Q0.2
  >=|       <=|        ( )
   36        68
```

网络 7

```
   I0.0      T34             T33
   | |      |/|        IN       TON
                  5 -PT      10 ms
```

网络 8

```
   T33              T34
   | |        IN       TON
         5 -PT      10 ms
```

图 7-22　昼夜报时器梯形图(续)

7.3　S7 - 200 PLC 功能指令

1. 传送指令

1) 字节、字、双字或者实数传送

其 LAD 指令格式如图 7-23 所示。

字节传送(MOVB)、字传送(MOVW)、双字传送(MOVD)和实数传送(MOVR)指令在不改变原值的情况下将 IN 中的值传送到 OUT。使用双字传送指令可以创建一个指针。

2) 块传送

其 LAD 指令格式如图 7-24 所示。

图 7-23　数据传送指令的 LAD 格式

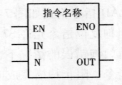

图 7-24　块传送指令的 LAD 格式

字节块传送(BMB)、字块传送(BMW)和双字块传送(BMD)指令传送指定数量的数据到一个新的存储区,数据的起始地址 IN,数据长度为 N 个字节、字或者双字,新块的起始地址为 OUT。N 的范围从 1 到 255。

【例 7-1】　传送类指令应用,如图 7-25 所示。

程序执行完毕后,将 16#AB 传送到 VB0 中,并将以 VB10 为首地址的 4 个单元(即 VB10、VB11、VB12、VB13)中的数据依次传送到 VB100、VB101、VB102、VB103 中。

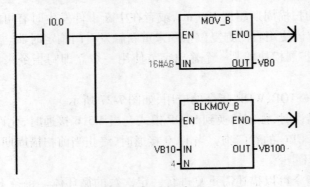

图 7-25　例 7-1 图

2. 程序控制指令

1) 条件结束(END)

其 LAD 指令格式如图 7-26 所示。

条件结束指令根据前面的逻辑关系终止当前扫描周期,可以在主程序中使用条件结束指令,但不能在子程序或中断服务程序中使用该命令。

2）停止（STOP）

其 LAD 指令格式如图 7-26 所示。

$$—(END)\qquad—(STOP)\qquad—(WDR)$$

图 7-26 END、STOP、WDR 指令的 LAD 格式

停止指令导致 CPU 从 RUN 到 STOP 模式，从而可以立即终止程序的执行。

如果 STOP 指令在中断程序中执行，那么该中断立即终止，并且忽略所有挂起的中断，继续扫描程序的剩余部分。完成当前周期的剩余动作，包括主用户程序的执行，并在当前扫描的最后，完成从 RUN 到 STOP 模式的转变。

3）看门狗复位（WDR）

其 LAD 指令格式如图 7-26 所示。

看门狗复位指令允许 S7 – 200 PLC CPU 的系统看门狗定时器被重新触发，这样可以在不引起看门狗错误的情况下，增加扫描所允许的时间。使用 WDR 指令时要小心，因为如果用循环指令去阻止扫描完成或过度的延迟扫描完成的时间，那么在终止本次扫描之前，下列操作过程将被禁止：

（1）通信（自由端口方式除外）；

（2）I/O 更新（立即 I/O 除外）；

（3）强制更新；

（4）SM 位更新（SM0，SM5 ~ SM29 不能被更新）；

（5）运行时间诊断；

（6）由于扫描时间超过 25 s，10 ms 和 100 ms 定时器将不会正确累计时间；

（7）在中断程序中的 STOP 指令。

如果希望程序的扫描周期超过 500 ms，或者在中断事件发生时有可能使程序的扫描周期超过 500 ms 时，应该使用看门狗复位指令来重新触发看门狗定时器。每次使用看门狗复位指令，应该对每个扩展模块的某一个输出字节使用一个立即写指令来复位每个扩展模块的看门狗。

【例 7-2】 END、STOP、WDR 指令的应用，如图 7-27 所示。

当检测到 I/O 错误时，强制切换到 STOP 模式。当 M5.6 接通时，允许扫描周期扩展，重新触发 S7 – 200 PLC CPU 的看门狗。当 I0.0 接通时，终止当前扫描周期。

4）For – Next 循环指令

FOR 和 NEXT 指令可以描述需重复进行一定次数的循环体。每条 FOR 指令必须对应一条 NEXT 指令。For – Next 循环嵌套（一个 For – Next 循环在另一个 For – Next 循环之内）深度可达 8 层。

FOR – NEXT 指令执行 FOR 指令和 NEXT 指令之间的指令，必须指定计数值或者当前循环次数（INDX）、初始值（INIT）和终止值（FINAL）。NEXT 指令标志着 FOR 循环的结束。例如，给定初值（INIT）为 1，终值（FINAL）为 10，那么随着当前计数值（INDX）从 1 增加到 10，FOR 与 NEXT 之间的指令被执行 10 次。如果初值大于终值，那么循环体不被执行。每执行一次循环体，当前计数值增加 1，并且将其结果同终值作比较，如果大于终值，那么终止

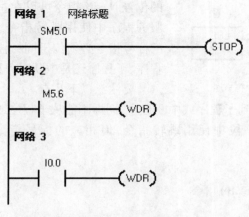

图 7-27　例 7-2 图

循环。

【例 7-3】　For – Next 循环指令应用,如图 7-28 所示。

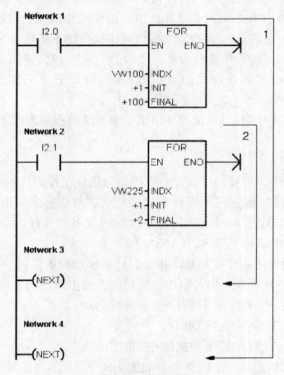

图 7-28　例 7-3 图

当 I2.0 接通时,外循环(1)执行 100 次。当 I2.1 接通时,外循环每执行一次,内循环执行两次。第一个 NEXT,回路 2 结束。第二个 NEXT,回路 1 结束。

5)跳转指令

其 LAD 指令格式如图 7-29 所示。

跳转到标号指令(JMP)执行程序内标号 N 指定的程序分支。标号指令标记跳转目的地

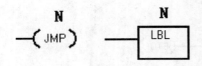

图 7-29　跳转指令格式

的位置 N。该指令可以在主程序、子程序或者中断服务程序中使用跳转指令。跳转指令和与之相应的标号指令必须位于同一段程序代码。（无论是主程序、子程序还是中断服务程序）

要注意以下几点。

（1）不能从主程序跳到子程序或中断程序，同样不能从子程序或中断程序跳出。

（2）可以在 SCR 程序段中使用跳转指令，但相应的标号指令必须也在同一个 SCR 段中。

（3）N = 0 ~ 255。

6）顺序控制继电器（SCR）指令

Ⅰ. 指令介绍

SCR 指令能够按照自然工艺段在 LAD、FBD 或 STL 中编制状态控制程序。只要应用中包含的一系列操作反复执行，就可以使用 SCR 使程序更加结构化，以至于直接针对应用。这样可以使得编程和调试更加快速和简单。

LSCR：SCR 装载指令标志着一个 SCR 段的开始，SCR 结束指令则标志着 SCR 段的结束。在装载 SCR 指令与 SCR 结束指令之间的所有逻辑操作的执行取决于 S 堆栈的值。而在 SCR 结束指令和下一条装载 SCR 指令之间的逻辑操作则不依赖于 S 堆栈的值。

SCRT：SCR 传输指令，将程序控制权从一个激活的 SCR 段传递到另一个 SCR 段。执行 SCRT 指令可以使当前激活的程序段的 S 位复位，同时使下一个将要执行的程序段的 S 位置位。

SCRE：SCR 条件结束指令，可以使程序退出一个激活的程序段而不执行 SCRE 与 SCRE 之间的指令。

Ⅱ. 顺序控制功能图

顺序控制功能图（SFC）主要用于设计具有明显阶段性工作顺序的系统。一个控制过程可以分为若干工序（阶段），将这些工序称为状态。状态与状态之间由转换条件分隔，相邻的状态具有不同的动作形式。在 PLC 中，每个状态用状态软元件——状态继电器 S 表示。S7 – 200 PLC 的状态继电器编号为 S0. 0 ~ S31. 7。

顺序控制功能图设计的程序比用基本指令设计的梯形图更直观、易懂，并且根据顺序功能图能够快速编写出 LAD 程序。编写顺序控制功能图要把握好四要素。

（1）驱动有关负载：在本状态下做什么。如图 7-30 所示，在当前状态 S0. 1 下，驱动负载 Q0. 0。

（2）指定转移条件：在顺序控制功能图中，相邻的两个状态之间实现转移必须满足一定的条件。如图 7-30 所示，当 I0. 2 接通时，系统从 S0. 1 转移到 S0. 2。

（3）转移方向（目标）：置位下一个状态。如图 7-30 所示，当 I0. 2 接通时，如果原来处于 S0. 1 状态，则程序将从 S0. 1 转移到 S0. 2。

（4）顺序控制功能图及顺序控制继电器（SCR）指令应用。

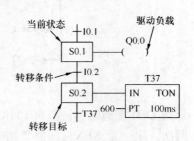

图 7-30　顺序控制功能图的三要素

使用顺序功能图编程有 3 种形式,即顺序结构、选择分支结构及并行分支结构。

①顺序结构。使用顺序控制功能图编程时,程序中只有一个流动的路径称为顺序结构,如图 7-31 所示。每一个顺序控制功能图一般设定一个初始状态。初始状态的编程要特别注意,在开始运行时,初始状态必须用其他方法预先驱动,使其处于工作状态。

②选择分支结构。在多个分支流程中根据条件选择一条分支流程运行,其他分支的条件不能同时满足。程序中每次只满足一个分支转移条件,执行一条分支流程,就称为选择性分支结构,如图 7-32 所示。

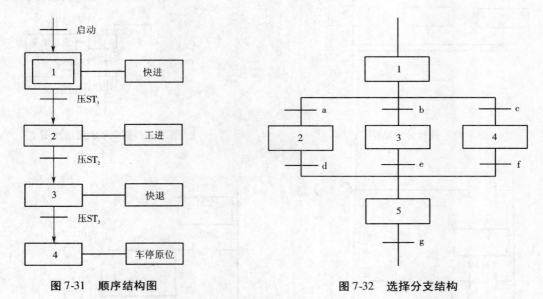

图 7-31　顺序结构图　　　　　图 7-32　选择分支结构

③并行分支结构。在顺序控制程序中,当条件满足后,程序将同时转移到多个分支程序,执行多个流程,这种程序结构称为并行分支结构,如图 7-33 所示。

【例 7-4】　使用顺序控制结构,编写出实现红绿灯循环显示的程序。(要求循环间隔时间为 1 s)

根据控制要求首先画出红绿灯顺序显示的功能流程图 7-34 所示。启动条件为按钮 I0.0,步进条件为时间,状态步的动作为点红灯、熄灭绿灯,同时启动定时器,步进条件满足时,关断本步,进入下一步。

梯形图程序如图 7-35 所示。

分析:当 I0.0 输入有效时,启动 S0.0,执行程序的第一步,输出 Q0.0 置 1(点亮红灯),Q0.1 置 0(熄灭绿灯),同时启动定时器 T37,经过 1 s,步进转移指令使得 S0.1 置 1,S0.0 置 0,程序进入第二步,输出点 Q0.1 置 1(点亮绿灯),输出点 Q0.0 置 0(熄灭红灯),同时启动定时器 T38,经过 1 s,步进转移指令使得 S0.0 置 1,S0.1 置 0,程序进入第一步执行,如此周而复始,循环工作。

4. 子程序指令

子程序调用指令(CALL)将程序控制权交给子程序 SBR ＿ N。调用子程序时可以带参数也可以不带参数。子程序执行完成后,控制权返回到调用子程序的指令的下一条指令。

子程序条件返回指令(CRET)根据它前面的逻辑决定是否终止子程序。要添加一个子

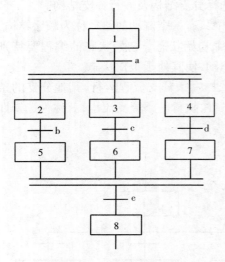

图 7-33　并行分支结构

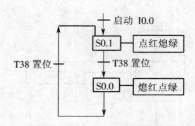

图 7-34　例 7-4 功能流程图

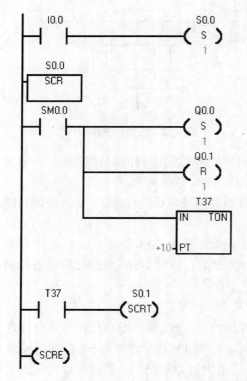

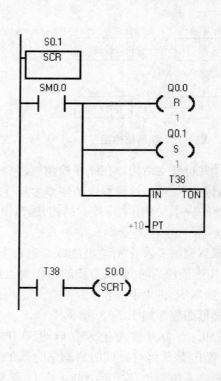

图 7-35　例 7-4 梯形图

程序可以在"命令"菜单中选择"Edit"→"Insert"→"Subroutine"。

在主程序中,可以嵌套调用子程序(在子程序中调用子程序),最多嵌套 8 层。在中断服务程序中,不能嵌套调用子程序。在被中断服务程序调用的子程序中不能再出现子程序调用。不禁止递归调用(子程序调用自己),但是当使用带子程序的递归调用时应慎重。

5. 中断程序

1）中断程序的创建

可以采用下列方法创建中断程序：在"编辑"菜单中选择"插入"→"中断"命令；或在程序编辑器视窗中单击鼠标右键，从弹出的菜单中选择"插入"→"中断"命令；或用鼠标右键单击指令树上的"程序块"图标，并从弹出的菜单中选择"插入"→"中断"命令。创建成功后程序编辑器将显示新的中断程序，程序编辑器底部出现标有新的中断程序的标签，可以对新的中断程序编程。

2）中断事件与中断指令

Ⅰ. 中断事件

S7 - 200 PLC 支持通信口中断、I/O 中断和时基中断 3 种中断类型，其中通信口中断为最高级。3 种中断类型共有 33 种事件。

所谓通信口中断，系指 S7 - 200 PLC 用来生成通信中断程序以控制通信口的事件。PLC 的串行通信口可由 LAD 或 STL 程序来控制。通信口的这种操作模式称为自由端口模式。在自由端口模式下，用户可用程序定义波特率、每个字符位数、奇偶校验和通信协议。利用接收和发送中断可简化程序对通信的控制。对于更多信息，可参考发送和接收指令。

所谓 I/O 中断系指 S7 - 200 PLC 对 I/O 点状态的各种变化产生中断事件。这些事件可以对高速计数器、脉冲输出或输入的上升或下降状态做出响应。I/O 中断包含上升沿或下降沿中断、高速计数器中断和脉冲串输出（PTO）中断。S7 - 200 PLC 的 CPU 可用输入 I0.0 至 I0.3 的上升沿或下降沿产生中断。上升沿事件和下降沿事件可被这些输入点捕获。这些上升沿/下降沿事件可被用于指示当某个事件发生时必须引起注意的条件。高速计数器中断允许响应诸如当前值等于预置值、相应于轴转动方向变化的计数方向改变和计数器外部复位等事件而产生的中断。每种高速计数器可对高速事件实时响应，而 PLC 扫描速率对这些高速事件是不能控制的。脉冲串输出中断给出了已完成指定脉冲数输出的指示。脉冲串输出的一个典型应用是对步进电动机进行控制。

所谓时基中断系指 S7 - 200 PLC 产生使程序在指定的间隔上起作用的事件。时基中断包括定时中断和定时器 T32/T96 中断，可以用定时中断指定一个周期性的活动。周期以 1 ms 为增量单位，周期时间可从 1 ms 到 255 ms。对定时中断 0，必须把周期时间写入 SMB34；对定时中断 1，必须把周期时间写入 SMB35。每当定时器溢出时，定时中断事件把控制权交给相应的中断程序。如可用定时中断以固定的时间间隔去控制模拟量输入的采样或者执行一个 PID 回路。

当把某个中断程序连接到一个定时中断事件上，如果该定时中断被允许，那就开始计时。在连接期间，系统捕捉周期时间值，因而后来的对 SMB34 和 SMB35 的更改不会影响周期。为改变周期时间，首先必须修改周期时间值，然后重新把中断程序连接到定时中断事件上。当重新连接时，定时中断功能清除前一次连接时的任何累计值，并用新值重新开始计时。

一旦允许，定时中断就连续地运行，指定时间间隔的每次溢出时执行被连接的中断程序。如果退出 RUN 模式或分离定时中断，则定时中断被禁止。如果执行了全局中断禁止指令，定时中断事件会继续出现，每个出现的定时中断事件将进入中断队列（直到中断允许或队列满）。

定时器 T32/T96 中断允许及时地响应一个给定的时间间隔。这些中断只支持 1 ms 分辨率的延时接通定时器(TON)和延时断开定时器(TOF)T32 和 T96。T32 和 T96 定时器在其他方面工作正常。一旦中断允许,当有效定时器的当前值等于预置值时,在 CPU 的正常 1 ms 定时刷新中,执行被连接的中断程序。首先把一个中断程序连接到 T32/T96 中断事件上,然后允许该中断。

Ⅱ. 中断指令

中断指令包括中断允许(ENI)、中断禁止(DISI)、中断连接指令(ATCH)、中断分离指令(DTCH)、清除中断指令(CLR _ EVNT)和中断条件返回指令(CRETI),其 LAD 格式如图7-36 所示。

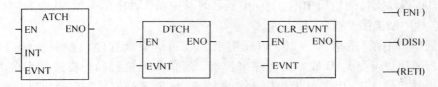

图 7-36　中断指令 LAD 格式

中断允许指令 ENI 全局地允许所有被连接的中断事件。

中断禁止指令 DISI 全局地禁止处理所有中断事件。当进入 RUN 模式时,初始状态为禁止中断。在 RUN 模式,可以执行全局中断允许指令(ENI)允许所有中断。全局中断禁止指令(DISI)不允许处理中断服务程序,但中断事件仍然会排队等候。

中断连接指令 ATCH 将中断事件 EVNT 与中断服务程序号相联系,并启动中断事件。

中断分离指令 DTCH 将中断事件 EVNT 与中断服务程序之间的关联切断,并禁止该中断事件。

清除中断指令 CLR _ EVNT 从中断队列中清除所有 EVNT 类型的中断事件。使用此指令从中断队列中清除不需要的中断事件。如果此指令用于清除假的中断事件,在从队列中清除事件之前要首先分离事件。否则,在执行清除事件指令之后,新的事件将被增加到队列中。

中断条件返回指令 CRETI 用于根据前面的逻辑操作的条件,从中断服务程序中返回。

Ⅲ. 中断优先级和中断队列

在各个指定的优先级之内,CPU 按先来先服务的原则处理中断。任何时间点上,只有一个用户中断程序正在执行。一旦中断程序开始执行,它要一直执行到结束,而且不会被别的中断程序,甚至是更高优先级的中断程序所打断。当另一个中断正在处理中,新出现的中断需要排队,等待处理。

【例 7-5】　中断程序应用,如图 7-37 所示。

说明:当 I0.0 的上升沿到来时,产生中断,使得 Q0.0 立即置位;当 I0.1 的下降沿到来时,产生中断,使得 Q0.0 立即复位。

6. 高速计数器指令

PLC 的普通计数器的计数过程与扫描工作方式有关,CPU 通过每一扫描周期读取一次被测信号的方法来捕捉被测信号的上升沿,被测信号的频率较高时,会丢失计数脉冲,因为普通计数器的工作频率很低,一般仅有几十赫兹。高速计数器可以对普通计数器无能为力

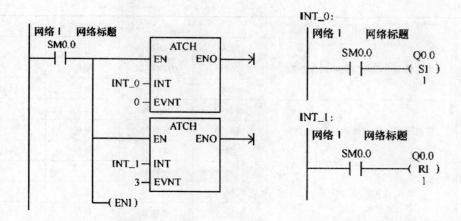

图 7-37　例 7-5 图

的事件进行计数,S7 – 200 PLC 有 6 个高速计数器 HSC0 ~ HSC5,可以设置多达 12 种不同的操作模式。

一般来说,高速计数器被用作驱动鼓式计时器,该设备有一个安装了增量轴式编码器的轴,以恒定的速度转动。轴式编码器每圈提供一个确定的计数值和一个复位脉冲。来自轴式编码器的时钟和复位脉冲作为高速计数器的输入。

高速计数器装入一组预置值中的第一个值,当前计数值小于当前预置值时,希望的输出有效。计数器设置成在当前值等于预置值和有复位时产生中断。随着每次当前计数值等于预置值的中断事件的出现,一个新的预置值被装入,并重新设置下一个输出状态。当出现复位中断事件时,设置第一个预置值和第一个输出状态,这个循环又重新开始。

对于操作模式相同的计数器,其计数功能是相同的。计数器共有 4 种基本类型:带有内部方向控制的单相计数器(模式 0 ~ 2),带有外部方向控制的单相计数器(模式 3 ~ 5),带有两个时钟输入的双相计数器(模式 6 ~ 8)和 A/B 相正交计数器(模式 9 ~ 11)。高速计数器可以被配置为 12 种模式中的任意一种,参见表 7-6。

表 7-6　高速计数器的输入点

模式	中断描述	输入点			
	HSC0	I0.0	I0.1	I0.2	
	HSC1	I0.6	I0.7	I1.0	I1.1
	HSC2	I1.2	I1.3	I1.4	I1.5
	HSC3	I0.1			
	HSC4	I0.3	I0.4	I0.5	
	HSC5	I0.4			
0		时钟			
1	带有内部方向控制的单相计数器	时钟		复位	
2		时钟		复位	启动

续表

模式	中断描述	输入点			
3		时钟	方向控制		
4	带有外部方向控制的单相计数器	时钟	方向控制	复位	
5		时钟	方向控制	复位	启动
6		增时钟	减时钟		
7	带有增减计数时钟的双相计数器	增时钟	减时钟	复位	
8		增时钟	减时钟	复位	启动
9		时钟 A	时钟 B		
10	A/B 相正交计数器	时钟 A	时钟 B	复位	
11		时钟 A	时钟 B	复位	启动

　　每一个计数器都有时钟、方向控制、复位、启动的特定输入。对于双相计数器,两个时钟都可以运行在最高频率。在正交模式下,可以选择一倍速(1×)或者四倍速(4×)计数速率。所有计数器都可以运行在最高频率下而互不影响。表 7-6 中给出了与高速计数器相关的时钟、方向控制、复位和启动输入点。同一个输入点不能用于两个不同的功能,但是任何一个没有被高速计数器的当前模式使用的输入点,都可以被用作其他用途。

　　提示:

　　CPU 221 和 CPU 222 支持 HSC0、HSC3、HSC4 和 HSC5,不支持 HSC1 和 HSC2。

　　CPU 224、CPU 224XP 和 CPU 226 全部支持 6 个高速计数器:HSC0 ~ HSC5。

　　1)与高速计数器相关的寄存器

　　与高速计数器相关的寄存器是高速计数器控制字节、初始值寄存器、预置值寄存器、状态字节。

　　Ⅰ.高速计数器的控制字节

　　只有定义了计数器和计数器模式,才能对计数器的动态参数进行编程。每个高速计数器都有一个控制字节,这些字节的各个位的意义见表 7-7。在执行 HDEF 指令前,必须把这些控制位设定到希望的状态。否则,计数器对计数模式的选择取缺省设置。一旦 HDEF 指令被执行,就不能再更改计数器的设置,除非先进入 STOP 模式。

表 7-7　高速计数器的控制字节

HSC0	HSC1	HSC2	HSC3	HSC4	HSC5	描述
SM37.0	SM47.0	SM57.0	SM137.0	SM147.0	SM157.0	0 = 复位信号高电平有效,1 = 低电平有效
SM37.1	SM47.1	SM57.1	SM137.1	SM147.1	SM157.1	0 = 启动信号高电平有效,1 = 低电平有效
SM37.2	SM47.2	SM57.2	SM137.2	SM147.2	SM157.2	0 = 4 倍频模式,1 = 1 倍频模式
SM37.3	SM47.3	SM57.3	SM137.3	SM147.3	SM157.3	0 = 减计数,1 = 加计数
SM37.4	SM47.4	SM57.4	SM137.4	SM147.4	SM157.4	写入计数方向:0 = 不更新,1 = 更新
SM37.5	SM47.5	SM57.5	SM137.5	SM147.5	SM157.5	写入预置值:0 = 不更新,1 = 更新
SM37.6	SM47.6	SM57.6	SM137.6	SM147.6	SM157.6	写入当前值:0 = 不更新,1 = 更新

HSC0	HSC1	HSC2	HSC3	HSC4	HSC5	描述
SM37.7	SM47.7	SM57.7	SM137.7	SM147.7	SM157.7	HSC 允许:0 = 禁止,1 = 允许

Ⅱ. 高速计数器的预置值和当前值寄存器

每个高速计数器都有一个 32 位的初始值和一个 32 位的预置值。初始值和预置值都是符号整数。为了向高速计数器装入新的初始值和预置值,必须先设置控制字节,并且把初始值和预置值存入特殊存储器中,然后执行 HSC 指令,从而将新的值传送到高速计数器。表 7-8 中对保存新的初始值和预置值的特殊存储器作了说明。

除去控制字节和新的初始值与预置值保存字节外,每个高速计数器的当前值只能使用数据类型 HC(高速计数器当前值)后面跟表 7-8 中列出的计数器号(0、1、2、3、4 或 5)的格式进行读取。可用读操作直接访问当前值,但是写操作只能用 HSC 指令来实现。

表 7-8　高速计数器的预置值和当前值寄存器

高速计数器	HSC0	HSC1	HSC2	HSC3	HSC4	HSC5
新的当前值	SMD38	SMD48	SMD58	SMD138	SMD148	SMD158
新的预置值	SMD42	SMD52	SMD62	SMD142	SMD152	SMD162

所有计数器模式都支持在 HSC 的当前值等于预设值时产生一个中断事件。使用外部复位端的计数模式支持外部复位中断。除去模式 0、1 和 2 之外,所有计数器模式支持计数方向改变中断。每种中断条件都可以分别使能或者禁止。

Ⅲ. 状态字节

每个高速计数器都有一个状态字节,其中的状态存储位指出了当前计数方向,当前值是否大于或者等于预置值。表 7-9 给出了每个高速计数器状态位的定义。只有在执行中断服务程序时,状态位才有效。监视高速计数器状态的目的是使其他事件能够产生中断以完成更重要的操作。

表 7-9　高速计数器的状态字节

HSC0	HSC1	HSC2	HSC3	HSC4	HSC5	描述
SM36.5	SM46.5	SM56.5	SM136.5	SM146.5	SM156.5	计数方向:0 = 减计数;1 = 加计数
SM36.6	SM46.6	SM56.6	SM136.6	SM146.6	SM156.6	0 = 当前值不等于预置值;1 = 等于
SM36.7	SM46.7	SM56.7	SM136.7	SM146.7	SM156.7	0 = 当前值小于预置值;1 = 大于

2)高速计数器指令

高速计数器指令的 LAD 格式如图 7-38 所示。

(1)高速计数器选择指令 HDEF。其为指定的高速计数器(HSCx)选择操作模式。对于每一个高速计数器,使用一条定义高速计数器指令。

(2)高速计数器启动指令 HSC。用于启动标号为 N 的高速计数器。

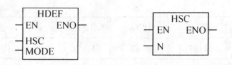

图 7-38　高速计数器指令的 LAD 格式

（3）高速计数器编程可以使用指令向导来配置计数器。向导程序使用下列信息：计数器的类型和模式、计数器的预置值、计数器的初始值和计数的初始方向。要启动 HSC 指令向导，可以在"命令"菜单窗口中选择"Tools"→"Instruction Wizard"，然后在向导窗口中选择 HSC 指令。

对高速计数器编程，必须完成下列基本操作：

①定义计数器和模式；

②设置控制字节；

③设置初始值；

④设置预置值；

⑤指定并使能中断服务程序；

⑥激活高速计数器。

由于中断事件产生的速率远低于高速计数器的计数速率，用高速计数器可实现精确控制，而与 PLC 整个扫描周期的关系不大。采用中断的方法允许在简单的状态控制中用独立的中断程序装入一个新的预置值。

在使用高速计数器之前，应该用 HDEF（高速计数器定义）指令为计数器选择一种计数模式。使用初次扫描存储器位 SM0.1（该位仅在第一次扫描周期接通，之后断开）来调用一个包含 HDEF 指令的子程序。

【例 7-6】　包装生产线产品累计和包装的 PLC 控制。

控制要求：某产品包装生产线应用高速计数器对产品进行累计和包装，要求每检测到 1 000 个产品时，自动启动包装机进行包装，计数方向由外部信号控制。

（1）方案设计。选择高速计数器 HC0，因为计数方向可由外部信号控制，并且不要求复位信号输入，确定工作模式为 3。采用当前值等于设定值时执行中断事件，中断事件号为 12，当 12 号事件发生时，启动包装机工作子程序 SBR_2。高速计数器的初始化采用子程序 SBR_1。

调用高速计数器初始化子程序的条件采用 SM0.1 初始脉冲信号。

HC0 的当前值存入 SMD38，设定值 1 000 写入 SMD42。

（2）程序编写，其结果如图 7-39 所示。

7.4　编程软件 STEP 7 – Micro/WIN 的使用

西门子公司 STEP 7 – Micro/WIN 编程软件为用户开发、编辑和监控自己的应用程序提供了良好的编程环境。为了能快捷高效地开发应用程序，STEP 7 – Micro/WIN 软件提供了 3 种程序编辑器，即梯形图程序编辑器、语句表、逻辑功能图，在软件中三者之间可以方便地进行相互转化，以便有效地应用、开发、控制程序。以下简要介绍 STEP 7 – Micro/WIN 的使

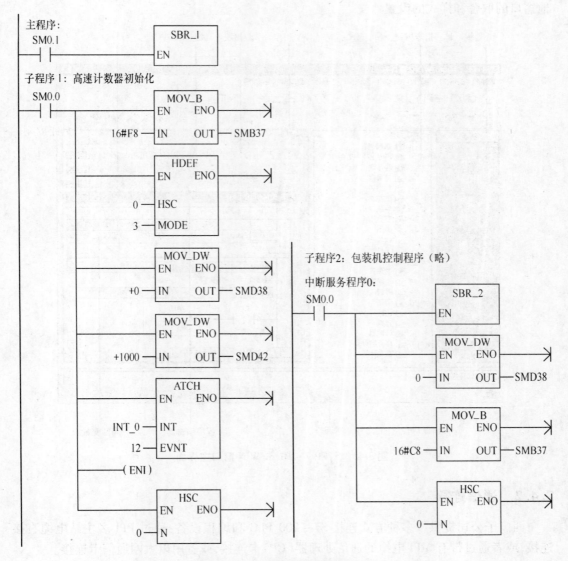

图 7-39　自动包装机计数程序

用方法。

7.4.1　STEP 7 – Micro/WIN 窗口介绍

（1）双击桌面上的快捷方式图标,打开编程软件。

（2）选择工具菜单"Tools"选项下的"Options"。

（3）在弹出的对话框选中"Options"→"General",在"Language"中选择"Chinese"。最后点击"OK",退出程序后重新启动。

（4）重新打开编程软件,此时为汉化界面。

主界面(如图 7-40 所示)一般可以分为以下几个部分:状态表、浏览条、指令树、程序编程器、输出窗口和状态栏。除菜单条外,用户可以根据需要通过查看菜单和窗口菜单决定其他窗口的取舍和样式的设置。

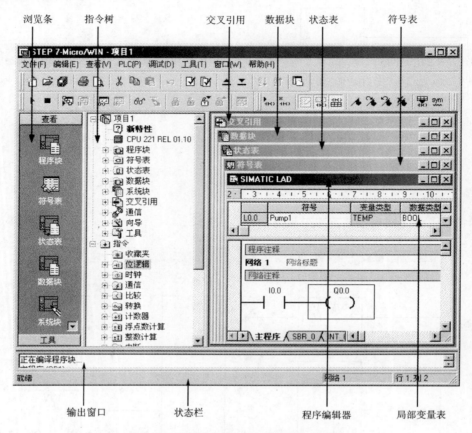

图 7-40   STEP 7 – Micro/WIN 窗口主界面

7.4.2　通信连接

西门子公司提供了多种方式连接 S7 – 200 PLC 和编程设备:通过 PPI 多主站电缆直接连接,或者通过带有 MPI 电缆的通信处理器(CP)卡连接,或者用以太网通信卡连接。

使用 PPI 多主站编程电缆是将计算机连接至 S7 – 200 PLC 的最常用和最经济的方式。S7 – 200 PLC 可以通过两种不同类型的 PPI 多主站电缆进行通信,这些电缆允许通过 RS – 232 或 USB 接口进行通信。本章中所有示例使用的 PC/PPI 电缆的 PC 端都是连在 RS – 232 串口上的,也可称编程电缆为 RS – 232/PPI 电缆。

图 7-41 所示为连接 S7 – 200 PLC 与编程设备的 RS – 232/PPI 多主站电缆。具体连接如下。

(1)连接 RS – 232/PPI 多主站电缆的 RS – 232 端(标志为"PC – RS232")到编程设备的通信口(例如计算机的 RS – 232 通信口 COM1 或 COM2 接口)上。

(2)连接 RS – 232/PPI 多主站电缆的 RS – 485 端(标志为"PPI – RS485")到 S7 – 200 PLC 的 CPU 的通信端口 0 或端口 1 上。

硬件设置好后,要按下面的步骤设置软件的通信参数等。

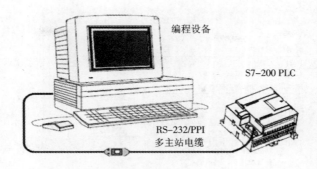

图 7-41　编程设备与 S7 – 200 PLC 的连接

1．为网络选择通信接口

选择 PPI 多主站电缆的方法很简单，如图 7-42 所示，只需执行以下步骤即可。

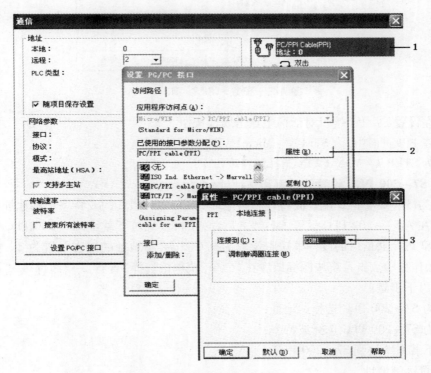

图 7-42　选择通信接口

（1）在通信设置窗口中双击图标。

（2）为 STEP 7 – Micro/WIN 选择接口参数。在设置 PG/PC 接口页中，点击属性按钮。

（3）在属性页中，点击本地连接标签。选中所需的 COM 端口或 USB 口。

2．为 STEP 7 – Micro/WIN 设置波特率和站地址

必须为 STEP 7 – Micro/WIN 配置波特率和站地址。其波特率必须与网络上其他设备的波特率一致，而且站地址必须唯一。通常，不需要改变 STEP 7 – Micro/WIN 的缺省站地址 0。如图 7-43 所示，在操作栏中点击设置 PG/PC 接口图标，然后执行以下步骤。

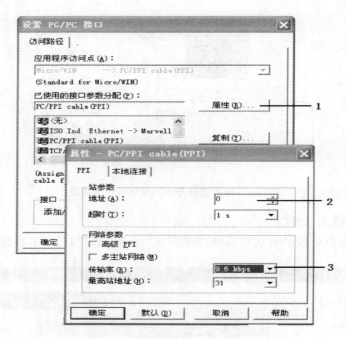

图 7-43　配置 STEP 7 – Micro/Win

（1）在设置 PG/PC 接口对话框中点击属性按钮。

（2）在 PPI 页面中，为 STEP 7 – Micro/WIN 选择站地址。

（3）为 STEP 7 – Micro/WIN 选择波特率。

3. 为 S7 – 200 PLC 设置波特率和站地址

必须为 S7 – 200 PLC 配置波特率和站地址。S7 – 200 PLC 的波特率和站地址存储在系统块中。在为 S7 – 200 PLC 设置了参数之后，必须将系统块下载至 S7 – 200 PLC 中。每一个 S7 – 200 PLC 通信口的波特率缺省设置为 9.6 kbps，站地址的缺省设置为 2。如图 7-44 所示，在操作栏中点击系统块图标或者在"命令"菜单中选择"查看"→"组件"→"系统块"，然后执行以下步骤：

（1）为 S7 – 200 PLC 选择站地址；

（2）为 S7 – 200 PLC 选择波特率；

（3）下载系统块到 S7 – 200 PLC。

4. 设置远端地址

在将新设置下载到 S7 – 200 PLC 之前，必须为 STEP 7 – Micro/WIN（本地）的通信（COM）口和 S7 – 200 PLC（远端）的地址作配置，使它与远端的 S7 – 200 PLC 的当前设置相匹配，如图 7-45 所示。

5. 在网络上寻找 S7 – 200 PLC 的 CPU

至此已可以寻找并且识别连接在网络上的 S7 – 200 PLC。在搜索 S7 – 200 PLC 时，也可以寻找特定波特率上的网络或所有波特率上的网络。只有在使用 PPI 多主站电缆时，才能实现全波特率搜索。搜索网络上的 CPU 如图 7-46 所示。若在使用 CP 卡进行通信的情况下，该功能将无法实现。

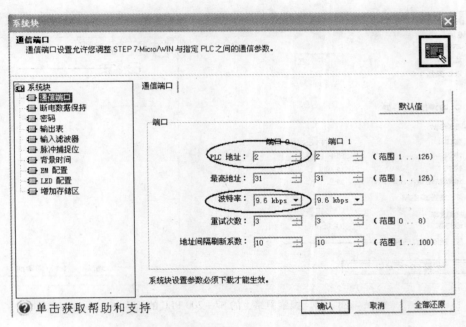

图 7-44　配置 S7 – 200 PLC 的 CPU

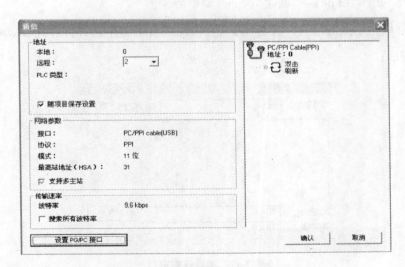

图 7-45　配置 STEP 7 – Micro/WIN

（1）打开通信对话框并双击刷新图标开始搜寻。

（2）要使用所有波特率搜寻，选中在所有波特率下搜寻复选框。

7.4.3　程序编制及下载运行

要打开编译软件，可以双击桌面上的 STEP 7 Micro/WIN 图标 ，也可以在"命

令"菜单中选择"开始"→"SIMATIC"→"STEP 7 MicroWIN 32 V4.0"。打开后进入 STEP 7

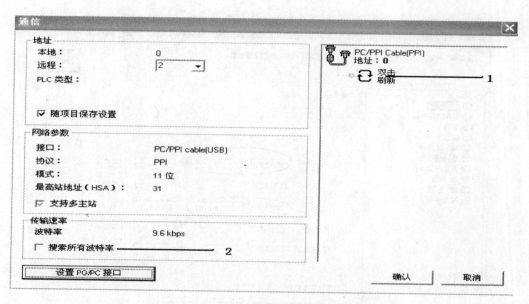

图 7-46　搜索网络上的 S7 – 200 PLC 的 CPU

Micro/WIN 的主界面,可以按下面步骤建立一个新项目:

（1）选择"文件"（File）→"新建"（New）菜单命令;

（2）在菜单栏中点击"保存"图标 ，在弹出的对话框中选择保存路径、编辑文件名,如图 7-47 所示;

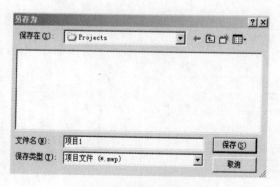

图 7-47　项目保存窗口

（3）在程序编辑器里输入指令来编制程序。

下面通过一个简单的例子来介绍程序编制和调试运行。

【例 7-7】　用开关 k1 、k2 来控制红绿灯 L1、L2 的亮灭。假定 k1、k2 分别接 PLC 的输入端 I0.0、I0.1;红灯 L1、绿灯 L2 分别接 PLC 的输出端 Q0.0、Q0.1。

（1）编辑指令。可以从指令树中拖曳或者从指令输入栏上找到需要的指令,如图 7-48 所示,编制如下程序。

注意　为了使程序的可读性增强,可以在符号表中定义和编辑符号名,使能在程序中用符号地址访问变量。点击图 7-48 中的符号表（标注 1）即出现图 7-49 的内容,在此可以编辑

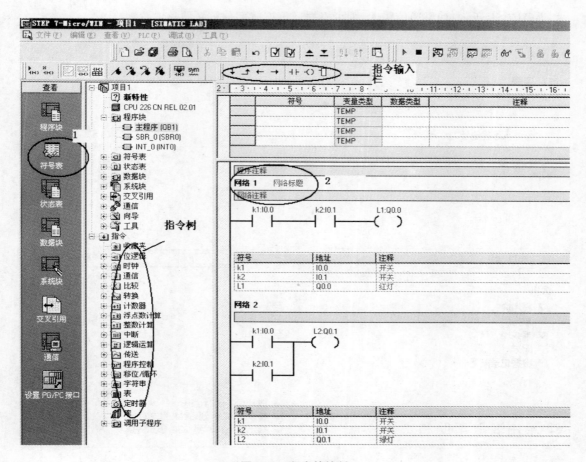

图 7-48　程序的编制

			符号	地址	注释
1			k1	I0.0	开关
2			k2	I0.1	开关
3			L1	Q0.0	红灯
4			L2	Q0.1	绿灯

图 7-49　符号表的编辑框

所用的变量。也可以在图 7-48 标注 2 的部分为程序和网络添加注释,使程序更有可读性。

　　(2)程序编译。点击工具栏上方的"编译"图标 ，进行全部编译。如果程序在编辑层面上没有语法错误,将会在输出窗口显示"已编译的块有 0 个错误,0 个警告,总错误数目:0",这样接下来就可以进行程序的下载了。如果出现错误的话,输出窗口也会有出错提示,此时要修改完错误后才能下载。

　　(3)下载程序。点击工具栏上方的"下载"图标 ，进行下载。如果通信正常,则弹出图 7-50 所示对话框,点击"下载";在弹出的对话框中点击"确定",将 PLC 设为 STOP 模式,如图 7-51 所示;如果通信错误,则可根据通信连接部分重新调整设置。

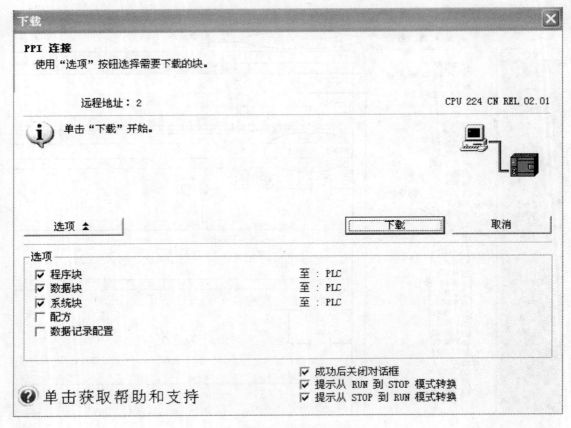

图 7-50 下载窗口

图 7-51 PLC 停止窗口

(4)程序运行。待下载完成后将 PLC 设为 RUN 模式(如图 7-52 所示),点击"确定"。

至此 PLC 的编译下载已经完成,接下来就可以进行 PLC 程序的调试监控等操作。点击"程序状态监控"图标 🔀,进入程序调试状态,可观察触点及线圈等的实时状态,非常便于程序的纠错和完善。

图 7-52　PLC 运行确定窗口

思考题与习题

7-1　PLC 的工作原理是什么?

7-2　设计一个周期为 10 s、占空比为 50% 的方波输出信号。

7-3　用比较指令控制路灯的定时接通和断开,20:00 时开灯,06:00 时关灯,设计 PLC 程序。

7-4　为了扩大延时范围,现需采用定时器和计时器来完成这一任务,试设计一个定时电路。要求在 I0.0 接通以后延时 1 400 s,再将 Q0.0 接通。

7-5　如图 7-53 所示,小车开始停在左边,限位开关 I0.0 为 1 状态。按下启动按钮后,小车按图中的箭头方向运行,最后返回并停在限位开关 I0.0 处。画出顺序控制功能图和梯形图。

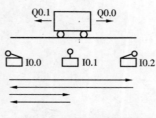

图 7-53　小车往返示意图

7-6　使用传送指令设计:当 I0.0 动作时,Q0.0 ~ Q0.7 全部输出为 1。

7-7　分析霓虹灯是如何实现隔灯点亮和熄灭的。

第 3 篇　实践技能训练

第3篇 实验及能力拓展

第 8 章　电气基本控制电路的安装与调试

8.1　电动机单向旋转控制电路的安装与调试

1. 实验目的

(1)了解交流接触器、热继电器和按钮的结构及其在控制电路中的应用。

(2)学习异步电动机单向旋转控制电路的工作原理和连接。

(3)学习按钮、熔断器、热继电器的使用方法。

(4)通过实验进一步加深理解点动控制和自锁控制的特点。

2. 实验仪器和设备

(1)交流接触器,1 个。

(2)热继电器,1 个。

(3)二位(或三位)按钮,1 个。

(4)三相电动机,1 台。

(5)熔断器,5 个。

(6)三相刀开关,1 个。

(7)电工工具,1 套;控制板,1 块。

3. 实验原理说明

(1)图 8-1 是异步电动机单向直接启动的控制电路电气原理图。继电器－接触器控制在各类生产机械中获得广泛地应用,凡是需要进行前后、上下、左右、进退等运动的生产机械,均采用传统的典型正、反转继电器－接触器控制。

交流电动机继电器－接触器控制电路的主要设备是交流接触器,其主要构造如下。

①电磁系统:铁芯、吸引线圈和短路环。

②触点系统:主触点和辅助触点,还可按吸引线圈得电前后触点的动作状态,分常开(动合)、常闭(动断)两类。

③消弧系统,在切断大电流的触点上装有灭弧罩,以迅速切断电弧。

④接线端子,反作用弹簧等。

(2)在控制回路中常采用接触器的辅助触点来实现自锁和互锁控制。要求接触器线圈得电后能自动保持动作后的状态,这就是自锁,通常用接触器自身的常开触点与启动按钮相并联来实现,以达到电动机的长期运行的目的,这一常开触点称为"自锁触点"。使两个电器不能同时得电动作的控制,称为互锁控制,如为了避免正、反转两个接触器同时得电而造成三相电源短路事故,必须增设互锁控制环节。为操作的方便,也为防止因接触器主触点长期大电流的烧蚀而偶发触点粘连后造成的三相电源短路事故,通常在具有正、反转控制的电路中采用既有接触器的常闭辅助触点的电气互锁,又有复合按钮机械互锁的双重互锁的控制环节。

(3)控制按钮通常用以短时通、断小电流的控制回路,以实现近、远距离控制电动机等

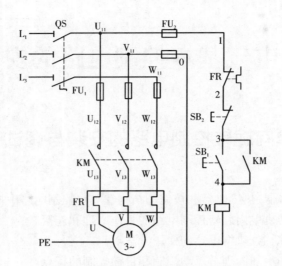

图 8-1　电动机单向旋转控制控电路

执行部件的启、停或正、反转控制。按钮专供人工操作使用。对于复合按钮,其触点的动作规律是:当按下时,其常闭触点先断,常开触点后合;当松手时,则常开触点先断,常闭触点后合。

（4）在电动机运行过程中,应对可能出现的故障进行保护。

采用熔断器作短路保护,当电动机或电器发生短路时,及时熔断熔体,达到保护电路、保护电源的目的。熔体熔断时间与流过的电流关系称为熔断器的保护特性,这是选择熔体的主要依据。

采用热继电器实现过载保护,使电动机免受长期过载之危害。其主要的技术指标是整定电流值,即电流超过此值的 20% 时,其常开触点应能在一定时间内断开,切断控制回路,动作后只能由人工进行复位。

（5）在电气控制电路中,最常见的故障发生在接触器上。接触器线圈的电压等级通常有 220 V 和 380 V 等,使用时必须认清,切勿疏忽,否则,电压过高易烧坏线圈,电压过低将导致吸力不够、不易吸合或吸合频繁,这不但会产生很大的噪声,也因磁路气隙增大,致使电流过大,也易烧坏线圈。此外,在接触器铁芯的部分端面嵌装有短路铜环,其作用是为了使铁芯吸合牢靠,消除颤动与噪声,若发现短路环脱落或断裂现象,接触器将会产生很大的震动与噪声。

4. 实验内容和步骤

（1）了解交流接触器等低压电器结构及动作原理。

（2）画出三相异步电动机单向旋转控制电路电气原理图,分析工作原理,并按规定标注线号。

（3）列出元器件明细表,并进行检测,将元器件的序号、名称、文字符号、数量、型号与规格以及作用记入元器件明细表中。特别要注意选用的时间继电器的类型和延时接点的动作时间,用万用表测量其触点动作情况,并将时间继电器的延时时间调整到 10 s。

（4）根据电气原理图画出电器元件布置图,绘制安装接线图时,将电器元件的符号画在规定的位置,对照原理图的线号标出各端子的编号。

（5）按照电器元件布置图将电器元件固定牢靠,并在控制板上布线。明线布线安装工艺要求如下。

①布线通道尽可能少,同路并行导线按主电路、控制电路分类集中,单层密排。

②尽可能紧贴安装面布线,相邻电气元器件之间也可"空中走线"。

③安装导线尽可能靠近元器件走线。

④布线要求横平竖直,分布均匀,自由成形,变换走向时应垂直成90°角。

⑤同一平面的导线应高低一致或前后一致,尽量避免交叉。

⑥按钮连接线必须用软线,与配电板上的元器件连接时必须通过接线端子并编号。

(6)按电路图的编号在各元件和连接线两端做好编号标志。按图接线,接线时注意:主电路各接触器主触点之间的连接线要认真核对,防止出现相序错误。

(7)检查电路并在测量电路的绝缘电阻后通电试车,先进行空操作试验再带负荷试车。

电动机单向旋转控制安装接线图如图 8-2 所示。

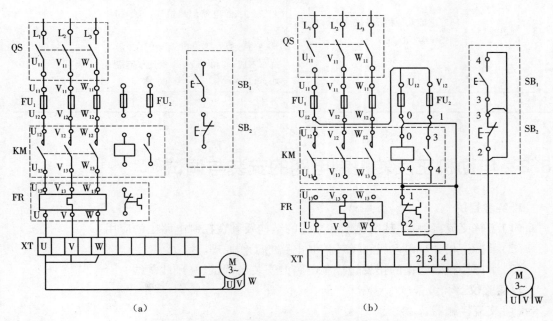

（a）　　　　　　　　　　　　　　　　　（b）

图 8-2　电动机单向旋转控制安装接线图（参考）

（a）主电路；（b）控制电路

5. 评分标准

评分标准见表 8-1。

表 8-1　评分标准

序号	主要内容	考核要求	评分标准	配分	扣分	得分
1	元器件安装	(1)按图纸的要求,正确利用工具和仪表,熟练地安装电气元器件 (2)元器件在配电板上布置要合理,安装要准确、紧固 (3)按钮盒不固定在板上	(1)元器件布置不整齐、不匀称、不合理,每只扣 4 分 (2)元器件安装不牢固、安装元器件时漏装螺钉,每只扣 4 分 (3)损坏元器件,每只扣 10 分	20		

续表

序号	主要内容	考核要求	评分标准	配分	扣分	得分
2	布线	（1）布线要求横平竖直、美观、紧固 （2）电源和电动机配线、按钮接线要接到端子排上，进出的导线要有端子标号 （3）导线不能乱敷设	（1）电动机运行正常，但未按电路图接线，扣15分 （2）布线不横平竖直、美观，主电路、控制电路每根扣4分 （3）接点松动、接头露铜过长、反圈、压绝缘层、标记线号不清楚、遗漏或误标，每处扣4分 （4）损伤导线绝缘或线芯，每根扣5分	60		
3	通电试验	在保证人身和设备安全的前提下，通电试验一次成功	（1）时间继电器及热继电器整定值错误，各扣5分 （2）主、控电路配错熔体，每个扣5分 （3）1次试车不成功，扣10分；2次试车不成功，扣15分；3次试车不成功，扣20分	20		
备注			合计			

8.2　电动机正反转控制电路的安装与调试

1. 实验目的
（1）了解交流接触器、热继电器和按钮的结构及其在控制电路中的应用。
（2）掌握三相异步电动机正反转控制电路的工作原理。
（3）掌握接触器联锁的正反转控制电路的安装与调试。（硬线配线）

2. 实验仪器和设备
（1）交流接触器，2台。
（2）热继电器，1个。
（3）三位按钮，1个。
（4）三相电动机，1台。
（5）熔断器，5个。
（6）三相刀开关，1个。
（7）电工工具，1套。

3. 实验原理说明
在三相鼠笼式异步电动机正反转控制电路中，通过相序的更换来改变电动机的旋转方向。本实验给出两种不同的正反转控制电路（如图 8-3 和图 8-4 所示），具有如下特点。

1）电气互锁
为了避免接触器 KM_1（正转）、KM_2（反转）同时得电吸合造成三相电源短路，在 KM_1（KM_2）线圈支路中串接有 KM_1（KM_2）常闭触点，它们保证了电路工作时 KM_1、KM_2 不会同

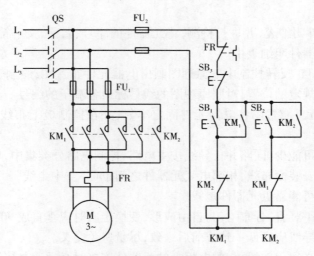

图 8-3　电气互锁正反转控制电气原理图

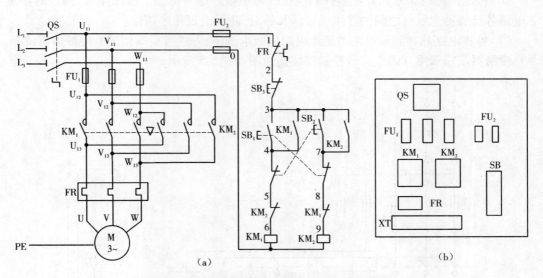

（a）　　　　　　　　　　　（b）

图 8-4　接触器按钮双重互锁正反转控制电路

（a）电气原理图；（b）电器元件布置图（参考）

时得电（如图 2-1），以达到电气互锁目的。

2）电气和机械双重互锁

除电气互锁外，可再采用复合按钮 SB$_1$ 与 SB$_2$ 组成的机械互锁环节（如图 2-2），以求电路工作更加可靠。

3）电路功能

电路具有短路、过载、断相、相序保护等功能。

4. 实验内容和步骤

（1）了解交流接触器等低压电器结构及动作原理。

（2）画出三相异步电动机正反转控制电路电气原理图，分析工作原理，并按规定标注线号。

（3）列出元器件明细表，并进行检测，将元器件的序号、名称、文字符号、数量、型号与规格以及作用记入元器件明细表中。

（4）根据电动机正反转控制电气原理图画出电器元件布置图，绘制安装接线图时，将电器元件的符号画在规定的位置，对照原理图的线号标出各端子的编号。

（5）按照电器元件布置图将电器元件固定牢靠，并在控制板上布线。明线布线安装工艺要求如下。

①布线通道尽可能少，同路并行导线按主电路、控制电路分类集中，单层密排。

②尽可能紧贴安装面布线，相邻电气元件之间也可"空中走线"。

③安装导线尽可能靠近元器件走线。

④布线要求横平竖直，分布均匀，自由成形，变换走向时应垂直成90°角。

⑤同一平面的导线应高低一致或前后一致，尽量避免交叉。

⑥按钮连接线必须用软线，与配电板上的元器件连接时必须通过接线端子并编号。

（6）按电路图的编号在各元器件和连接线两端做好编号标志。按图接线，接线时注意：主电路各接触器主触点之间的连接线要认真核对，防止出现相序错误。

（7）检查电路并在测量电路的绝缘电阻后通电试车，先进行空操作试验再带负荷试车。

接触器按钮双重互锁正反转控制安装接线图如图 8-5 所示。

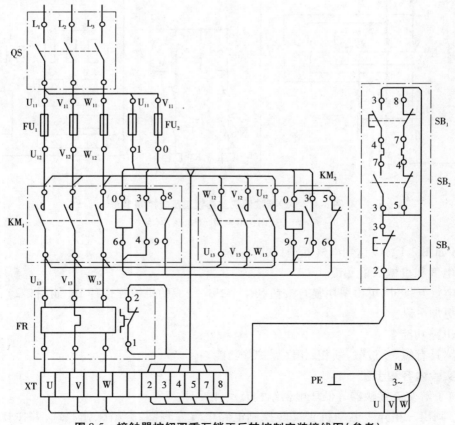

图 8-5　接触器按钮双重互锁正反转控制安装接线图（参考）

5. 评分标准

评分标准见表 8-2。

表 8-2　评分标准

序号	主要内容	考核要求	评分标准	配分	扣分	得分
1	元器件安装	(1)按图纸的要求,正确利用工具和仪表,熟练地安装电气元器件 (2)元器件在配电板上布置要合理,安装要准确、紧固 (3)按钮盒不固定在板上	(1)元器件布置不整齐、不匀称、不合理,每只扣 4 分 (2)元器件安装不牢固、安装元器件时漏装螺钉,每只扣 4 分 (3)损坏元器件,每只扣 10 分	20		
2	布线	(1)布线要求横平竖直、美观、紧固 (2)电源和电动机配线、按钮接线要接到端子排上,进出的导线要有端子标号 (3)导线不能乱敷设	(1)电动机运行正常,但未按电路图接线,扣 15 分 (2)布线不横平竖直、美观,主电路、控制电路每根扣 4 分 (3)接点松动、接头露铜过长、反圈、压绝缘层,标记线号不清楚、遗漏或误标,每处扣 4 分 (4)损伤导线绝缘或线芯,每根扣 5 分	60		
3	通电试验	在保证人身和设备安全的前提下,通电试验一次成功	(1)时间继电器及热继电器整定值错误,各扣 5 分 (2)主、控电路配错熔体,每个扣 5 分 (3)1 次试车不成功,扣 10 分;2 次试车不成功,扣 15 分;3 次试车不成功,扣 20 分	20		
备注			合计			

8.3　Y-△降压启动控制电路的安装与调试

1. 实验目的

(1)了解空气阻尼式时间继电器的结构、原理及使用方法。

(2)掌握异步电动机 Y-△启动控制电路的工作原理及接线方法。

2. 实验仪器和设备

(1)交流接触器,3 个。

(2)热继电器,1 个。

(3)二位(或三位)按钮,1 个。

(4)三相电动机(△接法),1 台。

(5)熔断器,5 个。

(6)三相刀开关,1 个。

(7)时间继电器,1 个。

（8）电工工具,1 套。

3. 实验原理说明

（1）电路工作情况:合上电源开关 Q,按下启动 SB₂,KM₁ 通电,随即 KM₂ 通电并自锁,电动机接成 Y 连接,接入三相电源进行减压启动,同时 KT 通电,经一段时间延时后,KT 常闭触点断开,KM₁ 断电释放,电动机中性点断开;另一对 KT 常开触点延时闭合,KM₃ 通电并自锁,电动机接成 △ 连接运行。同时 KM₃ 常闭触点断开,使 KM₁、KT 在电动机 △ 连接运行时处于断电状态,使电路工作更可靠。图 8-6 是异步电动机 Y - △ 启动的控制电路。

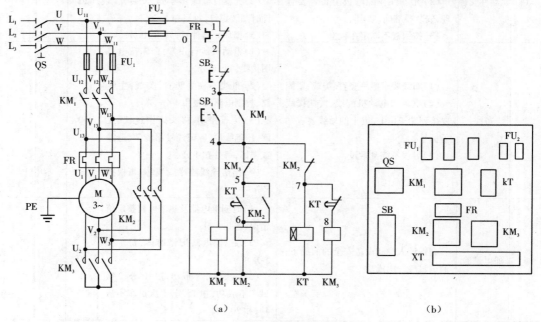

图 8-6　Y - △ 降压启动控制电路
（a）电气原理图;（b）电器元件布置图（参考）

（2）按时间原则控制电路的特点是各个动作之间有一定的时间间隔,使用的元器件主要是时间继电器。时间继电器是一种延时动作的继电器,它从接受信号（如线圈带电）到执行动作（如触点动作）具有一定的时间间隔。此时间间隔可按需要预先整定,以协调和控制生产机械的各种动作。时间继电器的种类通常有电磁式、电动式、空气式和电子式等。其基本功能可分为两类,即通电延时式和断电延时式,有的还带有瞬时动作式的触点。时间继电器的延时时间通常可在 0.4 ~ 60 s 范围内调节。

4. 实验内容和步骤

（1）了解交流接触器、时间继电器等低压电器结构及动作原理。

（2）画出三相异步电动机 Y - △ 降压启动控制电气原理图,分析工作原理,并按规定标注线号。

（3）列出元器件明细表,并进行检测,将元器件的序号、名称、文字符号、数量、型号与规格以及作用记入元器件明细表中。特别要注意选用的时间继电器的类型和延时接点的动作时间,用万用表测量其触点动作情况,并将时间继电器的延时时间调整到 10 s。

（4）根据 Y - △ 降压启动控制电气原理图画出电器元件布置图,绘制安装接线图时,将电器元件的符号画在规定的位置,对照原理图的线号标出各端子的编号。

（5）按照电器元件布置图将电器元件固定牢靠,并在控制板上布线。明线布线安装工艺要求如下。

①布线通道尽可能少,同路并行导线按主电路、控制电路分类集中,单层密排。

②尽可能紧贴安装面布线,相邻电气元器件之间也可"空中走线"。

③安装导线尽可能靠近元器件走线。

④布线要求横平竖直,分布均匀,自由成形,变换走向时应垂直成90°角。

⑤同一平面的导线应高低一致或前后一致,尽量避免交叉。

⑥按钮连接线必须用软线,与配电板上的元器件连接时必须通过接线端子并编号。

（6）按电路图的编号在各元件和连接线两端做好编号标志。按图接线,接线时注意:主电路各接触器主触点之间的连接线要认真核对,防止出现相序错误。

（7）检查电路并在测量电路的绝缘电阻后通电试车,先进行空操作试验再带负荷试车。

Y–△降压启动控制电路安装接线图如图8-7所示。

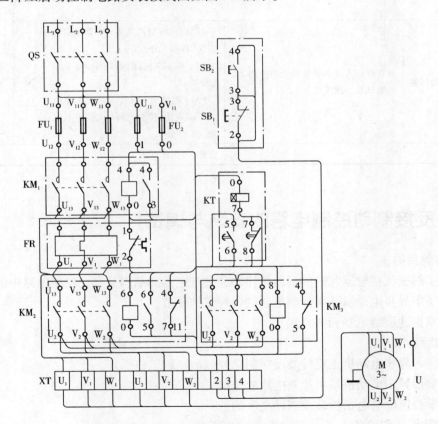

图 8-7　Y–△降压启动控制电路（参考）

5. 评分标准

评分标准见表8-3。

表 8-3　评分标准

序号	主要内容	考核要求	评分标准	配分	扣分	得分
1	元器件安装	(1)按图纸的要求,正确利用工具和仪表,熟练地安装电气元器件 (2)元器件在配电板上布置要合理,安装要准确、紧固 (3)按钮盒不固定在板上	(1)元器件布置不整齐、不匀称、不合理,每只扣 4 分 (2)元器件安装不牢固、安装元器件时漏装螺钉,每只扣 4 分 (3)损坏元器件,每只扣 10 分	20		
2	布线	(1)布线要求横平竖直、美观、紧固 (2)电源和电动机配线、按钮接线要接到端子排上,进出的导线要有端子标号 (3)导线不能乱敷设	(1)电动机运行正常,但未按电路图接线,扣 15 分 (2)布线不横平竖直、美观,主电路、控制电路每根扣 4 分 (3)接点松动、接头露铜过长、反圈、压绝缘层,标记线号不清楚、遗漏或误标,每处扣 4 分 (4)损伤导线绝缘或线芯,每根扣 5 分	60		
3	通电试验	在保证人身和设备安全的前提下,通电试验一次成功	(1)时间继电器及热继电器整定值错误,各扣 5 分 (2)主、控电路配错熔体,每个扣 5 分 (3)1 次试车不成功,扣 10 分;2 次试车不成功,扣 15 分;3 次试车不成功,扣 20 分	20		
备注			合计			

8.4　反接制动控制电路的安装与调试

1. 实验目的

(1)了解交流接触器、热继电器、按钮和速度继电器的结构及其在控制电路中的应用。

(2)了解异步电动机基本控制电路的各种保护环节。

(3)掌握速度继电器调节方法。

2. 实验要求

(1)复习异步电动机正反转及反接制动控制电路的工作原理。

(2)掌握异步电动机基本控制电路的连接。

(3)学会速度继电器拆装及制动电阻的选择。

3. 实验仪器和设备

(1)交流接触器,2 台。

(2)热继电器,1 台。

(3)二位按钮,1 个。

(4)三相电动机,1 台。

(5)熔断器,5 个。

（6）三相刀开关,1 个。

（7）速度继电器,1 台。

（8）制动电阻,2 个。

（9）测速仪,1 台。

（10）电工工具,1 套。

4. 实验电路及原理

（1）三相异步电动机旋转磁场的旋转方向与电流相序一致,因此只要改变电动机三相电源的相序并串入反接制动电阻,就可以达到尽快停机的目的。

（2）如图 8-8 所示的单相反接制动控制电路,从主电路可看出,接触器 KM$_1$ 和 KM$_2$ 分别控制电动机的正转和反接制动。电动机正常运行时,KM$_1$ 通电吸合,KS 的一对常开触点闭合,为反接制动作准备。当按下停止按钮 SB$_1$ 时,KM$_1$ 断电,电动机定子绕组脱离三相电源,但电动机因惯性仍以很高的速度旋转,KS 原闭合的常开触点仍保持闭合,当将 SB$_1$ 按到底,使 SB$_1$ 常开触点闭合,KM$_2$ 通电并自锁,电动机定子串接二相电阻接上反序电源,电动机进入反接制动状态。电动机转速迅速下降,当电动机转速接近 100 r/min 时,KS 常开触点复位,KM$_2$ 断电,电动机及时脱离电源,以后自然停车至零。

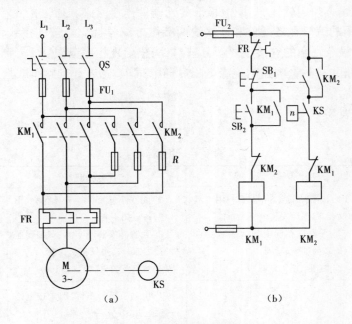

图 8-8　单向反接制动控制电路

(a)主电路;(b)控制电路

5. 实验内容和步骤

（1）了解交流接触器、速度继电器等低压电器结构及动作原理。调整速度继电器,手持测速仪,对准电动机输出轴,测量电动机输出转速。此时,按 SB$_1$ 使制动控制电路工作,当电动机转速由额定转速向下降时,降至 100 r/min 后观察速度继电器常开触点,看是否分断,若不分断将螺丝向外拧,使反力弹簧力量减小,若分断过早,则将调整螺丝向内拧,使反力弹簧力量增大,如此反复多次,使电动机转速在 100 r/min 左右时,速度继电器触点分断符合电路要求。

（2）画出三相异步电动机反接制动控制电路电气原理图，分析工作原理，并按规定标注线号。

（3）列出元器件明细表，并进行检测，将元器件的序号、名称、文字符号、数量、型号与规格以及作用记入元器件明细表中。特别要注意选用的时间继电器的类型和延时接点的动作时间，用万用表测量其触点动作情况，并将时间继电器的延时时间调整到 10 s。

（4）根据反接制动控制电路电气原理图画出电器元件布置图，绘制安装接线图时，将电器元件的符号画在规定的位置，对照原理图的线号标出各端子的编号。

（5）按照电器元件布置图将电器元件固定牢靠，并在控制板上布线。明线布线安装工艺要求如下。

①布线通道尽可能少，同路并行导线按主电路、控制电路分类集中，单层密排。

②尽可能紧贴安装面布线，相邻电气元器件之间也可"空中走线"。

③安装导线尽可能靠近元器件走线。

④布线要求横平竖直，分布均匀，自由成形，变换走向时应垂直成 90°角。

⑤同一平面的导线应高低一致或前后一致，尽量避免交叉。

⑥按钮连接线必须用软线，与配电板上的元器件连接时必须通过接线端子并编号。

（6）按电路图的编号在各元件和连接线两端做好编号标志。按图接线，接线时注意：主电路各接触器主触点之间的连接线要认真核对，防止出现相序错误。

（7）检查电路并在测量电路的绝缘电阻后通电试车，先进行空操作试验再带负荷试车。

6. 评分标准

评分标准见表 8-4。

表 8-4　评分标准

序号	主要内容	考核要求	评分标准	配分	扣分	得分
1	元器件安装	（1）按图纸的要求，正确利用工具和仪表，熟练地安装电气元器件 （2）元器件在配电板上布置要合理，安装要准确、紧固 （3）按钮盒不固定在板上	（1）元器件布置不整齐、不匀称、不合理，每只扣 4 分 （2）元器件安装不牢固、安装元器件时漏装螺钉，每只扣 4 分 （3）损坏元器件，每只扣 10 分	20		
2	布线	（1）布线要求横平竖直美观、紧固 （2）电源和电动机配线、按钮接线要接到端子排上，进出的导线要有端子标号 （3）导线不能乱敷设	（1）电动机运行正常，但未按电路图接线，扣 15 分 （2）布线不横平竖直、美观，主电路、控制电路每根扣 4 分 （3）接点松动、接头露铜过长、反圈、压绝缘层，标记线号不清楚、遗漏或误标，每处扣 4 分 （4）损伤导线绝缘或线芯，每根扣 5 分	60		

序号	主要内容	考核要求	评分标准	配分	扣分	得分
3	通电试验	在保证人身和设备安全的前提下，通电试验一次成功	（1）时间继电器及热继电器整定值错误，各扣 5 分 （2）主、控电路配错熔体，每个扣 5 分 （3）1 次试车不成功，扣 10 分；2 次试车不成功，扣 15 分；3 次试车不成功，扣 20 分	20		
备注			合计			

第9章 典型机电设备电气控制电路的检修

9.1 CA6140 型车床电气控制电路的检修

1. 实训内容

CA6140 型车床电气控制电路的故障分析及检修。

2. 实训设备

(1)机床电气实训考核柜,1 台。

(2)常用电工工具,1 套。

(3)数字式万用表,1 个。

3. 实训步骤及要求

CA6140 型车床电气控制原理图如图 9-1 所示。

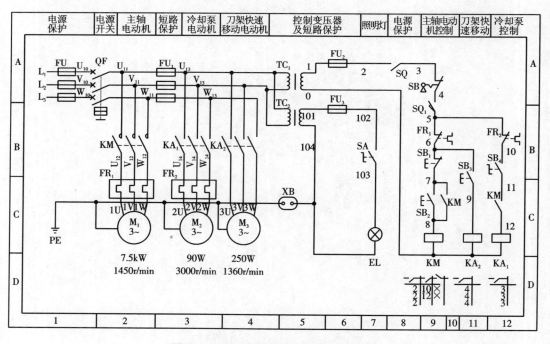

图 9-1　CA6140 型车床电气控制原理图

(1)在操作师傅的指导下,对车床进行操作,了解车床的各种工作状态、操作方法及操作手柄的作用。

(2)在教师指导下,弄清车床电器元件安装位置及走线情况;结合机械、电气、液压几方面相关的知识,弄清车床电气控制的特殊环节。

(3)在 CA6140 型车床上人为设置自然故障。

（4）教师示范检修方法，步骤如下。

①用通电试验法引导学生观察故障现象。

②根据故障现象，依据电路图，用逻辑分析法确定故障范围。

③采用正确的检查方法，查找故障点并排除故障。

④检修完毕，进行通电试验，并做好维修记录。

⑤教师设置故障，主电路一处，控制电路两处，由学生进行检修训练。

（5）教师设置人为的故障点，由学生检修。

4. 故障设置原则

（1）不能设置短路故障、机床带电故障，以免造成人身伤亡事故。

（2）不能设置一接通总电源开关电动机就启动的故障，以免造成人身和设备事故。

（3）设置的故障不能损坏电气设备和电器元件。

（4）在初次进行故障检修训练时，不要设置调换导线类故障，以免增大分析故障的难度。

5. 常见电气故障设置

（1）电源不上电。

（2）主轴电动机不启动。

（3）快速移动电动机不启动。

（4）冷却电动机不启动。

（5）照明灯不亮。

（6）停止按钮失常。

（7）SB_2 启动失常。

（8）SB_3 启动失常。

（9）SB_4 启动失常。

（10）皮带罩未合。

（11）KM_1 不能自锁。

（12）KM_1 与 KA_1 不联锁。

（13）变压器 TC_1 不输出 110 V。

（14）变压器 TC_2 不输出 24 V。

（15）主轴电动机缺相。

（16）冷却电动机缺相。

（17）快速移动电动机缺相。

（18）主轴电动机相间短路。

（19）冷却电动机相间短路。

（20）快速移动电动机相间短路。

6. 排除故障要求

（1）学生应根据故障现象，先在原理图上正确标出最小故障范围的线段，然后采用正确的检查和排故方法并在限定时间内排除故障。

（2）排除故障时，必须修复故障点，不得采用更换电器元件、借用触点及改动电路的方法，否则，作不能排除故障点扣分。

（3）检修时，严禁扩大故障范围或产生新的故障，并不得损坏电器元件。

7. 注意事项

（1）熟悉 CA6140 型车床电气电路的基本环节及控制要求。

（2）弄清电气、液压和机械系统如何配合实现某种运动方式，认真观摩教师的示范检修。

（3）检修时，所有的工具、仪表应符合使用要求。

（4）不能随便改变升降电动机原来的电源相序。

（5）排除故障时，必须修复故障点，但不得采用元件代换法。

（6）检修时，严禁扩大故障范围或产生新的故障。

（7）带电检修，必须有指导教师监护，以确保安全。

8. 评分标准

评分标准见表 9-1。

表 9-1　故障检修评分标准明细表

项目内容	配分	评分标准	扣分
故障分析	30	（1）不能根据试车的状况说出故障现象，扣 5～10 分 （2）不能标出最小故障范围，每个故障扣 5 分 （3）标不出故障线段或错标在故障回路以外，每个故障扣 5 分	
排除故障	70	（1）停电不验电，扣 5 分 （2）测量仪表使用不正确，每次扣 5 分 （3）排除故障方法、步骤不正确，扣 5 分 （4）损坏元器件，扣 5 分 （5）能查出，却不能排除故障，每个故障扣 20 分 （6）不能查出故障，每个故障扣 35 分 （7）扩大故障范围或产生新的故障，每个故障扣 40 分	
安全文明生产		违反安全文明生产规程、未清理场地等，酌情扣 10～70 分	
开始时间		结束时间　　　　　　　　　总操作时间	
定额工时 30 min		不允许超时检查故障，但在修复故障时，每超 1 min 扣 1 分	
备注		除定额工时外，各项内容的最高扣分不得超过配分数	
总成绩			

9.2　X62W 型万能铣床电气控制电路的检修

1. 实训内容

X62W 型万能铣床电气控制电路的故障分析及检修。

2. 实训设备

（1）机床电气实训考核柜，1 台。

（2）常用电工工具，1 套。

（3）数字式万用表，1 个。

3. 实训步骤及要求

X62W 型万能铣床电气控制原理图如图 9-2 所示。

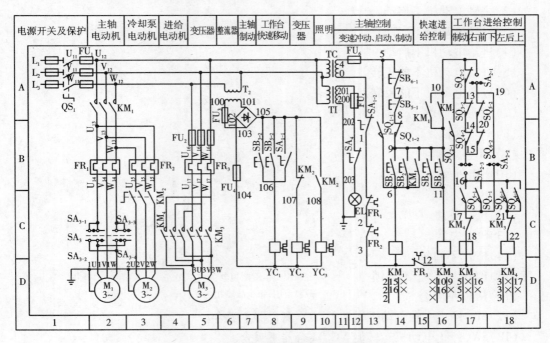

图 9-2 X62W 型万能铣床电气控制原理图

（1）在操作师傅的指导下，对铣床进行操作，了解铣床的各种工作状态、操作方法及操作手柄的作用。

（2）在教师指导下，弄清铣床电器元件安装位置及走线情况；结合机械、电气、液压几方面相关的知识，弄清铣床电气控制的特殊环节。

（3）在 X62W 型万能铣床上人为设置自然故障。

（4）教师示范检修方法，步骤如下。

①用通电试验法引导学生观察故障现象。

②根据故障现象，依据电路图，用逻辑分析法确定故障范围。

③采用正确的检查方法，查找故障点并排除故障。

④检修完毕，进行通电试验，并做好维修记录。

⑤教师设置故障，主电路一处，控制电路两处，由学生进行检修训练。

（5）教师设置人为的故障点，由学生检修。

4. 故障设置原则

（1）不能设置短路故障、机床带电故障，以免造成人身伤亡事故。

（2）不能设置一接通总电源开关电动机就启动的故障，以免造成人身和设备事故。

（3）设置故障不能损坏电气设备和电器元件。

（4）在初次进行故障检修训练时，不要设置调换导线类故障，以免增大分析故障的难度。

5. 常见电气故障设置

（1）电源不上电。

（2）主轴电动机不启动。

（3）冷却电动机不启动。

（4）进给电动机不启动。

（5）进给电动机不能正转。

（6）进给电动机不能反转。

（7）照明灯不亮。

（8）SB_1 失常。

（9）SB_2 失常。

（10）SB_3 失常。

（11）SB_4 失常。

（12）SQ_5 失常。

（13）SQ_6 失常。

（14）KM_1 不自锁。

（15）KM_3 与 KM_4 不互锁。

（16）KM_2 不吸合。

（17）SB_6 停止主轴电动机运转但 YC_1 离合器不吸合。

（18）SA_1 停止电动机运转但 YC_1 离合器不吸合。

（19）进给电动机相间缺相。

（20）进给电动机相间短路。

6. 排除故障要求

（1）学生应根据故障现象，先在原理图上正确标出最小故障范围的线段，然后采用正确的检查和排故方法并在限定时间内排除故障。

（2）排除故障时，必须修复故障点，不得采用更换电器元件、借用触点及改动电路的方法，否则作不能排除故障点扣分。

（3）检修时，严禁扩大故障范围或产生新的故障，并不得损坏电器元件。

7. 注意事项

（1）熟悉 X62W 型万能铣床电气电路的基本环节及控制要求。

（2）弄清电气、液压和机械系统如何配合实现某种运动方式，认真观摩教师的示范检修。

（3）检修时，所有的工具、仪表应符合使用要求。

（4）不能随便改变升降电动机原来的电源相序。

（5）排除故障时，必须修复故障点，但不得采用元器件代换法。

（6）检修时，严禁扩大故障范围或产生新的故障。

（7）带电检修，必须有指导教师监护，以确保安全。

8. 评分标准

评分标准见表 9-2。

表 9-2　故障检修评分标准明细表

项目内容	配分	评分标准	扣分
故障分析	30	（1）不能根据试车的状况说出故障现象，扣 5～10 分 （2）不能标出最小故障范围，每个故障扣 5 分 （3）标不出故障线段或错标在故障回路以外，每个故障扣 5 分	
排除故障	70	（1）停电不验电，扣 5 分 （2）测量仪表使用不正确，每次扣 5 分 （3）排除故障方法、步骤不正确，扣 5 分 （4）损坏元器件，扣 5 分 （5）能查出，却不能排除故障，每个故障扣 20 分 （6）不能查出故障，每个故障扣 35 分 （7）扩大故障范围或产生新的故障，每个故障扣 40 分	
安全文明生产		违反安全文明生产规程、未清理场地等，酌情扣 10～70 分	
开始时间		结束时间　　　　　　　　　总操作时间	
定额工时 30 min		不允许超时检查故障，但在修复故障时，每超 1 min 扣 1 分	
备注		除定额工时外，各项内容的最高扣分不得超过配分数	
总成绩			

第10章　松下 FP0 PLC 应用

10.1　基本顺序指令练习

1. 实验目的

(1)掌握基本顺序指令的特点和功能。

(2)掌握编程的方法和技巧以及熟悉梯形图。

(3)熟悉 PLC 和 FPWIN GR 编程软件的使用方法。

2. 实验设备

(1)PLC 实验装置,1 套。

(2)编程计算机,1 台。

(3)连接导线,若干。

3. 实验内容及步骤

1)顺序指令练习程序 1(启保停控制程序)

启保停控制程序如图 10-1 所示。它的工作过程如下:当按下启动按钮 X0 时,输入继电器 X0 的常开触点接通,输出继电器 Y0 置 1,Y0 的常开触点闭合,这时电动机连续运行。停车时,按下停止按钮 X1,输入继电器 X1 的常闭触点断开,Y0 置 0,电动机断电停车。

(1)根据启保停控制程序的梯形图,确定 I/O 点数,I = ＿＿＿点,O = ＿＿＿点。

(2)进入 FPWIN GR 编程软件,输入启保停电路的梯形图程序,经程序转换后下载到 PLC 主机中,观察 PLC 运行情况,并与其动态时序图比较。

2)顺序指令练习程序 2(电动机正反转控制程序)

电动机正反转控制程序如图 10-2 所示。在多重输出的梯形图中,要考虑多重输出间的相互制约(也即是联锁)关系,这样不仅可以保证电路的运行安全,而且也不会损坏设备。

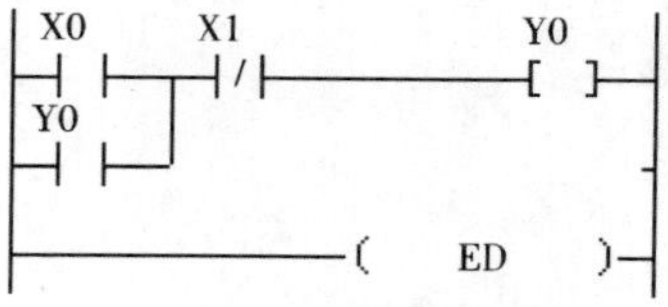

图 10-1　启保停控制程序

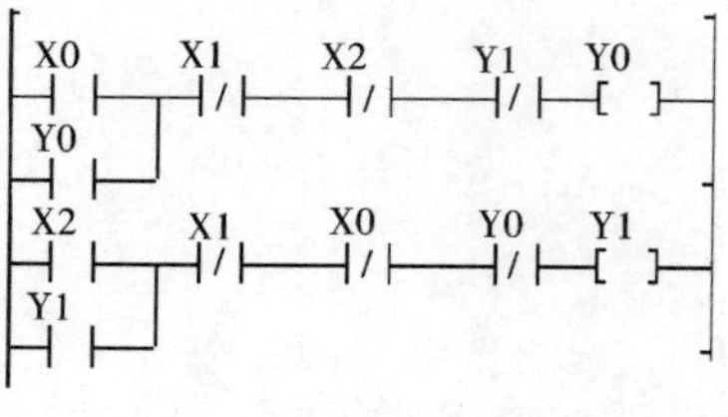

图 10-2　电动机正反转控制程序

(1)根据电动机正反转控制程序的梯形图,确定 I/O 点数,I = ＿＿＿点,O = ＿＿＿点。

(2)进入 FPWIN GR 编程软件,输入互锁控制程序的梯形图程序,经程序转换后下载到 PLC 主机中,观察 PLC 运行情况,并与其动态时序图比较。

3）顺序指令练习程序 3（电动机点动、长动控制程序）

电动机点动、长动控制程序如图 10-3 所示，按动 X0 可实现 Y0 接通并保持的长动状态，按动 X2 可实现 Y0 短时接通状态。

图 10-3　电动机点动、长动控制程序

（1）根据电动机点动、长动控制程序的梯形图，确定 I/O 点数，I = _____点，O = _____点。

（2）进入 FPWIN GR 编程软件，输入电动机点动、长动控制程序，梯形图程序经转换后下载到 PLC 主机中，观察 PLC 运行情况，并与其动态时序图比较。

4. 思考与讨论

（1）在 I/O 端口接线不变的情况下，能更改控制逻辑吗？

（2）当程序不能正常工作时，如何判断是 PLC 故障、程序出错，还是外部 I/O 端口连线错误？

（3）使用基本顺序指令编写程序，程序功能：按动按钮 SB_1，Y0 输出并保持；按动按钮 SB_2，Y1 输出并保持，同时 Y0 断开；按动按钮 SB_3，Y2 输出并保持，同时 Y1 断开；任何时间按动按钮 SB_0，所有输出均断开。列出 I/O 分配并编写程序，利用实验室设备进行验证。

10.2　定时指令的应用

1. 实验目的

（1）熟悉定时指令，掌握定时指令的特点和功能及基本应用。

（2）掌握应用定时指令编程的方法和技巧。

（3）进一步熟悉 PLC 和 FPWIN GR 编程软件的使用方法。

2. 实验设备

（1）PLC 实验装置，1 套。

（2）编程计算机，1 台。

（3）连接导线，若干。

3. 实验内容及步骤

1）延时接通控制程序的编写及运行

延时接通控制程序如图 10-4 所示。利用 TM 指令编程，当 X0 接通，经过 2 s 延时接通 Y0；再经过 2 s 延时接通 Y1；再经过 2 s 延时接通 Y2。当 X1 接通，所有输出立即复位。

（1）根据延时接通控制的梯形图程序，确定 I/O 点数，I = _____点，O = _____点。

（2）进入 FPWIN GR 编程软件，输入延时接通控制的梯形图程序，经程序转换后下载到

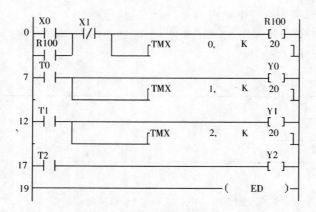

图 10-4　延时接通参考梯形图程序

PLC 主机中。

（3）观察 PLC 运行情况，观察实验板运行情况是否符合控制要求。

2）延时断开控制程序的编写及运行

延时断开控制程序如图 10-5 所示。利用 TM 指令编程，当 X0 接通，对应的指示灯亮，经过 4 s 延时断开 Y0、Y1。

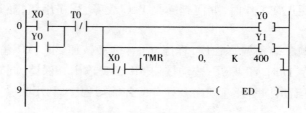

图 10-5　延时断开参考梯形图程序

（1）根据延时断开控制的梯形图程序，确定 I/O 点数，I = _____ 点，O = _____ 点。

（2）进入 FPWIN GR 编程软件，输入延时断开控制的梯形图程序经程序转换后下载到 PLC 主机中。

（3）观察 PLC 运行情况，观察实验板运行情况是否符合控制要求。

3）脉冲发生程序的编写及运行

脉冲发生程序如图 10-6 所示。利用 TM 指令编程，通过拨动开关将 X0 接通，经过 4 s 延时接通 Y0，再延时 1 s 后 Y0 断开，以此循环，直至将 X0 断开，停止循环。

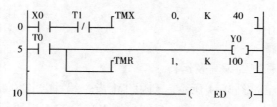

图 10-6　脉冲发生参考梯形图程序

（1）根据脉冲发生的梯形图，确定 I/O 点数，I = ＿＿＿＿点，O = ＿＿＿＿点。

（2）进入 FPWIN GR 编程软件，输入脉冲发生梯形图程序，转换后下载到 PLC 主机中。

（3）观察 PLC 运行情况，观察实验板运行情况是否符合控制要求。

4. 思考与讨论

1）利用 TM 指令编程

（1）电动机 M_1 先启动，10 s 后，电动机 M_2 才能启动，M_2 能单独停止。

（2）电动机 M_1 启动后 5 s，电动机 M_2 自行启动，M_2 能点动。

（3）电动机 M_1 先启动，15 s 后电动机 M_2 自行启动，M_2 启动后 M_1 立即停止。

（4）启动时，M_1 启动后 M_2 才能启动，停止时，M_2 先停止 M_1 才能停止。

2）利用 TM 指令编程

利用 TM 指令编程，产生连续方波信号输出，设定其周期为 4 s，占空比为 1∶2。

10.3　计数指令的应用

1. 实验目的

（1）熟悉计数指令，掌握计数指令的特点和功能，掌握计数指令的基本应用。

（2）掌握应用计数指令编程的方法和技巧。

（3）进一步熟悉可编程控制器和 FPWIN GR 编程软件的使用方法。

2. 实验设备

（1）PLC 实验装置，1 套。

（2）编程计算机，1 台。

（3）连接导线，若干。

3. 实验内容及步骤

1）延时接通程序的编写及运行

延时接通程序如图 10-7 所示。利用 CT 指令编程，当 X0 接通，定时器 T10 经过 2 s 延时接通计数器 C100，C100 脉冲计数为 20 后，启动 Y0。当 X1 接通时，计数器 C100 立即复位，Y0 断开。

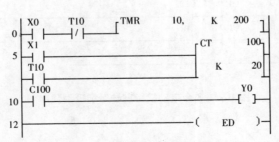

图 10-7　脉冲发生参考梯形图程序

（1）根据延时接通梯形图程序，确定 I/O 点数，I = ＿＿＿＿点，O = ＿＿＿＿点。

（2）进入 FPWIN GR 编程软件，输入延时接通梯形图程序，转换后下载到 PLC 主机中。

（3）观察 PLC 运行情况，并与其动态时序图比较。

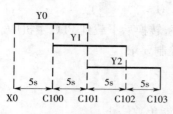

图10-8　3台电动机控制时序图

2)3 台电动机顺序循环启停控制程序的编写及运行

3 台电动机分别接于输出继电器 Y0、Y1、Y2 的端口上。要求它们相隔 5 s 启动,各自运行 10 s 停止,并循环。其中 X0 接启动开关。动作时序如图 10-8 所示 。

(1)根据 3 台电动机控制的梯形图程序,确定 I/O 点数,I = _____点,O = _____点。

(2)进入 FPWIN GR 编程软件,输入 3 台电动机控制的梯形图程序(如图 10-9 所示),转换后下载到 PLC 主机中。

(3)观察 PLC 运行情况,观察实验板运行情况是否符合控制要求。

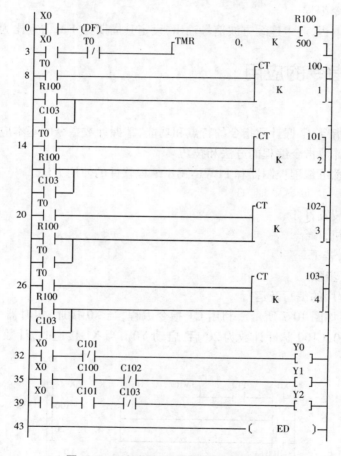

图10-9　3台电动机控制参考梯形图程序

4. 思考与讨论

(1)利用 CT 指令编程,当 X0 接通,经过 2 s 延时接通 Y0;再经过 2 s 延时接通 Y1,同时 Y0 断开;再经过 2 s 延时接通 Y2,同时 Y1 断开。当 X1 接通,所有输出立即复位。

(2)利用 CT 指令编程,产生连续方波信号输出,设定其周期为 4 s,占空比为 1:2。

10.4　顺序控制程序

1. 实验目的

(1)熟悉步进指令,掌握步进指令的特点和功能,掌握步进指令的基本应用。

(2)掌握应用步进指令编程的方法和技巧。

(3)进一步熟悉 PLC 和 FPWIN GR 编程软件的使用方法。

2. 实验设备

(1)PLC 实验装置,1 套。

(2)编程计算机,1 台。

(3)连接导线,若干。

3. 实验内容及步骤

1)自动往返小车控制程序的编写及运行

自动往返小车控制示意图如图 10-10 所示。利用步进指令完成自动台车的控制,其中一个工作周期的控制要求如下,根据控制要求编写控制程序。

(1)小车可在 SQ$_1$、SQ$_2$ 两地分别启动,且在两地的停留时间均为 1 min,在 SQ$_1$ 地启动时小车停车等待装料,然后自动驶向 SQ$_2$ 地,到达后等待 1 min 卸料,然后自动驶向 SQ$_1$ 地,在 SQ$_1$ 地停车 1 min 等待装料,然后驶向 SQ$_2$ 地,如此往复。

(2)小车运行到达任意位置,均可以用手动停车,再次启动后,小车重复(1)中的内容。

(3)小车前进、后退过程中,分别有指示灯指示其前进方向。

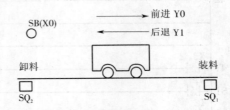

图 10-10　自动往返小车控制示意图

小车自动往返参考梯形图程序如图 10-11 所示。

(1)根据小车往返控制梯形图程序,确定 I/O 点数,I = ＿＿＿＿ 点,O = ＿＿＿＿ 点。

(2)进入 FPWIN GR 编程软件,输入小车自动往返控制电路的梯形图程序,转换后下载到 PLC 主机中。

(3)观察 PLC 运行情况,观察实验板运行情况是否符合控制要求。

4. 思考与讨论

(1)注意 NSTL 指令与 NSTP 指令的区别。

(2)利用顺序控制指令试编制 3 台电动机顺序启停控制程序,要求如下:3 台电动机顺序间隔 5 s 启动,停止顺序相反,时间间隔也是 5 s。

(3)试利用步进指令编程,3 台电动机间隔 10 s 启动,各自运行 20 s 后停止。

10.5　灯光控制程序

1. 实验目的

(1)用 PLC 构成闪光灯控制系统。

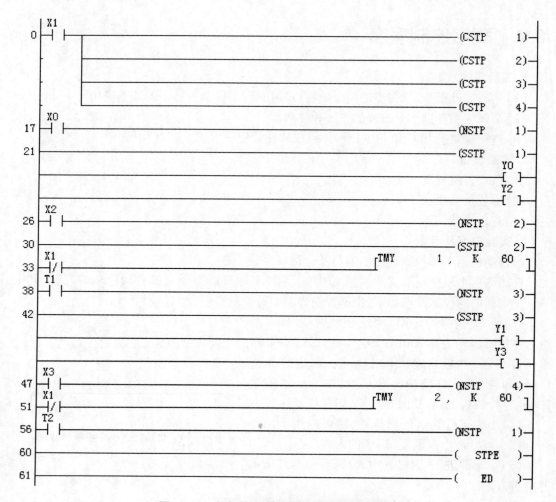

图 10-11　小车自动往返控制参考梯形图程序

（2）掌握 PLC 的外部接线。

（3）掌握归纳简单控制电路的设计方法。

2. 实验设备

（1）PLC 实验装置,1 套。

（2）计算机,1 台。

（3）TVT90 – 2 天塔之光实验板,1 块。

（4）连接导线,若干。

3. 实验内容及步骤

1）灯光控制系统训练一

控制要求为 Y0 ~ Y7 8 盏灯从左至右以 2 s 速度依次点亮,当灯全亮后再从左向右依次熄灭,如此反复进行,参考程序如图 10-12 所示。

（1）根据控制要求,确定 I/O 点数,I = ＿＿＿＿＿点,O = ＿＿＿＿＿点。

（2）进入 FPWIN GR 编程软件,编制符合控制要求的梯形图程序,经程序转换后下载到

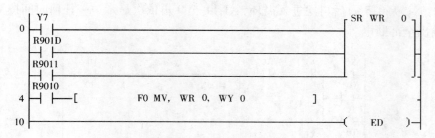

图 10-12　移位指令应用梯形图程序

PLC 主机中。

（3）观察 PLC 运行情况,并与其动态时序图比较。

2）灯光控制系统训练二

（1）控制要求:按下启动按钮 X0,L_1 亮 1 s 后灭,接着 L_2、L_3、L_4、L_5 亮,1 s 后灭,再接着 L_6、L_7、L_8、L_9 亮 1 s 后灭,L_1 又亮,如此循环下去。

（2）I/O 分配见表 10-1。

表 10-1　I/O 分配表

输　入		输　出	
启动按钮	X0	L_1	Y0
停止按钮	X1	L_2	Y1
		L_3	Y2
		L_4	Y3
		L_5	Y4
		L_6	Y5
		L_7	Y6
		L_8	Y7
		L_9	Y8

（3）编制程序。进入 FPWIN GR 编程软件,编制符合要求的梯形图程序,经程序转换后下载到 PLC 主机中。

（4）按控制要求及 I/O 分配连接硬件。

（5）调试并运行程序。观察实验板运行情况是否符合控制要求。

4. 思考与讨论

（1）按控制要求设计程序,编制程序,并上机调试。按下启动按钮,L_8 灯亮,1 s 之后 L_4、L_5 灯亮,再 1 s 之后 L_1、L_7、L_9 灯亮,再 1 s 之后 L_2、L_3 灯亮,再 1 s 之后 L_6 灯亮,L_6 灯亮 1 s,然后全灭,2 s 后再次 L_8 灯亮,进入循环,即 L_8 亮→L_4、L_5、L_8 亮→L_1、L_4、L_5、L_7、L_8、L_9 亮→L_1、L_2、L_3、L_4、L_5、L_7、L_8、L_9 亮→L_1、L_2、L_3、L_4、L_5、L_6、L_7、L_8、L_9 亮→全灭→L_8 亮……任何时间按下停止按钮,所有输出全部断电。

（2）利用八段码实验板,编制程序实现以下功能:数字 1 至 9 每隔 1 s 依次显示,9 闪烁三下(亮 0.5 s,灭 0.5 s)后再次进入循环,数字 1 至 9 再依次显示……任何时间按下停止按钮,所有输出全部断电。

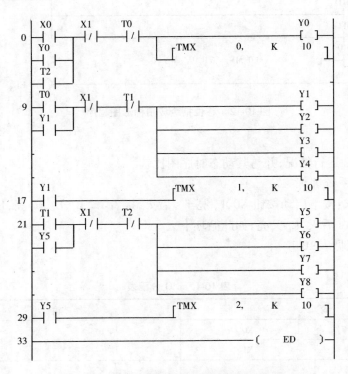

图 10-13　闪光灯控制系统训练参考梯形图程序

10.6　交通灯控制

1. 实验目的
(1)用 PLC 构成十字路口交通灯控制系统。
(2)掌握 PLC 的外部接线方法。
(3)掌握程序调试的步骤与方法。

2. 实验设备
(1)PLC 实验装置,1 套。
(2)计算机,1 台。
(3)TVT90 - 3 十字路口交通灯控制装置实验板,1 块。
(4)连接导线,若干。

3. 实验内容及步骤
十字路口交通灯示意图如图 10-14 所示。
十字路口南北向及东西向均设有红、黄、绿 3 只信号灯,6 只灯依一定的时序循环往复工作,时序如图 10-15 所示。
(1)I/O 分配见表 10-2。

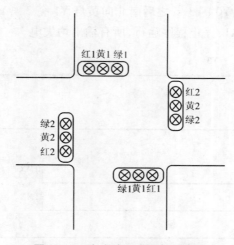

图 10-14　十字路口交通灯示意图

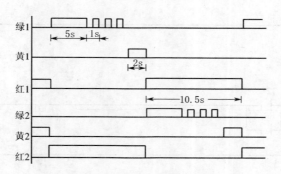

图 10-15　十字路口交通灯时序图

表 10-2　I/O 分配表

输入		输出	
启动按钮	X0	绿 1	Y0
停止按钮	X1	黄 1	Y1
		绿 2	Y2
		黄 2	Y3
		红 1	Y4
		红 2	Y5

（2）按控制要求设计梯形图程序并输入该程序，按控制要求进行 I/O 分配接线。

（3）调试并运行程序，观察各输出的运行情况。

4. 思考与讨论

（1）编制与图 10-16 不同的梯形图程序实现上例交通灯控制功能。

（2）按控制要求编制程序，并上机调试。按动启动按钮 X0，南北向红灯 Y2 得电，东西向绿灯 Y3 得电；延时 20 s 后，Y3 闪 3 s，之后东西向黄灯 Y4 亮 2 s，东西向红灯 Y5 亮，南北向绿灯 Y0 亮；延时 25 s 后，Y0 闪 3 s，之后南北向黄灯 Y1 亮 2 s，Y2 再次得电，开始又一轮循环。直至按下停止按钮 X1，停止程序运行，所有输出均失电。

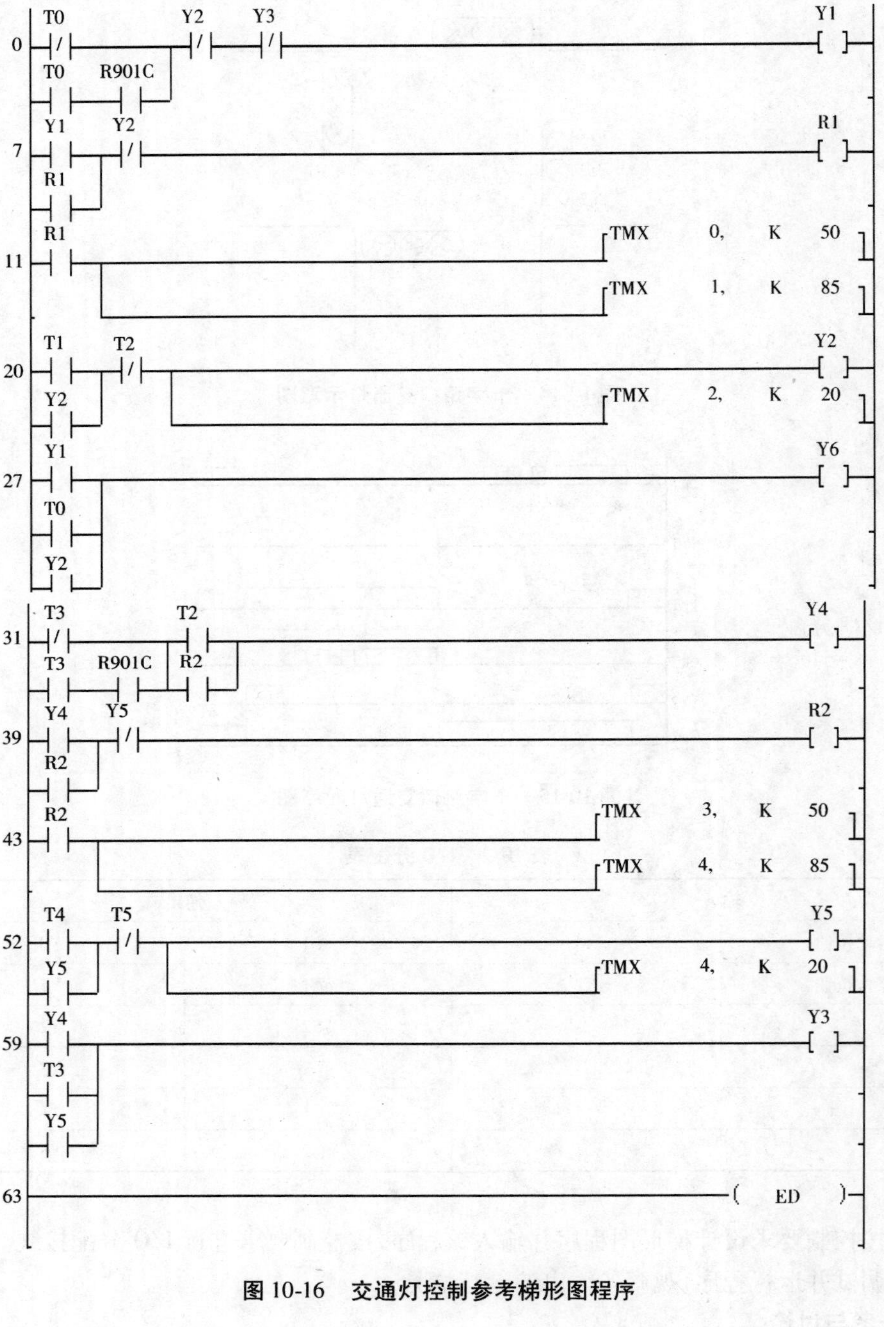

图 10-16 交通灯控制参考梯形图程序

10.7　电动机控制

1. 实验目的

（1）用 PLC 控制电动机正反转及 Y - △降压启动。

（2）掌握 PLC 的外部接线及电动机主电路接线。

（3）掌握归纳简单控制程序的设计方法。

2. 实验设备

（1）PLC 实验装置，1 套。

（2）计算机，1 台。

（3）TVT90 - 1 电动机控制实验板，1 块。

（4）连接导线，若干。

3. 实验内容及步骤

1）电动机正反转

Ⅰ. 控制要求

按下正转启动按钮 SB_1，电动机正转运行。按下反转启动按钮 SB_2，电动机反转运行。按下停止按钮 SB_0，电动机停止运行。

Ⅱ. I/O 分配

I/O 分配见表 10-3。

表 10-3　I/O 分配表

输入		输出	
SB_0	X0	KM_1	Y0
SB_1	X1	KM_2	Y1
SB_2	X2		

Ⅲ. 编制程序

进入 FPWIN GR 编程软件，编制符合要求的梯形图程序（如图 10-17 所示），经程序转换后下载到 PLC 主机中。

Ⅳ. 按控制要求及 I/O 分配连接电路

SB_0 接在输入继电器 X0 端口上，SB_1 接于 X1 端口上，SB_2 接于 X2 端口上；输出继电器 Y0 连接到 KM_1 插孔，Y1 连接到 KM_2 插孔。

Ⅴ. 调试并运行程序

按下 SB_1 后，观察实验板运行情况；按下 SB_2 后，观察实验板运行情况；按下 SB_0 后观察实验板运行情况。

2）电动机 Y - △降压启动

Ⅰ. 控制要求

按下启动按钮 SB_1，KM_1、KM_Y 线圈得电，触点接通，电动机 Y 启动。2 s 后 KM_Y 断开，

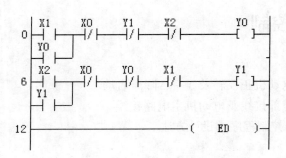

图 10-17　电动机正反转参考程序图

KM$_\triangle$接通,电动机正转$\triangle$运行,即完成 Y - $\triangle$启动。按下停止按钮 SB$_2$,电动机停止运行。

Ⅱ. I/O 分配

I/O 分配见表10-4。

表 10-4　I/O 分配表

输入		输出	
SB$_1$	X0	KM$_1$	Y0
SB$_2$	X1	KM$_\triangle$	Y1
		KM$_Y$	Y2

Ⅲ. 编制程序

进入 FPWIN GR 编程软件,编制符合控制要求的梯形图程序(如图 10-18 所示),经程序转换后下载到 PLC 主机中。

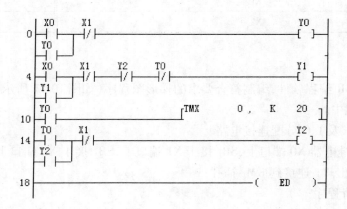

图 10-18　电动机 Y - $\triangle$降压启动参考程序图

Ⅳ. 按控制要求及 I/O 分配连接电路

X0 连接 SB$_1$,X1 连接 SB$_2$;Y0 连接 KM$_1$ 插孔,Y1 连接 KM$_\triangle$ 插孔,Y2 连接 KM$_Y$ 插孔。

Ⅴ.调试并运行程序

把程序传入 PLC(注意检查其状态),按下 SB₁ 后,观察实验板运行情况;按下 SB₂ 后观察实验板运行情况。

3)电动机正转(Y－△降压启动)、反转(Y－△降压启动)控制

Ⅰ.控制要求

按下正转启动按钮 SB₁,KM₁、KM$_Y$ 线圈得电,触点接通,电动机正转 Y 启动。2 s 后 KM$_Y$ 断开,KM$_△$ 接通,电动机正转△运行,即完成正转运行。按下反转启动按钮 SB₂,KM₂、KM$_Y$ 线圈得电,触点接通,电动机反转 Y 启动。2 s 后 KM$_Y$ 断开,KM$_△$ 接通,电动机反转△运行,即完成反转运行。按下停止按钮 SB₃,电动机停止运行。

Ⅱ.I/O 分配

I/O 分配见表 10-5。

表 10-5 I/O 分配表

输入		输出	
SB₁	X0	KM₁	Y0
SB₂	X1	KM₂	Y1
SB₃	X2	KM$_△$	Y2
		KM$_Y$	Y3

Ⅲ.编制程序

进入 FPWIN GR 编程软件,编制符合控制要求的梯形图程序(如图 10-19 所示),经程序转换后下载到 PLC 主机中。

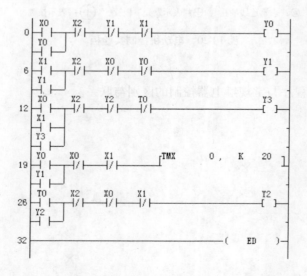

图 10-19 电动机正反转 Y－△降压启动参考程序图

Ⅳ. 按控制要求及 I/O 分配连接电路

SB₁ 接于输入继电器 X0 的端口上, SB₂ 接于 X1 上, SB₃ 接于 X2 上; Y0 连接到 KM₁ 插孔, Y1 接到 KM₂ 插孔, Y2 接到 KM△ 插孔, Y3 接到 KMy。

Ⅴ. 调试并运行程序

把程序传入 PLC(注意检查其状态), 按下 SB₁ 后观察实验板(如图 10-20 所示)运行情况, 按下 SB₂ 后观察实验板运行情况。

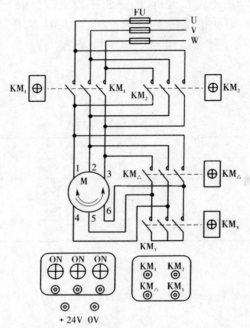

◎: 表示连线插孔　　⊕: 表示发光二极管　　⊕: 表示按键

图 10-20　电动机控制实验板

4. 思考与讨论

试比较 PLC 控制程序与常规继电器控制的区别与联系。

第11章 西门子 S7 – 200 PLC 应用

11.1 抢答器控制

1. 实验目的
(1)掌握置位、复位指令的使用及编程方法。
(2)掌握抢答器控制系统的接线、调试和操作方法。

2. 实验设备
抢答器控制实验设备见表11-1。

表 11-1 抢答器控制实验设备

序号	名　称	型号与规格	数量	备注
1	可编程控制器实验装置	THPFSM – 1/2	1	
2	实验挂箱	A10	1	
3	实验导线	3 号	若干	
4	PC/PPI 通信电缆		1	西门子
5	计算机		1	自备

3. 控制要求
(1)系统初始上电后,主控人员在总控制台上点击"开始"按键后,允许各队人员开始抢答,即各队抢答按键有效。

(2)抢答过程中,1~4 队中的任何一队抢先按下各自的抢答按键(S_1、S_2、S_3、S_4)后,该队指示灯(L_1、L_2、L_3、L_4)点亮,LED 数码显示系统显示当前的队号,并且其他队的人员继续抢答无效。

(3)主控人员对抢答状态确认后,点击"复位"按键,系统又继续允许各队人员开始抢答,直至又有一队抢先按下各自的抢答按键。

4. 功能指令使用及程序流程图
(1)置位、复位指令使用如图11-1所示。置位(S)和复位(R)指令将从指定地址开始的 N 个点置位或复位。当 I0.0 有一个上升沿信号时,CPU 置位 M0.0、M0.1;当 I0.1 有一个上升沿信号时,CPU 复位 M0.0、M0.1。

(2)置位、复位指令使用程序流程图如图11-2所示。

5. 端口分配及接线图
(1)I/O 端口分配功能表见表11-2。

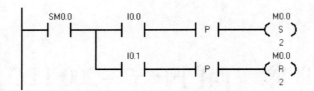

图 11-1 置位、复位指令使用示例

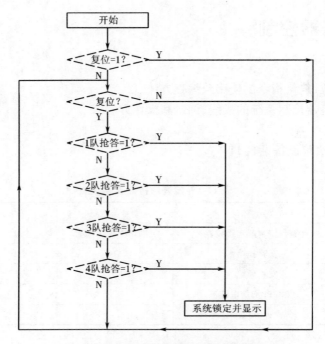

图 11-2 置位、复位指令使用程序流程图

表 11-2 I/O 端口分配功能表

序号	PLC 地址（PLC 端子）	电气符号（面板端子）	功能说明
1	I0.0	SD	启动
2	I0.1	SR	复位
3	I0.2	S_1	1 队抢答
4	I0.3	S_2	2 队抢答
5	I0.4	S_3	3 队抢答
6	I0.5	S_4	4 队抢答
7	Q0.0	1	1 队抢答显示
8	Q0.1	2	2 队抢答显示
9	Q0.2	3	3 队抢答显示
10	Q0.3	4	4 队抢答显示
11	Q0.4	A	数码控制端子 A

续表

序号	PLC 地址（PLC 端子）	电气符号（面板端子）	功能说明
12	Q0.5	B	数码控制端子 B
13	Q0.6	C	数码控制端子 C
14	Q0.7	D	数码控制端子 D
15	主机输入 1M 接电源 +24 V；面板 V + 接电源 +24 V；面板 + 5 V 接电源 + 5 V		电源正端
16	主机 1L、2L、3L、面板 GND 接电源 GND		电源地

（2）控制接线图如图 11-3 所示。

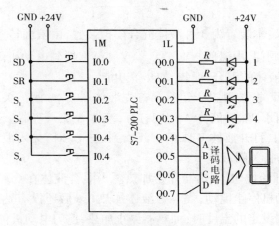

图 11-3　控制接线图

6. 操作步骤

（1）按控制接线图连接控制回路。

（2）将编译无误的控制程序下载至 PLC 中，并将模式选择开关拨至 RUN 状态。

（3）分别点动"开始"开关，允许 1～4 队抢答。分别点动 S_1～S_4 按钮，模拟 4 个队进行抢答，观察并记录系统响应情况。

（4）尝试编译新的控制程序，实现不同于示例程序的控制效果。

7. 实训总结

尝试分析某队抢答后是如何将其他队的抢答动作进行屏蔽的。

11.2　多种液体混合装置控制

1. 实验目的

（1）掌握正/负跳变指令的使用及编程。

（2）掌握多种液体混合装置控制系统的接线、调试、操作。

2. 实验设备

多种液体混合装置控制实训设备见表 11-3。

表 11-3　　多种液体混合装置控制实训设备

序号	名　称	型号与规格	数量	备注
1	实验装置	THPFSM－1/2	1	
2	实验挂箱	A14	1	
3	导线	3 号	若干	
4	通信编程电缆	PC/PPI	1	西门子
5	实验指导书	THPFSM－1/2	1	
6	计算机		1	自备

3. 控制要求

（1）总体控制要求：本装置为 3 种液体混合模拟装置，由液面传感器 SL_1、SL_2、SL_3，液体 A、B、C 阀门与混合液阀门，电磁阀 YV_1、YV_2、YV_3、YV_4，搅匀电动机 M，加热器 H，温度传感器 T 组成。实现 3 种液体的混合、搅匀、加热等功能。

（2）打开"启动"开关，装置投入运行。首先液体 A、B、C 阀门关闭，混合液体阀门打开 10 s，将容器放空后关闭。然后液体 A 阀门打开，液体 A 流入容器。当液面到达 SL_3 时，SL_3 接通，关闭液体 A 阀门，打开液体 B 阀门。液面到达 SL_2 时，关闭液体 B 阀门，打开液体 C 阀门。液面到达 SL_1 时，关闭液体 C 阀门。

（3）搅匀电动机开始搅匀，加热器开始加热。当混合液体在 6 s 内达到设定温度，加热器停止加热，搅匀电动机停止搅动；当混合液体加热 6 s 后还没有达到设定温度，加热器继续加热，当混合液达到设定的温度时，加热器停止加热，搅匀电动机停止工作。

（4）搅匀结束以后，混合液体阀门打开，开始放出混合液体。当液面下降到 SL_3 时，SL_3 由接通变为断开，再过 2 s 后，容器放空，混合液阀门关闭，开始下一周期。

（5）关闭"启动"开关，在当前的混合液处理完毕后，停止操作。

4. 功能指令使用及程序流程图

（1）正/负跳变指令使用示例如图 11-4 所示。

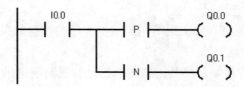

图 11-4　正/负跳变指令使用示例

正跳变触点指令（EU）检测到每一次跳变（由 0 到 1），让能流接通一个扫描周期。

负跳变触点指令（ED）检测到每一次跳变（由 1 到 0），让能流接通一个扫描周期。

（2）程序流程图如图 11-5 所示。

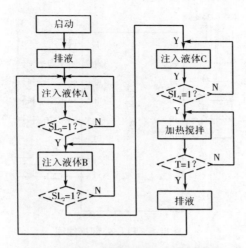

图 11-5　正/负跳变指令程序流程图

5. 端口分配及接线图

（1）端口分配及功能见表 11-4。

表 11-4　端口分配及功能表

序号	PLC 地址（PLC 端子）	电气符号（面板端子）	功能说明
1	I0.0	SD	启动（SD）
2	I0.1	SL_1	液位传感器 SL_1
3	I0.2	SL_2	液位传感器 SL_2
4	I0.3	SL_3	液位传感器 SL_3
5	I0.4	T	温度传感器 T
6	Q0.0	YV_1	进液阀门 A
7	Q0.1	YV_2	进液阀门 B
8	Q0.2	YV_3	进液阀门 C
9	Q0.3	YV_4	排液阀门
10	Q0.4	YKM	搅拌电动机
11	Q0.5	H	加热器
12	主机 1M、面板 V + 接电源 + 24 V		电源正端
13	主机 1L、2L、3L、面板 COM 接电源 GND		电源地

（2）PLC 外部接线如图 11-6 所示。

6. 操作步骤

（1）检查实验设备中器材及调试程序。

（2）按照 I/O 端口分配表或接线图完成 PLC 与实验模块之间的接线，认真检查，确保正确无误。

（3）打开示例程序或用户自己编写的控制程序，进行编译，有错误时根据提示信息修

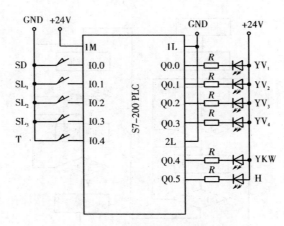

图 11-6 PLC 外部接线图

改,直至无误,用 PC/PPI 通信编程电缆连接计算机串口与 PLC 通信口,打开 PLC 主机电源开关,下载程序到 PLC 中,下载完毕后将 PLC 的"RUN/STOP"开关拨至"RUN"状态。

(4)打开"启动"开关,将 SL_1、SL_2、SL_3 拨至 OFF,观察液体混合阀门 YV_1、YV_2、YV_3、YV_4 的工作状态。

(5)等待 20 s 后,观察液体混合阀门 YV_1、YV_2、YV_3、YV_4 的工作状态有何变化,依次将 SL_1、SL_2、SL_3 液面传感器扳至 ON,观察系统各阀门、搅动电动机 YKM 及加热器 H 的工作状态。

(6)将测温传感器的开关打到 ON,观察系统各阀门、搅动电动机 YKM 及加热器 H 的工作状态。

(7)关闭"启动"开关,系统停止工作。

7. 实训总结

(1)总结正跳变、负跳变指令的使用方法。

(2)总结记录 PLC 与外部设备的接线过程及注意事项。

11.3 自动配料装车系统控制

1. 实验目的

(1)掌握增计数器、减计数器指令的使用及编程。

(2)掌握自动配料装车控制系统的接线、调试、操作。

2. 实验设备

自动配料装车控制实验设备见表 11-5。

表 11-5 自动配料装车控制实验设备

序号	名 称	型号与规格	数量	备注
1	实验装置	THPFSM – 1/2	1	
2	实验挂箱	A13	1	

续表

序号	名　称	型号与规格	数量	备注
3	导线	3 号	若干	
4	通信编程电缆	PC/PPI	1	西门子
5	实验指导书	THPFSM－1/2	1	
6	计算机		1	自备

3. 控制要求

（1）总体控制要求：系统由料斗、传送带、检测系统组成。配料装置能自动识别货车到位情况及对货车进行自动配料，当车装满时，配料系统自动停止配料。料斗物料不足时停止配料并自动进料。

（2）打开"启动"开关，红灯 L_2 灭，绿灯 L_1 亮，表明允许汽车开进装料。料斗出料口 D_2 关闭，若物料检测传感器 S_1 置为 OFF（料斗中的物料不满），进料阀开启进料（D_4 亮）。当 S_1 置为 ON（料斗中的物料已满），则停止进料（D_4 灭）。电动机 M_1、M_2、M_3 和 M_4 均为 OFF。

（3）当汽车开进装车位置时，限位开关 SQ_1 置为 ON，红灯信号灯 L_2 亮，绿灯 L_1 灭；同时启动电动机 M_4，经过 1 s 后，再启动 M_3，再经 2 s 后启动 M_2，再经过 1 s，最后启动 M_1，再经过 1 s 后才打开出料阀（D_2 亮），物料经料斗出料。

（4）当车装满时，限位开关 SQ_2 为 ON，料斗关闭，1 s 后 M_1 停止，M_2 在 M_1 停止 1 s 后停止，M_3 在 M_2 停止 1 s 后停止，M_4 在 M_3 停止 1 s 后停止。同时红灯 L_2 灭，绿灯 L_1 亮，表明汽车可以开走。

（5）关闭"启动"开关，自动配料装车的整个系统停止运行。

4. 功能指令使用及程序流程图

（1）增/减计数器指令使用示例如图 11-7 所示。增/减计数指令（CTUD），在每一个计数输入（CU）从低到高时增计数；在每一个减计数输入（CD）从低到高时减计数。当当前值大于或者等于预置值（PV）时，计数器（C0）接通；否则，计数器关断。当复位输入端（R）接通或者执行复位指令时，计数器被复位。当达到预置值（PV）时，CTUD 计数器停止计数。

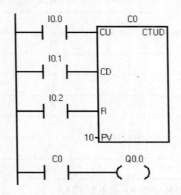

图 11-7　增/减计数器指令使用示例

（2）程序流程图如图 11-8 所示。

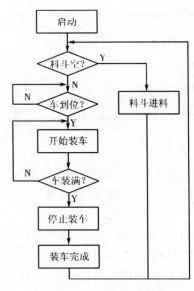

图 11-8　程序流程图

5. 端口分配及接线图

（1）端口分配及功能见表 11-6。

表 11-6　端口分配及功能表

序号	PLC 地址（PLC 端子）	电气符号（面板端子）	功能说明
1	I0.0	SD	启动（SD）
2	I0.1	SQ_1	运料车到位检测
3	I0.2	SQ_2	运料车物料检测
4	I0.3	S_1	料斗物料检测
5	Q0.0	M_1	电动机 M_1
6	Q0.1	M_2	电动机 M_2
7	Q0.2	M_3	电动机 M_3
8	Q0.3	M_4	电动机 M_4
9	Q0.4	L_1	允许进车
10	Q0.5	L_2	运料车到位指示
11	Q0.6	D_1	运料车装满指示
12	Q0.7	D_2	料斗下料
13	Q1.0	D_3	料斗物料充足指示
14	Q1.1	D_4	料斗进料
15	主机 1M、面板 V + 接电源 + 24 V		电源正端
16	主机 1L、2L、3L、面板 COM 接电源 GND		电源地

（2）PLC 外部接线图如图 11-9 所示。

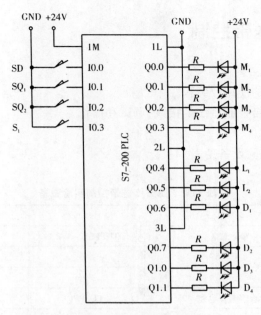

图 11-9　PLC 外部接线图

6. 操作步骤

（1）检查实验设备中器材及调试程序。

（2）按照 I/O 端口分配表或接线图完成 PLC 与实验模块之间的接线,认真检查,确保正确无误。

（3）打开示例程序或用户自己编写的控制程序,进行编译,有错误时根据提示信息修改,直至无误,用 PC/PPI 通信编程电缆连接计算机串口与 PLC 通信口,打开 PLC 主机电源开关,下载程序到 PLC 中,下载完毕后将 PLC 的"RUN/STOP"开关拨至"RUN"状态。

（4）打开"启动"开关后,将 S_1 开关拨至 OFF 状态,模拟料斗未满,观察下料口 D_2、D_4 工作状态。

（5）将 SQ_1 拨至 ON,SQ_2 拨至 OFF,模拟货车已到指定位置,观察 L_1、L_2 和电动机 M_1、M_2、M_3 及 M_4 的状态。

（6）将 SQ_1 拨至 ON,SQ_2 拨至 ON,模拟货车已装满,观察电动机 M_1、M_2、M_3 及 M_4 的工作状态。

（7）将 SQ_1 拨至 OFF,SQ_2 拨至 OFF,模拟货车开走。自动配料装车系统进入下一循环状态。

（8）关闭"启动"开关后,自动配料装车系统停止工作。

7. 实验总结

（1）总结增计数器、减计数指令的使用方法。

（2）总结记录 PLC 与外部设备的接线过程及注意事项。

11.4 四节传送带控制

1. 实验目的

(1)掌握传送指令的使用及编程。

(2)掌握四节传送带控制系统的接线、调试和操作。

2. 实验设备

四节传送带控制实验设备见表 11-7。

表 11-7 四节传送带控制实验设备

序号	名 称	型号与规格	数量	备注
1	实验装置	THPFSM－1/2	1	
2	实验挂箱	A13	1	
3	导线	3 号	若干	
4	通信编程电缆	PC/PPI	1	西门子
5	实验指导书	THPFSM－1/2	1	
6	计算机		1	自备

3. 控制要求

(1)总体控制要求：系统由传动电动机 M_1、M_2、M_3、M_4,故障设置开关 A、B、C、D 组成,完成物料的运送、故障停止等功能。

(2)闭合"启动"开关,首先启动最末一条传送带(电动机 M_4),每经过 1 s 延时,依次启动一条传送带(电动机 M_3、M_2、M_1)。

(3)当传送带发生故障时,该传送带及其前面的传送带立即停止,而该传送带以后的,待运完货物后方可停止。例如 M_2 存在故障,则 M_1、M_2 立即停,经过 1 s 延时后 M_3 停,再过 1 s 后,M_4 停。

(4)排除故障,打开"启动"开关,系统重新启动。

(5)关闭"启动"开关,先停止最前一条传送带(电动机 M_1),待料运送完毕后再依次停止 M_2、M_3 及 M_4 电动机。

4. 功能指令使用及程序流程图

(1)数据传递指令使用示例如图 11-10 所示。字节传送(MOVB)、字传送(MOVW)、双字传送(MOVD)和实数传送指令在不改变原值的情况下将 IN 中的值传送到 OUT。

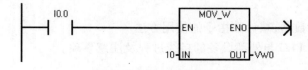

图 11-10 数据传递指令使用示例

（2）程序流程图如图 11-11 所示。

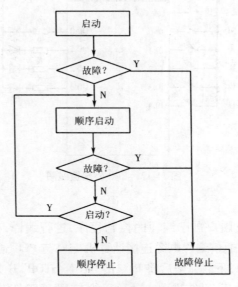

图 11-11　程序流程图

5. 端口分配及接线图

（1）端口分配及功能见表 11-8。

表 11-8　端口分配及功能表

序号	PLC 地址（PLC 端子）	电气符号（面板端子）	功能说明
1	I0.0	SD	启动（SD）
2	I0.1	A	传送带 A 故障模拟
3	I0.2	B	传送带 B 故障模拟
4	I0.3	C	传送带 C 故障模拟
5	I0.4	D	传送带 D 故障模拟
6	Q0.0	M_1	电动机 M_1
7	Q0.1	M_2	电动机 M_2
8	Q0.2	M_3	电动机 M_3
9	Q0.3	M_4	电动机 M_4
10	主机 1M、面板 V + 接电源 + 24 V		电源正端
11	主机 1L、2L、3L、面板 COM 接电源 GND		电源地

（2）PLC 外部接线图如图 11-12 所示。

6. 操作步骤

（1）检查实验设备中器材并及调试程序。

（2）按照 I/O 端口分配表或接线图完成 PLC 与实验模块之间的接线，认真检查，确保正

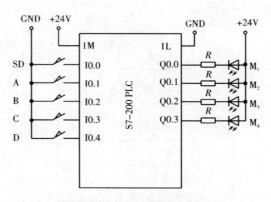

图 11-12　PLC 外部接线图

确无误。

（3）打开示例程序或用户自己编写的控制程序,进行编译,有错误时根据提示信息修改,直至无误,用 PC/PPI 通信编程电缆连接计算机串口与 PLC 通信口,打开 PLC 主机电源开关,下载程序到 PLC 中,下载完毕后将 PLC 的"RUN/STOP"开关拨至"RUN"状态。

（4）打开"启动"开关后,系统进入自动运行状态,调试四节传送带控制程序并观察四节传送带的工作状态。

（5）将 A、B、C、D 开关中的任意一个打开,模拟传送带发生故障,观察电动机 M_1、M_2、M_3、M_4 的工作状态。

（6）关闭"启动"按钮,系统停止工作。

7. 实验总结

（1）总结数据传递指令的使用方法。

（2）总结记录 PLC 与外部设备的接线过程及注意事项。

11.5　三层电梯控制

1. 实验目的

（1）掌握 RS 触发器指令的使用及编程。

（2）掌握三层电梯控制系统的接线、调试和操作。

2. 实验设备

三层电梯控制实验设备见表 11-9。

表 11-9　三层电梯控制实验设备

序号	名　　称	型号与规格	数量	备注
1	实验装置	THPFSM－1/2	1	
2	实验挂箱	A19	1	
3	导线	3 号	若干	
4	通信编程电缆	PC/PPI	1	西门子

序号	名　称	型号与规格	数量	备注
5	实验指导书	THPFSM – 1/2	1	
6	计算机		1	自备

3. 控制要求

（1）总体控制要求：电梯由安装在各楼层电梯口的上升下降呼叫按钮（U_1、U_2、D_2、D_3），电梯轿厢内楼层选择按钮（S_1、S_2、S_3），上升下降指示（UP、DOWN），各楼层到位行程开关（SQ_1、SQ_2、SQ_3）组成。电梯自动执行呼叫。

（2）电梯在上升的过程中仅响应向上的呼叫，在下降的过程中仅响应向下的呼叫，电梯向上或向下的呼叫执行完成后再执行反向呼叫。

（3）电梯等待呼叫时，如果同时有不同呼叫，谁先呼叫执行谁。

（4）具有呼叫记忆、内选呼叫指示功能。

（5）具有楼层显示、方向指示、到站声音提示功能。

4. 功能指令使用及程序流程图

（1）RS 触发器指令使用示例如图 11-13 所示。复位优先触发器是一个复位优先的锁存器。当 I0.0 为 ON，I0.1 为 OFF 时 Q0.0 被置位；当 I0.1 为 ON，I0.0 为 OFF 或 I0.0 为 ON，I0.1 为 ON 时 Q0.0 被复位。

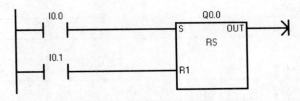

图 11-13　RS 触法器指令使用示例

（2）程序流程图如图 11-14 所示。

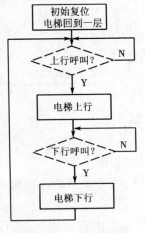

图 11-14　程序流程图

5. 端口分配及接线图

（1）端口分配及功能见表 11-10。

表 11-10　端口分配及功能表

序号	PLC 地址（PLC 端子）	电气符号（面板端子）	功能说明
1	I0.0	S_3	三层内选按钮
2	I0.1	S_2	二层内选按钮
3	I0.2	S_1	一层内选按钮
4	I0.3	D_3	三层下呼叫按钮
5	I0.4	D_2	二层下呼叫按钮
6	I0.5	U_2	二层上呼叫按钮
7	I0.6	U_1	一层上呼叫按钮
8	I0.7	SQ_3	三层行程开关
9	I1.0	SQ_2	二层行程开关
10	I1.1	SQ_1	一层行程开关
11	Q0.0	L_3	三层指示
12	Q0.1	L_2	二层指示
13	Q0.2	L_1	一层指示
14	Q0.3	DOWN	轿厢下降指示
15	Q0.4	UP	轿厢上升指示
16	Q0.5	SL_3	三层内选指示
17	Q0.6	SL_2	二层内选指示
18	Q0.7	SL_1	一层内选指示
19	Q1.0	八音盒6	到站声
20	Q2.0	A	数码控制端子 A
21	Q2.1	B	数码控制端子 B
22	Q2.2	C	数码控制端子 C
23	Q2.3	D	数码控制端子 D
24	主机 1M、面板 V + 接电源 + 24 V		电源正端
25	主机 1L、2L、3L、面板 COM 接电源 GND		电源地

（2）PLC 外部接线图如图 11-15 所示。

6. 操作步骤

（1）检查实验设备中器材及调试程序。

（2）按照 I/O 端口分配表或接线图完成 PLC 与实验模块之间的接线，认真检查，确保正确无误。

（3）打开示例程序或用户自己编写的控制程序，进行编译，有错误时根据提示信息修改，直至无误，用 PC/PPI 通信编程电缆连接计算机串口与 PLC 通信口，打开 PLC 主机电源

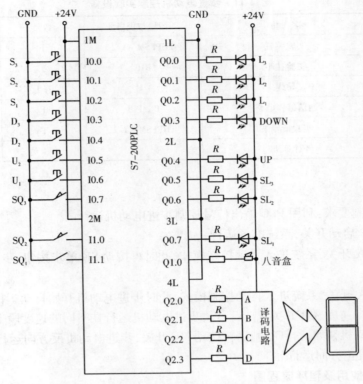

图 11-15　PLC 外部接线图

开关,下载程序到 PLC 中,下载完毕后将 PLC 的"RUN/STOP"开关拨至"RUN"状态。

(4)将行程开关 SQ_1 拨到 ON,SQ_2、SQ_3 拨到 OFF,表示电梯停在底层。

(5)选择电梯楼层选择按钮或上下按钮。例:按下 D_3,电梯方向指示灯 UP 亮,底层指示灯 L_1 亮,表明电梯离开底层。将行程开关 SQ_1 拨到 OFF,二层指示灯 L_2 亮,将行程开关 SQ_2 拨到 ON 表明电梯到达二层。将行程开关 SQ_2 拨到 OFF 表明电梯离开二层。三层指示灯 L_3 亮,将行程开关 SQ_3 拨到 ON 表明电梯到达三层。

(6)重复步骤(5),按下不同的选择按钮,观察电梯的运行过程。

7. 实训总结

(1)总结 RS 触发器指令的使用方法。

(2)总结记录 PLC 与外部设备的接线过程及注意事项。

11.6　步进电动机控制

1. 实验目的

(1)掌握移位寄存器指令的使用及编程。

(2)掌握步进电动机控制系统的接线、调试、操作。

2. 实验设备

步进电动机控制实验设备见表 11-11。

表 11-11　步进电动机控制实验设备

序号	名　称	型号与规格	数量	备注
1	实验装置	THPFSM－1/2	1	
2	实验挂箱	B10	1	
3	导线	3 号	若干	
4	通信编程电缆	PC/PPI	1	西门子
5	实验指导书	THPFSM－1/2	1	
6	计算机		1	自备

3. 控制要求

（1）总体控制要求：利用 PLC 输出信号控制步进电动机运行。

（2）按下 SD 启动开关，系统准备运行。

（3）打开 MA 开关，系统进入手动控制模式，此时再按动 SE 单步按钮，步进电动机运行一步。

（4）关闭 MA 开关，系统进入自动控制模式，此时步进电动机开始自动运行。

（5）分别按动速度选择开关 V_1、V_2、V_3，步进电动机运行在不同的速度段上。

（6）步进电动机开始运行时为正转，按动 MF 开关，步进电动机反方向运行。再按动 MZ 开关，步进电动机正方向运行。

4. 功能指令使用及程序流程图

（1）移位寄存器指令使用示例如图 11-16 所示。

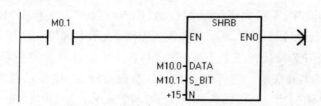

图 11-16　移位寄存器指令使用示例

（2）程序流程图如图 11-17 所示。

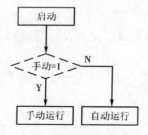

图 11-17　程序流程图

5. 端口分配及接线图

（1）端口分配及功能见表 11-12。

表 11-12　端口分配及功能表

序号	PLC 地址（PLC 端子）	电气符号（面板端子）	功能说明
1	I0.0	SD	启动开关
2	I0.1	MA	手动
3	I0.2	V_1	速度 1
4	I0.3	V_2	速度 2
5	I0.4	V_3	速度 3
6	I0.5	MZ	正转
7	I0.6	MF	反转
8	I0.7	SE	单步
9	Q0.0	A	A 相
10	Q0.1	B	B 相
11	Q0.2	C	C 相
12	Q0.3	D	D 相
13	主机 1M 接电源 + 24 V，面板 + 5 V 接电源 + 5 V		电源正端
14	主机 1L、2L、3L、面板 COM 接电源 GND		电源地

（2）PLC 外部接线图如图 11-18 所示。

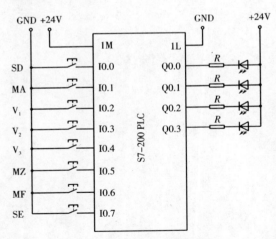

图 11-18　PLC 外部接线图

6. 操作步骤

（1）检查实验设备中器材及调试程序。

（2）按照 I/O 端口分配表或接线图完成 PLC 与实验模块之间的接线，认真检查，确保正确无误。

（3）打开示例程序或用户自己编写的控制程序，进行编译，有错误时根据提示信息修改，直至无误，用 PC/PPI 通信编程电缆连接计算机串口与 PLC 通信口，打开 PLC 主机电源开关，下载程序到 PLC 中，下载完毕后将 PLC 的"RUN/STOP"开关拨至"RUN"状态。

（4）将 Z 轴上限位开关、Y 轴后限位开关、X 轴右限位开关打开，Z 轴下限位开关、Y 轴前限位开关、X 轴左限位开关断开，回到初始状态，按下 SD 启动开关，X 轴向左运行，X 轴运动指示灯点亮，断开 X 轴右限位开关。

（5）按动 SD 启动开关，系统准备运行。

（6）打开 MA 开关，系统进入手动控制模式，按动一次 SE 单步按钮，步进电动机运行一步。连续按动多次后，步进电动机可运行一周。

（7）关闭 MA 开关，系统进入自动控制模式，此时步进电动机开始自动运行。

（8）按动速度选择开关 V_1，步进电动机以低速运行。

（9）按动速度选择开关 V_2，步进电动机以中速运行。

（10）按动速度选择开关 V_3，步进电动机以高速运行。

（11）步进电动机开始运行时均为正转，按动 MF 开关，步进电动机反方向运行。再按动 MZ 开关，步进电动机正方向运行。

7. 实训总结

（1）总结复位、置位指令的综合使用方法。

（2）总结记录 PLC 与外部设备的接线过程及注意事项。

参 考 文 献

[1] 戴明宏,张君霞. 电气控制与 PLC 应用[M]. 北京:北京航空航天大学出版社,2007.

[2] 李伟. 电气控制与 PLC(西门子系列)[M]. 北京:北京大学出版社,2009.

[3] 张桂香. 电气控制与 PLC 应用[M]. 北京:化学工业出版社,2003.

[4] 肖宝兴. 西门子 S7 - 200 PLC 的使用经验与技巧[M]. 2 版. 北京:机械工业出版社, 2011.

[5] 李全利. PLC 运动控制技术应用设计与实践(西门子)[M]. 北京:机械工业出版社,2010.

[6] 李旭. 可编程控制器原理及应用(松下 FP 系列)[M]. 天津:天津大学出版社 2009.

[7] 张永革. 机电设备检修技术[M]. 北京:人民交通出版社,2012.